高等学校教材

HUAGONG YUANLI SHIYAN

化工原理实验

吴洪特 主编 杨祖荣 主审

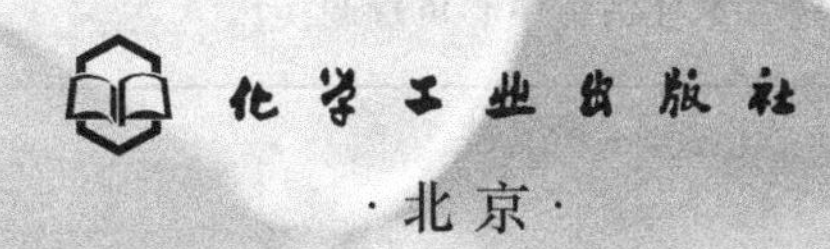

·北京·

本书内容包括实验数据误差的产生与估算，实验数据处理，化工实验参数的测量方法及实验室常用仪器的使用，化工原理基本实验，化工原理综合、设计实验，化工原理创新与研究实验、计算机数据处理、实验报告的编写等内容，全书突出了实践性和工程性，重在对学生进行实验研究过程中多种能力和素质的培养训练。内容简明扼要，理论层次适中，有较多的例题和思考题。

本书可作为理工类化工、化学、材料、环境、轻工、生物工程等高等学校本科、独立学院、高职高专的化工原理实验教材，也可供相关科研人员参考。

图书在版编目（CIP）数据

化工原理实验/吴洪特主编．—北京：化学工业出版社，2010.2（2022.2 重印）
高等学校教材
ISBN 978-7-122-07404-1

Ⅰ.化… Ⅱ.吴… Ⅲ.化工原理-实验-高等学校-教材 Ⅳ.TQ02-33

中国版本图书馆 CIP 数据核字（2009）第 235508 号

责任编辑：程树珍　金玉连　　　　装帧设计：刘丽华
责任校对：徐贞珍

出版发行：化学工业出版社（北京市东城区青年湖南街 13 号　邮政编码 100011）
印　　装：天津盛通数码科技有限公司
787mm×1092mm　1/16　印张 10¼　字数 265 千字　2022 年 2 月北京第 1 版第 8 次印刷

购书咨询：010-64518888　　　　售后服务：010-64518899
网　　址：http：//www.cip.com.cn
凡购买本书，如有缺损质量问题，本社销售中心负责调换。

定价：35.00 元

前 言

《化工原理实验》是化工原理课程教学中的一个重要教学环节。随着化工原理教学实践和教学改革的不断深入，化工原理实验教学日益受到重视。2006 年长江大学化学工程与工艺专业立项为“湖北省高校本科品牌专业”建设（鄂教高 2006【24 号】），2007 年对化工原理实验装置进行了全面更新，从北京化工大学购进经教育部鉴定“具有国内领先，国际先进水平”的化工原理实验装置；2009 年化学工程与工艺专业申报《化工原理》省级精品课程建设；随着化工原理实验装置及计算机测控技术的运用，结合教学工作需要，我们编写了《化工原理实验》教材。

本教材的编写突出了如下特点：

（1）实验内容紧扣实验教学要求，分化工原理基本实验，综合、设计型实验和创新、研究型实验，学生可根据实际情况进行选做；

（2）引入了计算机过程模拟和测控技术，借助先进的实验教学手段，更好地巩固和加深对课堂教学内容的理解，提高分析问题、解决问题和应用计算机处理数据及作图的能力；

（3）充实了例题、实验数据处理和化工测量仪表方面的内容，拓宽学生的知识面和提高实验教学效果；

（4）强调了实验操作，以利于培养学生的动手能力和实验技能，提高工程能力。

本教材内容简明扼要，理论层次适中，针对性和通用性强。适用于化学化工类专业化工原理实验的教学，也适用于生物工程、食品工程、过程装备与控制工程等少学时专业的化工原理实验教学，同时适用于独立学院、专科、高职层次的实验教学使用。

本书由吴洪特主编，参加编写的有付家新（第 3 章的 3.1～3.4 节，第 5 章、第 6 章及附录），北京化工大学丁忠伟（第 4 章的 4.3.1），其余部分由吴洪特编写，长江大学陈果同学参加了书稿的部分绘图和文字处理工作。本书承蒙北京化工大学杨祖荣教授主审，并提出许多宝贵意见，同时在编写中得到了杨祖荣教授的许多帮助和支持；此外，在编写过程中，还得到长江大学化学与环境工程学院梅平教授、尹先清教授、于兵川教授、秦少雄教授和罗觉生、李中宝老师的大力支持和帮助，在此一并谨表感谢。

编者水平和经验有限，疏漏在所难免，恳请读者和同行批评指正。

编　者

2009 年 10 月

目　录

0 绪论

化工原理实验是化工原理课程教学中的一个重要教学环节，与一般化学实验相比，不同之处在于它具有工程特点，属于工程实验范畴。每个实验项目都相当于化工生产中的一个单元操作，通过实验能建立起一定的工程概念；同时，随着实验课的进行，会遇到大量的工程实际问题，对理工科学生来说，可以在实验过程中更实际、更有效地学到更多工程实验方面的原理及测试手段，学会工程问题的研究处理方法：即实验研究方法和数学模型方法。因此，在实验课的全过程中，学生在思维方法和动手能力方面都得到培养和提高，为今后的工作打下坚实的基础。

0.1 化工原理实验教学目的

化工原理实验教学的目的主要有以下几点。

① 在学习化工原理课程的基础上，进一步理解化工单元操作过程及设备的原理和操作，巩固和深化化工原理的理论知识。

② 用化工原理等化学化工的理论知识去解决实验中遇到的各种工程实际问题，能看懂装置流程，学会控制仪表的选用、操作条件的确定、常见设备的维护和使用；学习在化工生产中如何通过实验获得新的知识和信息。

③ 在实验中培养学生合理设计实验方案、观察和分析实验现象、解决实验问题的能力。

④ 提高学生运用计算机技术对实验数据进行处理以获得实验结果，并运用文字表达技术报告的能力。

⑤ 培养科学的思维方法、严谨的科学态度和良好的科学作风，增强工程意识，提高自身素质水平。

0.2 化工原理实验的特点

化工原理实验内容强调实践性和工程观念，并将能力和素质培养贯穿于实验课的全过程。围绕化工原理课程中最基本的理论，开设有设计型、研究型和综合型实验，培养学生掌握实验研究方法，训练其独立思考、综合分析问题和解决问题的能力。

实验设备采用计算机在线数据采集与控制系统，引入先进的测试手段和数据处理技术；实验室开放，除完成实验教学基本内容外，可为对化工原理实验感兴趣的同学提供综合型、设计型和研究型实验，培养学生的科研能力和创新精神。

由于工程实验是一项技术工作，它本身就是一门重要的技术学科，有其自己的特点和方法。为了切实加强实验教学环节，每个实验均安排现场预习（包括仿真实验）和实验操作两个单元时间。化工原理实验工程性较强，有许多问题需事先考虑、分析，并做好必要的准备，因此必须在实验操作前进行现场预习和仿真实验。实验室实行开放制度，学生实验前必须预约。

本课程的部分实验报告采用小论文形式撰写，这类型实验报告的撰写是提高学生写作能力、综合应用知识能力和科研能力的一个重要手段，可为毕业论文环节和今后工作所需的科学研究和科学论文的撰写打下坚实的基础。

0.3 化工原理实验要求

化工原理实验包括：实验预习，实验操作，测定、记录和数据处理，实验报告编写四个主要环节，各个环节的具体要求如下。

0.3.1 实验预习

实验前认真阅读实验教材，复习课程教材以及参考书的有关内容，熟悉过程原理、设备装置的结构和流程，明确操作程序与所要测定参数的项目，了解相关仪表的类型、使用方法、参数的调整、实验测试点的分配等。也可先去仿真室进行仿真实验和仿真实验测评。实验一般以3～4人为一小组合作进行实验，做到既分工、又合作，每个组员要各负其责，并且要在适当的时候进行轮换工作，这样既能保证质量，又能获得全面的训练。

0.3.2 实验操作

实验设备启动前需按教材要求进行检查，看能否正常转动，各设备、管路中的阀门是否开、闭正常；操作过程中应随时观察仪表指示值的变动，确保操作过程在稳定条件下进行。出现不符合规律的现象时应注意观察研究，分析其原因，不要轻易放过。操作过程中设备及仪表有异常情况时，应立即按停车步骤停车，并报告指导教师，了解产生问题的原因。停车前应先将有关气源、水源、电源关闭，然后切断电机电源，并将各阀门恢复至实验前所处的位置（开或关）。

0.3.3 测定、记录和数据处理

（1）确定要测定哪些数据

凡是与实验结果有关或是整理数据时必需的参数都应一一测定。原始数据记录表的设计应在实验前完成。原始数据应包括工作介质性质、操作条件、设备几何尺寸及大气条件等。并不是所有数据都要直接测定，凡是可以根据某一参数推导出或根据某一参数由手册查出的数据，就不必直接测定。例如水的黏度、密度等物理性质，一般只要测出水温后即可查出，因此不必直接测定水的黏度、密度，而应该改测水的温度。

（2）实验数据的分割

一般来说，实验时要测的数据尽管有许多个，但常常选择其中一个数据作为自变量来控制，而把其它受其影响或控制的随之而变的数据作为因变量，如离心泵特性曲线就把流量选择作为自变量，而把其它同流量有关的扬程、轴功率、效率等作为因变量。实验结果又往往要把这些所测的数据标绘在各种坐标系上，为了使所测数据在坐标上得到分布均匀的曲线，这里就涉及实验数据均匀分割的问题。化工原理实验最常用的有两种坐标纸：直角坐标和对数坐标，坐标不同所采用的分割方法也不同。其分割值 x 与实验预定的测定

次数n以及其最大、最小的控制量x_{max}，x_{min}之间的关系如下。

① 对于直角坐标系：

$$x_i=x_{min} \qquad \Delta x=\frac{x_{max}-x_{min}}{n-1} \qquad \Delta x_{i+1}=x_i+\Delta x \tag{0-1}$$

② 对于双对数坐标系：

$$x_i=x_{min} \qquad \lg\Delta x=\frac{\lg x_{max}-\lg x_{min}}{n-1} \tag{0-2}$$

所以

$$\Delta x=\left(\frac{x_{max}}{x_{min}}\right)^{\frac{1}{n-1}} \qquad x_{i+1}=x_i\cdot\Delta x \tag{0-3}$$

(3) 读数与记录

① 待设备各部分运转正常，操作稳定后才能读取数据，如何判断是否已达稳定？一般是经两次测定其读数应相同或十分相近。当变更操作条件后各项参数达到稳定需要一定的时间，因此也要待其稳定后方可读数，否则易造成实验结果无规律甚至反常。

② 同一操作条件下，不同数据最好是数人同时读取，若操作者同时兼读几个数据时，应尽可能动作敏捷。

③ 每次读数都应与其它有关数据及前一点数据对照，看看相互关系是否合理？如不合理应查找原因，是现象反常还是读错了数据？并要在记录上注明。

④ 所记录的数据应是直接读取的原始数值，不要经过运算后记录，例如秒表读数1分17秒，应记为1′17″，不要记为77′。

⑤ 读取数据必须充分利用仪表的精度，读至仪表最小分度以下一位数，这个数应为估计值。如水银温度计最小分度为0.1℃，若水银柱恰指22.4℃时，应记为22.40℃。注意过多取估计值的位数是毫无意义的。

碰到有些参数在读数过程中波动较大，首先要设法减小其波动。在波动不能完全消除情况下，可取波动的最高点与最低点两个数据，然后取平均值，在波动不很大时可取一次波动的高低点之间的中间值作为估计值。

⑥ 不要凭主观臆测修改记录数据，也不要随意舍弃数据，对可疑数据，除有明显原因，如读错、误记等情况使数据不正常可以舍弃之外，一般应在数据处理时检查处理。

⑦ 记录完毕要仔细检查一遍，有无漏记或错记之处，特别要注意仪表上的计量单位。实验完毕，须将原始数据记录表格交指导教师检查并签字，认为准确无误后方可结束实验。

(4) 数据的整理及处理

① 原始记录只可进行整理，绝不可以随便修改。经判断确实为过失误差造成的不正确数据须注明后可以剔除，不计入结果。

② 采用列表法整理数据清晰明了，便于比较，一张正式实验报告一般要有四种表格：原始数据记录表、中间运算表、综合结果表和结果误差分析表。中间运算表之后应附有计算示例，以说明各项之间的关系。

③ 运算中尽可能利用常数归纳法，以避免重复计算，减少计算错误。例如流体阻力实验，计算Re和λ值，可按以下方法进行。

例如：Re的计算

$$Re=\frac{du\rho}{\mu} \tag{0-4}$$

其中，d、μ、ρ在水温不变或变化甚小时可视为常数，合并为$A=\frac{d\rho}{\mu}$，故有

$$Re=Au \tag{0-5}$$

A 的值确定后，改变 u 值可算出 Re 值。

又例如，管内摩擦系数 λ 值的计算，由直管阻力计算公式

$$\Delta p=\lambda \frac{l}{d} \cdot \frac{\rho u^2}{2} \tag{0-6}$$

得

$$\lambda=\frac{d}{l} \cdot \frac{2}{\rho} \cdot \frac{\Delta p}{u^2}=B' \frac{\Delta p}{u^2} \tag{0-7}$$

式中常数 $B'=\frac{d}{l}\frac{2}{\rho}$

又实验中流体压降 Δp，用 U 形压差计测定读数 R，则

$$\Delta p=gR(\rho_0-\rho)=B''R \tag{0-8}$$

式中常数 $B''=g(\rho_0-\rho)$

将 Δp 代入式(0-7) 整理为

$$\lambda=B'B''\frac{R}{u^2}=B\frac{R}{u^2} \tag{0-9}$$

式中常数 B 为 $B=\frac{d}{l} \cdot \frac{2g(\rho_0-\rho)}{\rho}$

仅有变量 R 和 u，这样 λ 的计算非常方便。

④ 实验结果及结论用列表法、图示法或回归分析法来说明都可以，但均需标明实验条件。列表法、图示法和回归分析法详见第 2 章实验数据的处理。

0.3.4 编写实验报告

实验报告根据各个实验要求按传统实验报告格式或小论文格式撰写，报告的格式详见本书第 8 章。实验报告应按规定时间上交，否则报告成绩要扣分；不交实验报告者没有该课程的成绩。

0.4 化工原理实验室守则

① 实验操作开始前，首先熟悉流程、设备、测控仪表，确定仪器完好，方能开始实验。

② 实验室内应保持安静，不得谈笑、打闹和擅自离开岗位，不得将书报、体育用品等与实验无关的物品带入实验室，严禁在实验室吸烟、饮食。

③ 服从指导，有事要先请假，不经教师同意，不得离开实验室。

④ 注意安全及防火。使用电器时，应防止人体与电器导电部分直接接触，不能用湿的手或手握湿物接触电插头。为了防止触电，装置和设备的金属外壳等都应接地线。实验后应切断电源，拔下插头。不得将明火带入实验室。

⑤ 要爱护公物，节约使用水、电、气及消耗性药品，养成良好的实验习惯，始终做到台面、地面、水槽、仪器的“四净”，实验完毕，应及时将设备恢复到来时的状态。

⑥ 学生轮流值日，打扫、整理实验室。值日生应负责打扫卫生，整理公共器材，并检查水、电、气、窗是否关闭。

1 实验数据误差的产生与估算

通过实验测量所得的大批数据是实验的初步结果，需对其进行分析、计算，并整理成图、表、公式或经验模型。在实验中，由于种种原因，实验数据必然存在误差，因此要了解什么是误差，怎样计算测量误差，学会分析误差产生的原因，改进实验方案，提高实验的质量，正确处理实验数据，在允许的误差范围内由实验数据得出科学的结论，为解决工程问题提供依据。

进行实验数据的误差分析与数据处理需应用概率论和统计学的原理，本章仅从应用的角度，就化工原理实验中常遇到的一些误差基本概念与估算方法作扼要介绍。

1.1 误差的来源

测量值与真值之差称为误差。在定量分析中，按其性质及产生的原因不同，可区分为系统误差、随机误差和过失误差三种。

① 系统误差　由某些固定不变的因素引起的。在相同条件下进行多次测量，其误差数值的大小和正负保持恒定，或误差随条件改变按一定规律变化。产生系统误差的原因有：ⅰ测量仪器方面的因素（仪器设计上的缺陷、零件制造不标准、安装不正确、未经校准等）；ⅱ环境因素（外界温度、湿度及压力变化引起的误差）；ⅲ测量方法因素（近似的测量方法或近似的计算公式等引起的误差）；ⅳ测量人员的习惯偏向等。

总之，系统误差有固定的偏向和确定的规律，一般可按具体原因采取相应措施给予校正或用修正公式加以消除。

② 随机误差　由某些不易控制的因素造成的。在相同条件下作多次测量，其误差数值和符号是不确定的，没有确定的规律，也不可预计，具有抵消性，但服从统计规律，其误差与测量次数有关。研究随机误差可采用概率统计方法，多次测量值的算术平均值接近于真值。

③ 过失误差　与实际明显不符的误差。主要是由于实验人员工作中的差错，如读数错误，记录错误或操作不当所致。这类误差往往与正常值相差很大，应在整理数据时依据常用的准则加以剔除。

排除了过失误差和校正了系统误差后的误差为随机误差，本节主要讨论随机误差。

1.2 误差的常用表示法

1.2.1 真值的定义

真值是指某物理量客观存在的确定值。但由于任何测定都有误差，一般难以获得真值，通常用如下方法替代真值。

① 理论真值　如三角形的内角和为180°；

② 约定真值　如计量学中经国际计量大会决议的值，或将准确度高一级的测量仪器所得的值视为真值，如热力学温度单位——绝对零度等于273.15K；

③ 平均值　对某一物理量进行多次重复测量，各次测量的算术平均值称为测量值的数学期望，用其替代真值。

对有限次测量，将其算术平均值当作真值的最佳近似值，简称最佳值或最可信赖值，记为$\overline{x}$，设x_1、x_2、……、x_n代表各次的测量值，n代表测量次数，则算术平均值为

$$\overline{x}=\frac{x_1+x_2+\cdots+x_n}{n}=\frac{1}{n}\sum_{i=1}^{n}x_i \tag{1-1}$$

1.2.2 绝对误差与相对误差

① 绝对误差　测量（给出）值（x_i）与真值（μ）之差的绝对值称为绝对误差（δ_i），即

$$\delta_i=|x_i-\mu|\approx|x_i-\overline{x}| \tag{1-2}$$

$$\delta=\sum_{i=1}^{n}\frac{|\delta_i|}{n} \tag{1-3}$$

δ又称为算术平均误差。任何量的绝对误差都是名数，其单位与实验数据的单位相同。

② 相对误差　为了判断测量的准确度，必须将绝对误差与所测量值的真值相比较，即求出其相对误差，才能说明问题。

绝对误差δ与真值的绝对值之比，称为相对误差e，它的表达式为

$$e=\frac{\delta}{|\mu|}\approx\frac{\delta}{\overline{x}} \tag{1-4}$$

需要注意，相对误差不是名数，与所测量的量的量纲无关。相对误差通常以百分数（%）表示。

1.2.3 算术平均误差与标准误差

(1) 算术平均误差

$$\delta=\frac{\sum_{i=1}^{n}|x_i-\overline{x}|}{n} \tag{1-5}$$

上式应取绝对值，否则，在一组测量值中，$(x_i-\overline{x})$值的代数和必为零。

(2) 标准误差

标准误差（亦称均方根误差）为：

$$\sigma=\sqrt{\frac{\sum_{i=1}^{n}(x_i-\overline{x})^2}{n-1}}=\sqrt{\frac{\sum_{i=1}^{n}\varepsilon_i^2}{n-1}} \tag{1-6}$$

式中ε_i称为残差。

$$\varepsilon_i=x_i-\overline{x} \tag{1-7}$$

式(1-6)中$\sum_{i=1}^{n}\varepsilon_i^2$若按式(1-8)计算，可减少工作量：

$$\sum_{i=1}^{n}\varepsilon_i^2=\sum_{i=1}^{n}x_i^2-\frac{1}{n}\left(\sum_{i=1}^{n}\overline{x}_i\right)^2=\sum_{i=1}^{n}x_i^2-\overline{x}\sum_{i=1}^{n}x_i \tag{1-8}$$

算术平均误差与标准误差的联系和差别：可以用δ值和σ值来衡量n次测量值的重复性、离散程度和随机误差。算术平均误差δ不能反映误差的离散程度或偏离平均值的程度，而标准误差σ对一组测量值中的较大偏差或较小偏差很敏感，能较好地表明数据的离散程度。

【例 1-1】 某实验测量得到下列两组数据，求各组的算术平均误差与标准误差值。

A	2.5	2.6	2.4	2.3	2.2
B	2.1	2.4	2.4	2.7	2.4

解　算术平均值为

$$\overline{x}_A=\frac{2.5+2.6+2.4+2.3+2.2}{5}=2.4$$

$$\overline{x}_B=\frac{2.1+2.4+2.4+2.7+2.4}{5}=2.4$$

算术平均误差为

$$\delta_A=\frac{0.1+0.2+0.0+0.1+0.2}{5}=0.12$$

$$\delta_B=\frac{0.3+0.0+0.0+0.3+0.0}{5}=0.12$$

标准误差为

$$\sigma_A=\sqrt{\frac{0.1^2+0.2^2+0.1^2+0.2^2}{5-1}}=0.16$$

$$\sigma_B=\sqrt{\frac{0.3^2+0.3^2}{5-1}}=0.21$$

计算结果列于下表。

原始数据表						计算结果表		
						算术平均值$\overline{x}$	算术平均误差δ	标准误差σ
A	2.5	2.6	2.4	2.3	2.2	2.4	0.12	0.16
B	2.1	2.4	2.4	2.7	2.4	2.4	0.12	0.21

由计算结果可知，尽管两组数据的算术平均值相同，但它们的离散程度明显不同，只有标准误差能反映出数据的离散程度。实验愈准确，其标准误差愈小，因此标准误差通常被作为评定n次测量值随机误差大小的标准，在化工实验中得到广泛应用。

（3）标准误差和绝对误差的联系

n次测量值的算术平均值$\overline{x}$的绝对误差为

$$\delta=\frac{\sigma}{\sqrt{n}} \tag{1-9}$$

算术平均值$\overline{x}$的相对误差为

$$e=\frac{\delta}{\overline{x}} \tag{1-10}$$

由上面的公式可见n次测量值的标准误差σ愈小，测量的次数n愈多，则算术平均值的绝对误差δ愈小。因此增加测量次数n，以算术平均值作为测量结果，是减小数据随机误差的有效方法之一。

1.2.4 精密度、正确度和准确度

测量的质量和水平，可用误差概念来描述，也可用准确度等概念来描述。

① 精密度 可以衡量某物理量几次测量值之间的一致性，即重复性。它可以反映随机误差的影响程度，精密度高指随机误差小。如果实验数据的相对误差为 0.01%，且误差纯由随机误差引起，则可认为精密度为 1.0×10^{-4}。

② 正确度 指在规定条件下，测量中所有系统误差的综合。正确度高，表示系统误差小。如果实验数据的相对误差为 0.01%，且误差纯由系统误差引起，则可认为正确度为 1.0×10^{-4}。

③ 准确度（或称精确度） 表示测量中所有系统误差和随机误差的综合。因此，准确度表示测量结果与真值的逼近程度。如果实验数据的相对误差为 0.01%，且误差由系统误差和随机误差共同引起，则可认为准确度为 1.0×10^{-4}。

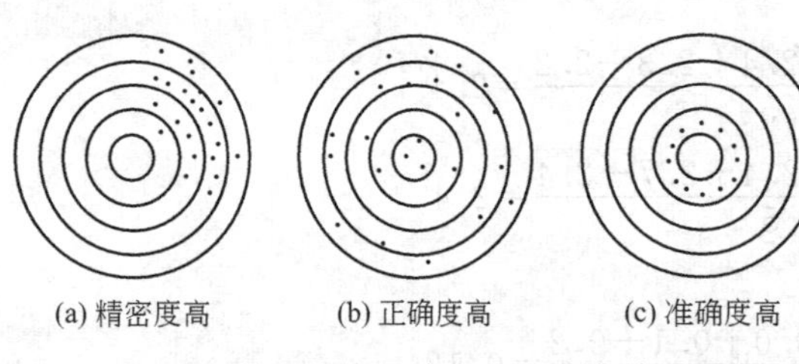

图 1-1 精密度、正确度和准确度关系图

对于实验或测量来说，精密度高，正确度不一定高；正确度高，精密度也不一定高；但准确度高，必然是精密度与正确度都高。如图 1-1 所示，图（a）的系统误差大而随机误差小即正确度低而精密度高；图（b）的系统误差小而随机误差大，即正确度高而精密度低；图（c）的系统误差与随机误差都小，表示正确度和精密度都高，即准确度高。

1.3 随机误差的分布

1.3.1 误差的正态分布

在化学工程问题中，正态分布能描述大多数实验中的随机测量值和随机误差的分布。其分布规律参看图 1-2，横坐标表示测量值 x（或绝对误差 δ），纵坐标表示概率密度函数 $p(x)$[或 $p(\delta)$]，图中曲线为某一标准误差下的概率曲线，它对称于直线 $x=x^{*}$（测量值 x 的数学期望）或对称于直线 $\delta=0$。

正态分布密度函数为

$$p(\delta,\sigma=\sigma)=\frac{1}{\sqrt{2\pi}\sigma}\mathrm{e}^{-\delta^2/(2\sigma^2)} \quad (|\delta|<\infty) \tag{1-11}$$

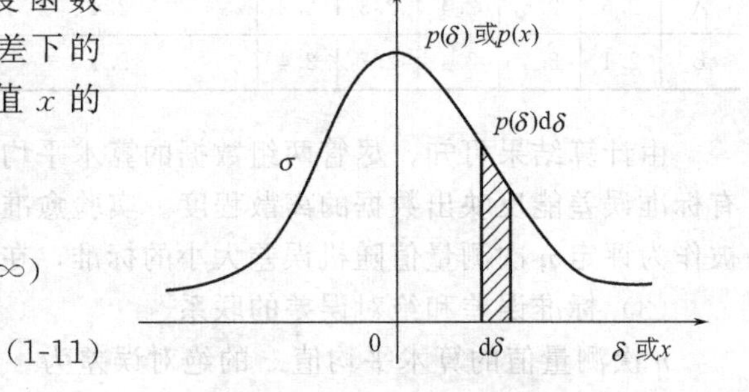

图 1-2 正态分布曲线

式中 σ——标准误差，$\sigma>0$；

δ——随机误差（测量值减平均值）；

$p(\delta)$——概率密度函数，($\sigma=\sigma$) 表示标准误差 σ 可以是某范围内的任意值。

以上称为高斯误差分布定律。根据式(1-11) 画出图 1-2 中的曲线，称为随机误差的概率密度分布曲线。

$\sigma=1$ 时，式(1-11) 变为

$$p(\sigma=1)=\frac{1}{\sqrt{2\pi}}\mathrm{e}^{-\delta^2/2} \tag{1-12}$$

式(1-12) 所描述的分布称为标准正态分布。

图 1-2 中曲线下阴影区的面积 $p(\delta)\mathrm{d}\delta$ 为误差 δ 出现的概率，曲线下的全部面积表示全部误差出现的概率，应为 100%。测量误差 δ 落在区间 $[-\Delta,+\Delta]$ 内的概率为

$$p(-\Delta \leqslant \delta \leqslant \Delta) = \int_{-\Delta}^{\Delta} p(\delta)\mathrm{d}\delta \tag{1-13}$$

正态分布具有如下特征：

① 对称性 绝对值相等的误差，正负出现的概率大致相等；

② 单峰性 绝对值小的误差出现的概率比绝对值大的误差出现的概率大；

③ 有界性 在一定测量条件下，误差的绝对值实际上不超过一定的界限；

④ 抵偿性 在同一条件下对同一值测量，各误差 δ_i 的算术平均值，随测量次数增加而趋于零，即 $\lim\limits_{n\to\infty}\dfrac{1}{n}\sum\limits_{i=1}^{\infty}\delta_i = 0$。

1.3.2 置信概率 ξ 与显著性水平 α

若将误差以标准差的倍数表示，令 $\Delta = z\sigma$，则式(1-12) 可理解为："误差落在区间 $[-z\sigma,+z\sigma]$ 内"这一假设成立的概率，称置信概率，记为 ξ，$[-z\sigma,+z\sigma]$ 称为置信区间，统计假设正确的接受区间；$z\sigma$ 称置信限；若令 $\alpha=1-\xi$，则 α 称置信水平或显著性水平，表示统计假设不正确的概率，显著性水平，或检验水平，表示检验所做结论不正确的可能性；z 称正态分布置信系数。

若误差服从正态分布，则可根据需要选取一个置信系数 z，由正态分布概率表查出对应的概率。反之，若选取置信水平 α，也可由正态分布概率表查出对应的置信系数 z，确定某一 α 值下的误差范围 $\pm z\sigma$，表 1-1 列举了几组 α、ξ、z 值。

表 1-1 α、ξ、z 的关系

显著性水平 α/%	置信概率 ξ/%	置信系数 z
31.80	68.3	1
5	95	1.96
4.55	95.4	2
1	99	2.58
0.27	99.7	3

图 1-3 正态分布概率的分布情况以另一种方式表达了表 1-1 所示的数量关系。

由图 1-3 可知，虽然理论上随机误差的正态分布可以延伸到 $\pm\infty$ 处，但实际上有 99.7% 的数据点落在 $\pm 3\sigma$ 之间，只有 0.3% 实验点随机误差的绝对值大于 3σ，亦即随机误差绝对值 $|x|$（或 δ）大于 3σ 的可能性很小，只有 0.3% 的可能性；$|x|>2\sigma$ 的可能性也只有 4.6%。

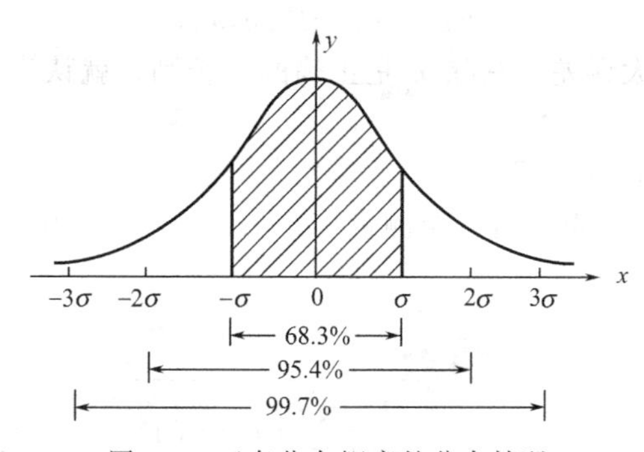

图 1-3 正态分布概率的分布情况

1.4 粗大误差的判断与剔除

在整理实验数据时，往往会遇到有些数据偏差特别大，如何取舍需用客观、可靠的判据作依据，常见的方法有如下几种。

1.4.1 3σ 准则

3σ 准则又称拉依达准则，是对可疑测量值能否剔除的一种判据。它是以测量次数充分多为前提的，若测量次数较少，3σ 准则只能是一个近似准则。

由表 1-1 可知，若 $z=3$，则 $\alpha=0.27\%$，说明大于或等于 3σ 的误差出现的概率只有 0.27%，即 367 次测量中出现这种情况的概率只有一次，因此将大于或等于 $\pm 3\sigma$ 的误差当作过失误差剔除，产生"弃真错误"的概率只有 0.27%。当测量次数 $n \leqslant 10$ 时，3σ 准则不适用。对于某个测量列 $x_i(i=1\sim n)$，若各测量值 x_i 只含有随机误差，在测量列中发现某测量值的偏差大于 3σ，即

$$|d_i| > 3\sigma \tag{1-14}$$

则可认为它含有粗大误差，应该剔除。

当使用 3σ 准则时，允许一次将偏差大于 3σ 的所有数据剔除，然后，再将剩余各个数据重新计算 σ 并再次用 3σ 判据继续剔除超差数据。

1.4.2 *t* 检验准则

由数学统计理论已证明，在测量次数较少时，随机变量服从 t 分布，$t=(\overline{x}-\alpha)\dfrac{\sqrt{n}}{\sigma}$。

当 $n>10$ 时，t 分布就很接近正态分布了。所以当测量次数较少时，依据 t 检验准则来判别粗大误差较为合理。t 检验准则的特点是先剔除一个可疑的测量值，而后再按 t 分布检验准则确定该测量值是否应该被删除。

设对某量测量，得测量列 $x_i(i=1\sim n)$，若认为其中测量值 x_j 为可疑数将它剔除后计算平均值为（计算时不包括 x_j）$\overline{x}=\dfrac{1}{n-1}\sum\limits_{\substack{i=1\\i\neq j}}^{n}x_i$

并求得测量列的标准误差 σ（不包括 $d_j=x_j-\overline{x}$）

$$\sigma=\sqrt{\frac{1}{n-2}\sum_{\substack{i=1\\i\neq j}}^{n}d_i^2}$$

根据测量次数 n 和选取的显著性水平 α，即可由附录 4 中查得 t 检验系数 $K(n,\alpha)$，若

$$|x_j-\overline{x}| > K(n,\alpha)\sigma \tag{1-15}$$

则认为测量值 x_j 含有粗大误差，剔除 x_j 是正确的。否则，就认为 x_j 不含有粗大误差，应当保留。

1.4.3 格拉布斯（Grubbs）准则

设对某量作多次独立测量，得一组测量列 $x_i(i=1\sim n)$，当 x_i 服从正态分布时，计算可得：$\overline{x}_i=\dfrac{1}{n}\sum\limits_{i=1}^{n}x_i$

$$\sigma=\sqrt{\frac{1}{n-1}\sum_{i=1}^{n}(x_i-\overline{x})^2}$$

为了检验数列 $x_i(i=1\sim n)$ 中是否存在粗大误差，将 x_i 按大小顺序排列成顺序统计量，即 $x_{(1)}\leqslant x_{(2)}\leqslant\cdots\leqslant x_{(n)}$。

若认为 $x_{(n)}$ 可疑，则有

$$g_{(n)}=\frac{x_{(n)}-\overline{x}}{\sigma} \tag{1-16}$$

若认为 $x_{(1)}$ 可疑，则有

$$g_{(1)}=\frac{\overline{x}-x_{(1)}}{\sigma} \tag{1-17}$$

根据测量次数 n 和选取的显著性水平 α，即可由附录 5 中查得格拉布斯（Grubbs）判据的临界值 $g_0(n,\alpha)$。

在选定显著水平 α 后，若随机变量 $g_{(n)}$ 和 $g_{(1)}$ 大于或等于该随机变量临界值 $g_0(n,\alpha)$时，

$$g_{(i)}\geqslant g_0(n,\alpha) \tag{1-18}$$

即判别该测量值含粗大误差，应当剔除。

在上述判别粗大误差的三个准则中，除 3σ 外，均要选择 α 显著水平值，一般取 $\alpha=0.05$，当可靠性要求较高时，则取 $\alpha=0.01$。

【例 1-2】 对某实验参数进行 15 次等精度测量，测量结果如表 1-2，试分别用 3σ 准则、t 准则、Grubbs 准则判别该测量中是否有粗大误差值。

表 1-2 精度测量值及计算结果

序号	x	d	d^2	d'	d'^2
1	12.32	0.012	0.000144	0.004	1.6×10^{-5}
2	12.33	0.022	0.000484	0.014	0.000196
3	12.3	−0.008	6.4×10^{-5}	−0.016	0.000256
4	12.32	0.012	0.000144	0.004	1.6×10^{-5}
5	12.33	0.022	0.000484	0.014	0.000196
6	12.3	−0.008	6.4×10^{-5}	−0.016	0.000256
7	12.33	0.022	0.000484	0.014	0.000196
8	12.32	0.012	0.000144	0.004	1.6×10^{-5}
9	12.33	0.022	0.000484	0.014	0.000196
10	12.29	−0.018	0.000324	−0.026	0.000676
11	12.2	−0.108	0.011664	—	—
12	12.3	−0.008	6.4×10^{-5}	−0.016	0.000256
13	12.33	0.022	0.000484	0.014	0.000196
14	12.32	0.012	0.000144	0.004	1.6×10^{-5}
15	12.3	−0.008	6.4×10^{-5}	−0.016	0.000256
项目	$\overline{x}=12.308$ $\overline{x}'=12.316$	$\sum d_i=0$	$\sum d_i^2=0.01524$	$\sum d'_i=-0.004$	$\sum d'^2_i=0.002744$

解 在这几种判别准则中，都需要计算算术平均值 $\overline{x}$ 和标准误差 σ，现将中间计算结果也列于表 1-2 中。

（1）按 3σ 准则判别

由表 1-2 可算出算术平均值 $\overline{x}$ 和标准误差 σ 分别为

$$\bar{x}_i=\frac{1}{n}\sum_{i=1}^{15}x_i=\frac{1}{15}\sum_{i=1}^{15}x_i=12.308\qquad \sigma=\sqrt{\frac{\sum_{i=1}^{n}d_i^2}{n-1}}=\sqrt{\frac{0.01524}{15-1}}=0.033$$

于是 $3\sigma=3\times0.033=0.099$，根据 3σ 准则，第 11 个测量值的偏差为

$$|d_{11}|=0.108>3\sigma=0.099$$

则测量 x_{11} 含有粗大误差，故应将此数据剔除。再将剩余的 14 个测得值重新计算，得

$$\bar{x}'=\frac{\sum_{i=1}^{n'}x_i}{n'}=\frac{\sum_{i=1}^{14}x_i}{14}=12.316$$

$$\sigma'=\sqrt{\frac{\sum_{i=1}^{n'}d'^2_i}{n'-1}}=\sqrt{\frac{0.002744}{14-1}}=0.0145$$

由于 $3\sigma=3\times0.0145=0.0435$

由表 1-2 可知，剩余的 14 个测量值的偏差 d_i'，均满足

$$|d_i'|\leqslant3\sigma'$$

故可以认为这些剩下的测量值不再含有粗大误差。

（2）按 t 检验准则判别

根据 t 检验准则，首先怀疑第 11 个测得值含有粗大误差，将其剔除。然后再将剩下的 14 个测量值分别算出其算术平均值和标准误差为

$$\bar{x}'=12.316\qquad \sigma'=0.0145$$

若选取显著性水平 $\alpha=0.05$，已知 $n=15$，查附录 4，得 $K(15,0.05)=2.24$

则有 $K(15,0.05)=2.24\times\sigma'=2.24\times0.0145=0.032$

由表 1-2 知 $x_{(11)}=12.2$，于是

$$|x_{11}-\bar{x}'|=|12.2-12.316|=0.116>0.032$$

故第 11 个测量值含有粗大误差，应该剔除。然后，以同样的方法，对剩余的 14 个测量值进行判别，最后可得知这些测量值不再含有粗大误差了。

（3）按格拉布斯准则判别

按测量值的大小，作顺序排列可得

$$x_{(1)}=12.2\qquad x_{(15)}=12.33$$

此两个测量值 $x_{(1)}$，$x_{(15)}$ 都应列为可疑对象，但

$$\bar{x}-x_{(1)}=12.308-12.2=0.108$$

$$x_{(15)}-\bar{x}=12.33-12.308=0.022$$

故应首先怀疑 $x_{(1)}$ 是否含有粗大误差。根据式(1-17)，并代入相应数据得

$$g_{(1)}=\frac{\bar{x}-x_{(1)}}{\sigma}=\frac{12.308-12.2}{0.033}=3.273$$

选取显著性水平 $\alpha=0.05$，且由于 $n=15$，查附录 5 得

$$g_0(15,0.05)=2.409$$

由于 $g_{(1)}=3.273>g_0(15,0.05)=2.409$

故第 11 个测量值含有粗大误差，应该剔除。

剩下 14 个数据，再重复以上步骤，判别 $x_{(15)}$，是否也含有粗大误差。由于 $\bar{x}'=12.316$，$\sigma'=0.0145$

根据式(1-16)，算得

$$g_{(15)}=\frac{x_{(15)}-\overline{x}}{\sigma}=\frac{12.33-12.316}{0.0145}=0.966$$

同样取显著水平 $\alpha=0.05$，再根据 $n'=n-1=14$，由附录 5 中查得

$$g_0(14,0.05)=2.371$$

可判别 $x_{(15)}$ 不含有粗大误差，而剩下的测量值的统计量都小于 0.966，故可认为其余的测量值也不含有粗大误差。

1.5 测量误差的计算

1.5.1 直接测量误差

(1) 直接测量误差的估计

仅讨论等精度测量误差的计算。

精度定义为标准差的倒数，标准差 σ 越小，数据的离散程度越小，精度越高。如图 1-4所示，σ 愈大，曲线变得愈平坦，意味着实验准确度低，因而大小误差出现的概率相差不明显。因此，σ 是决定误差曲线幅度大小的因子，是评定实验质量的一种有效的指标。

在等精度测量中，各次测量的标准差相同。

不等精度测量指测量仪器、测量方法等测量条件不同，因此各次测量的可靠程度不同，应采用加权平均值计算。对等精度直接测量的结果可用绝对误差、相对误差或标准差表示。

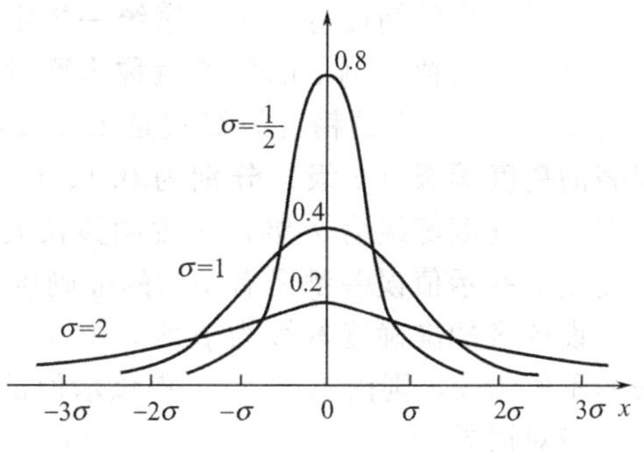

图 1-4 不同 σ 值的正态分布曲线

绝对误差表示：$x^*=\overline{x}\pm\delta$ (1-19)

相对误差表示：$x^*=\overline{x}(1\pm e)$ (1-20)

标准差表示：一次测量值的测量结果为

$$x^*=x\pm z\sigma \tag{1-21}$$

若对同一物理量进行 n 次等精度测量，则为

$$x^*=\overline{x}\pm z\sigma_{\overline{x}} \tag{1-22}$$

式中 $\sigma_{\overline{x}}$ 称算术平均值的标准差，

$$\sigma_{\overline{x}}=\frac{\sigma}{\sqrt{n}} \tag{1-23}$$

【例 1-3】 已知某仪器的标准差为 12%，若要求 $\sigma_{\overline{x}}=5\%$ 及 1%，应进行多少次测量?

解 当 $\sigma_{\overline{x}}=5\%$时，由式(1-23) 知：

$$n=\left(\frac{\sigma}{\sigma_{\overline{x}}}\right)^2=\left(\frac{12}{5}\right)^2=5.8\ \text{次}$$

同理 $\sigma_{\overline{x}}=1\%$时，$n=144$ 次。

(2) 一次测量值的误差估计

若测量次数较少或只测量一次，则可参考下列方法估计测量误差。

① 用标准仪表校正 与高一级仪表测量值比较，其差值为校正值。如用伏特表测电压为 203V，用高一级的伏特表测值为 200V，则校正值为 3V。

② 取仪表最小分度的一半为绝对误差　如温度计示值在60～61℃之间，则可记为(60±0.5)℃。

③ 按仪表的精度等级或引用误差估计　为了计算和划分仪器准确度等级，规定一律取该量程中的最大刻度值（满刻度值）作为分母，来表示相对误差，称为引用误差。

$$\text{引用误差}=\frac{\text{示值误差}}{\text{满刻度值}}\times 100\% \tag{1-24}$$

式中，示值误差为仪表某指示值与其真值（或相对真值）之差。

仪表精度等级（最大引用误差）：

$$\text{最大引用误差}=\frac{\text{仪表示值的绝对误差值}}{\text{该仪表相应档次量程的绝对值}}\times 100\%=\frac{\text{最大示值误差}}{\text{最大刻度值}}\times 100\% \tag{1-25}$$

式中，仪表示值的绝对误差值是指在规定的正常情况下，被测参数的测量值与被测参数的标准值之差的绝对值的最大值。对于多档仪表，不同档次示值的绝对误差和量程范围均不相同。

由式(1-25)表明，若仪表示值的绝对误差相同，则量程范围愈大，最大引用误差愈小。

测量仪表的精度等级是国家统一规定的，按引用误差的大小分成几个等级，把引用误差的百分数去掉，剩下的数值就称为测量仪表的精度等级。例如，某块压力表最大引用误差为1.5%，则它的精度等级就是1.5级，可用1.5表示，通常简称为1.5级仪表。电工仪表的精度等级（p级）分别为0.1、0.2、0.5、1.0、1.5、2.5和5.0七个等级。如果仪表的准确度等级为p级，则说明该仪表最大引用误差不会超过$p\%$，而不能认为它在各刻度点上的示值误差都具有$p\%$的准确度。

设仪表的准确度等级为p级，则最大引用误差为$p\%$，设仪表的测量范围为x_n，仪表的示值为x，则由式(1-25)得该示值的误差为：

绝对误差
$$\delta(x)\leqslant x_n\times p\% \tag{1-26}$$

相对误差
$$e(x)=\frac{\delta(x)}{x}\leqslant\frac{x_n}{x}\times p\% \tag{1-27}$$

【例 1-4】 某压力表的满度示值即最大量程为0.4MPa，精度为1.5级（表盘符号为⑮）这表示该表的引用误差为1.5%，因此该表的最大示值误差为

$$\delta_{\max}=\frac{1.5}{100}\times 0.4\text{MPa}=0.006\text{MPa}$$

【例 1-5】 欲测量大约90V的电压，实验室有0.5级、0～300V和1.0级、0～100V的电压表，问选用哪一种电压表测量较好？

解　用0.5级、0～300V的电压表测量时的最大相对误差为

$$e=\frac{x_n}{x}\times p\%=\frac{300}{90}\times 0.5\%=1.7\%$$

而用1.0级、0～100V的电压表测量时的最大相对误差为

$$e=\frac{100}{90}\times 1.0\%=1.1\%$$

此例说明，如果选择恰当，用量程范围适当的1.0级仪表进行测量，能得到比用量程范围大的0.5级仪表更准确的结果。因此，在选用仪表时，要纠正单纯追求准确度等级“越高越好”的倾向，而应根据被测量的大小，兼顾仪表的级别和测量上限，合理地选择仪表。

1.5.2　间接测量误差

间接测量值是由一些直接测量值按一定的函数关系计算而得，如用U形管测量压差

时，压差计示值 $R=R_1-R_2$，雷诺数 $Re=(\rho ud)/\mu$ 等都是间接测量值，其测量误差称间接测量误差，又称函数误差。由于直接测量值有误差，因而使间接测量值也必然有误差。怎样由直接测量值的误差估算间接测量值的误差，这就涉及误差的传递问题。

（1）误差传递的一般公式

设 y 为直接测量值 x_1，x_2，…，x_n的函数，即

$$y=f(x_1,x_2,\cdots,x_n) \tag{1-28}$$

Δx_1，Δx_2，…，Δx_n分别代表直接测量值 x_1，x_2，…，x_n的由绝对误差引起的增量，Δy 代表由 Δx_1，Δx_2，…，Δx_n引起的 y 的增量。

则
$$\Delta y=f(x_1+\Delta x_1,x_2+\Delta x_2\cdots,x_n+\Delta x_n)-f(x_1,x_2,\cdots,x_n) \tag{1-29}$$

由泰勒（Talor）级数展开，并略去二阶以上的量，得到

$$\Delta y=\frac{\partial y}{\partial x_1}\Delta x_1+\frac{\partial y}{\partial x_2}\Delta x_2+\cdots+\frac{\partial y}{\partial x_n}\Delta x_n \tag{1-30}$$

式中 $\frac{\partial y}{\partial x_i}$——称误差传递系数；

$\frac{\partial y}{\partial x_i}\Delta x_i$——称第 i 项分误差。

式(1-30) 称为绝对误差的传递公式，表明函数的变化等于各自变量的变化所引起的函数变化之和。用于误差传递，意义是结果的误差 Δy 等于各直接测量值的测量所引起的误差之和。

最大绝对误差
$$\Delta y_{\max}=\delta(y)=\sum_{i=1}^{n}\left|\frac{\partial y}{\partial x_i}\Delta x_i\right|=\sum_{i=1}^{n}\left|\frac{\partial y}{\partial x_i}\delta(x_i)\right| \tag{1-31}$$

相对误差
$$e(y)=\frac{\Delta y}{y}=\sum_{i=1}^{n}\frac{\partial y}{\partial x_i}\frac{\Delta x_i}{y}=\sum_{i=1}^{n}\frac{\partial y}{\partial x_i}\frac{\delta(x_i)}{y} \tag{1-32a}$$

$$e(y)_{\max}=\sum_{i=1}^{n}\left|\frac{\partial y}{\partial x_i}\frac{\delta(x_i)}{y}\right| \tag{1-32b}$$

式中 $\delta(x_i)$——直接测量的绝对误差；

$\delta(y)$——间接测量值的最大绝对误差；

$e(y)$——间接测量值的相对误差。

（2）几何合成法的一般公式及应用

绝对值相加合成法求得的是误差的最大值，它近似等于误差实际值的概率是极小的。根据概率论，采用几何合成法则较符合事物固有的规律。

$$y=f(x_1,x_2,\cdots,x_n)$$

间接测量值 y 值的绝对误差为

$$\delta(y)=\sqrt{\left[\frac{\partial y}{\partial x_1}\delta(x_1)\right]^2+\left[\frac{\partial y}{\partial x_2}\delta(x_2)\right]^2+\cdots+\left[\frac{\partial y}{\partial x_n}\delta(x_n)\right]^2}=\sqrt{\sum_{i=1}^{n}\left[\frac{\partial y}{\partial x_i}\delta(x_n)\right]^2} \tag{1-33}$$

间接测量误差 y 值的相对误差为

$$e(y)=\frac{\delta(y)}{|y|}=\sqrt{\left[\frac{\partial y}{\partial x_i}\frac{\delta(x_1)}{y}\right]^2+\left[\frac{\partial y}{\partial x_i}\frac{\delta(x_2)}{y}\right]^2+\cdots+\left[\frac{\partial y}{\partial x_i}\frac{\delta(x_n)}{y}\right]^2} \tag{1-34}$$

从式(1-31)～式(1-34) 可以看出，间接测量值的误差不仅取决于直接测量值的误差，还取决于误差传递系数。

根据各项直接测量值的误差和已知的函数关系，计算间接测量值的误差。现将计算函数误差的各种关系式列于表 1-3。

表 1-3　函数误差几何合成法的简便计算公式

函数式	误差几何合成法的简便计算公式	
	绝对误差 $\delta(y)$	相对误差 $e(y)$
$y=cx$	$\delta(y)=\lvert c\rvert\times\delta(x)$	$e(y)=\frac{\delta(y)}{\lvert y\rvert}$
$y=cx_1-x_2$	$\delta(y)=\sqrt{[\delta(cx_1)]^2+[\delta(x_2)]^2}$	$e(y)=\frac{\delta(y)}{\lvert y\rvert}$
$y=x_1+x_2+x_3$	$\delta(y)=\sqrt{[\delta(x_1)]^2+[\delta(x_2)]^2+[\delta(x_3)]^2}$	$e(y)=\frac{\delta(y)}{\lvert y\rvert}$
$y=x_1x_2$	$\delta(y)=e(y)\times\lvert y\rvert$	$e(y)=\sqrt{[(x_1)]^2+[e(x_2)]^2}$
$y=(x_1x_2)/x_3$	$\delta(y)=e(y)\times\lvert y\rvert$	$e(y)=\sqrt{[e(x_1)]^2+[e(x_2)]^2+[e(x_3)]^2}$
$y=x^n$	$\delta(y)=e(y)\times\lvert y\rvert$	$e(y)=\lvert n\rvert\times e(x)$
$y=\lg x$	$\delta(y)=0.4343\times e(x)$	$e(y)=\frac{\delta(y)}{\lvert y\rvert}$

由表可知：对于乘除运算式，先算相对误差，再算绝对误差较方便；对于加减运算式，则先算绝对误差，再算相对误差。

【例 1-6】 测定层流时的摩擦系数 λ，管道内的流动介质为水，管内径 $d=6.0\times10^{-3}$m，要求雷诺数 $Re=2000$ 时 λ 的极限相对误差不大于 4.5%，问如何设计流程和选用仪器？

解　流体流经水平直管的阻力损失采用范宁公式计算：

$$h_f=\frac{-\Delta p}{\rho g}=\lambda\frac{l}{d}\frac{u^2}{2g} \tag{1}$$

其中　$u=\frac{4q_V}{\pi d^2}$，$-\Delta p=\rho g(R_1-R_2)=\rho gR$ 代入式(1) 得：

$$\lambda=(R_1-R_2)\times\frac{d}{l}\times\frac{2g}{u^2}=\frac{2g\pi^2}{16}\times\frac{d^5(R_1-R_2)}{l\times q_V^2} \tag{2}$$

式中　(R_1-R_2)——被测量段前后的压差（水柱）（假设 $R_1>R_2$），m；

q_V——流量，m^3/s；

l——被测量段长度，m；

d——管道内径，m。

按几何合成法确定估算 λ 关系式中各项的误差值

$$e(\lambda)=\sqrt{[5e(d)]^2+[2e(q_V)]^2+[e(l)]^2+[e(R_1-R_2)]^2} \tag{3}$$

式中，$e(l)=\frac{\delta(l)}{l}=\frac{\Delta l}{l}$，$\Delta l=0.5$mm（取最小分度的一半），管长大于 1000mm，故 $e(l)$ 项很小，可忽略不计。假设剩余三项分误差按等作用原则进行误差分配，即

$$[5e(d)]^2=[2e(q_V)]^2=[e(R_1-R_2)]^2=m^2$$

所以　$e(\lambda)=\sqrt{3m^2}=0.045$　$m=0.026$

(1) 管径项分误差

由式(3) 知，管径 d 的误差传递系数为 5，即要求 $e(d)=\frac{m}{5}=5.2\times10^{-3}$，如果用最小分度为 0.02mm 的游标卡尺测量直径，绝对误差为 0.00001m，则相对误差为：

$$e(d)=\frac{\delta(d)}{\lvert d\rvert}=\frac{0.00001}{0.00600}=1.7\times10^{-3}<5.2\times10^{-3}$$

$e(d)$ 能满足流量测量误差的要求。

(2) 流量项分误差估计

由式(3) 知 $2e(q_V)=m$，按测量要求 $e(q_V)=\frac{m}{2}=1.3\times10^{-2}$

$$q_V = Re \times \frac{d\mu\pi}{4\rho} = 2000 \times \frac{6.00 \times 10^{-3} \times 10^{-3}\pi}{4 \times 10^3} = 9.42 \times 10^{-6}\,\mathrm{m^3/s} = 33.8\,\mathrm{L/h}$$

若实验室采用准确度等级为 2.5 级、量程为 (6～60)L/h 的流量计，其误差为：

$$e(q_V) = \frac{\delta(q_V)}{q_V} = \frac{2.5\% \times (60-6)}{33.8} = 3.99 \times 10^{-2} > 1.3 \times 10^{-2}$$

显然不符合测量要求。

ⅰ. 如果流量计仍用量程为 (6～60)L/h 来测量流量，设流量计的准确度等级为 p。由前已知，满足测量要求时有

$$e(q_V) = 1.3 \times 10^{-2} = \frac{\delta(q_V)}{|q_V|} = \frac{\delta(q_V)}{33.8}$$

$$\delta(q_V) = 33.8 \times 1.3 \times 10^{-2} = 0.44\,\mathrm{L/h}$$

$$\delta(q_V) = p\% \times (\text{量程上限} - \text{量程下限}) = 0.44\,\mathrm{L/h}$$

$$p = \frac{0.44}{60-6} \times 100 = 0.8$$

可见，需选用准确度等级为 0.5 级，量程为 (6～60)L/h 的流量计。

ⅱ. 如果用体积法测量流量，选用满刻度为 500mL 的量筒，其最小分度为 10mL，测量时的随机误差约为±5.0mL，选用秒表计时，开停秒表的随机误差估计为±0.1s，经试验，获取 450mL 水约需 48s，每次测量水量 V_t。

$$q_V = \frac{V_t}{t}$$

由表 1-3 查几何合成公式得：

$$e(q_V) = \sqrt{\left[\frac{\delta(V_t)}{V_t}\right]^2 + \left[\frac{\delta(t)}{t}\right]^2} = \sqrt{\left(\frac{5}{450}\right)^2 + \left(\frac{0.1}{48}\right)^2} = 1.1 \times 10^{-2} < 1.3 \times 10^{-2}$$

可知用体积法测量流量能满足测量误差的要求。

(3) 压差项分误差估计

压差选用 U 形管压差计（水柱）测量，直尺最小分度为 1mm，读数随机误差 $\delta(R_1) = \delta(R_2) = 0.5 \times 10^{-3}\,\mathrm{m} = 4.91\,\mathrm{Pa}$

$$e(R_1 - R_2) = \frac{\delta(R_1 - R_2)}{R_1 - R_2} = \frac{\sqrt{[\delta(R_1)]^2 + [\delta(R_2)]^2}}{R_1 - R_2} = \frac{\sqrt{(4.91)^2 \times 2}}{R_1 - R_2} = 6.94/(R_1 - R_2)$$

压差测量值 $(R_1 - R_2)$ 与两测压点间的距离 l 之间的关系：

根据 $Re = 2000$，层流时 $\lambda = \frac{64}{Re}$

$$u = \frac{q_V}{\frac{\pi}{4}d^2} = \frac{9.42 \times 10^{-6}}{\frac{\pi}{4} \times (6.00 \times 10^{-3})^2} = 0.333\,\mathrm{m/s}\text{，代入式(2)，得}$$

$$R_1 - R_2 = \frac{64}{Re} \times \frac{l}{d} \times \frac{u^2}{2g} = \frac{64}{2000} \times \frac{l \times (0.333)^2}{6.00 \times 2 \times g} = 3.02 \times 10^{-2} \times l \qquad (4)$$

当 $\delta(l) = 0.001\,\mathrm{m}$ 时，分别取 $l = 1.0\,\mathrm{m}$，1.5m，2.0m 代入式(4)，得表 1-4。

表 1-4 l 与 $[e(R_1 - R_2)]^2$ 的关系

l/m	$(R_1 - R_2)$/Pa	$e(R_1 - R_2)$	$[e(R_1 - R_2)]^2$
1.0	2.962×10^2	2.3×10^{-2}	5.3×10^{-4}
1.5	4.443×10^2	1.6×10^{-2}	2.6×10^{-4}
2.0	5.924×10^2	1.2×10^{-2}	1.4×10^{-4}

由表 1-4 可见，当 $l=1.0\text{m}$，用体积法测流量时，总误差为

$$e(\lambda)=\sqrt{[5e(d)]^2+[2e(q_V)]^2+[e(R_1-R_2)]^2}$$
$$=\sqrt{(5\times1.7\times10^{-3})^2+(2\times1.1\times10^{-2})^2+5.3\times10^{-4}}$$
$$=3.3\times10^{-2}<4.5\times10^{-2}$$

可见本例设计的流程和选用的仪表可满足 $\lambda\leqslant4.5\%$ 的要求。

通过以上误差分析，可以得到以下的结论：

ⅰ. 本实验装置误差分析，为两测压点距离 l 的选定提供了依据；

ⅱ. 当所用流量计测得的体积流量测量误差过大时，应采用设计合理的体积法来测量流量，或采用准确度等级比较高的流量计来测量流量；

ⅲ. 直径的误差，因传递系数较大（等于 5），对总误差影响大，所以在制作该实验装置时必须设法提高其测量准确度。

本章主要符号

英文

c	常数	x^*	测量值 x 的数学期望
d	偏差	$\overline{x}$	算术平均值
e	相对误差	Δx	测量值 x 的增量
n	测量次数	y	测量值的函数
p	仪表精度等级	Δy	测量值 y 的增量
$p(\delta)$	概率密度函数	$\frac{\partial y}{\partial x_i}$	误差传递系数
x	测量值		

希文

α	显著性水平	μ	真值
δ	算术平均误差	ξ	置信概率
δ_i	绝对误差	σ	标准误差
ε_i	残差		

2 实验数据的处理

通过对实验获取的数据进行整理，进一步了解各变量之间的定量关系，实验结果通常用图、表或经验公式表示，用以验证理论，找出内在规律或提出新的研究方案，指导科学研究和生产实践。

2.1 实验数据的整理方法

2.1.1 列表法

列表法是将实验数据列成表格表示。一般分为两大类：原始数据记录表和计算数据结果表。原始数据记录表记录待测数据，须在实验前设计好；计算数据结果表记录主要物理量的计算结果和实验结果的最终表达式，两数据表可分开设置，也可组合在一起。

如传热膜系数测定实验数据记录表的格式见表 2-1。

表 2-1 传热膜系数测定实验数据记录表

______年______月______日

装置编号________ 换热器型式________ 传热管内径 d_i ________ 有效长度 l ________

热流体________ 冷流体________ 加热功率________ 风机型号________

序号	原始数据记录表					计算数据结果表				
	孔板压降/kPa	空气入口 t_1/℃	空气出口 t_2/℃	壁温 T_1/℃	壁温 T_2/℃	Q	α	Re	Nu	Pr

设计实验数据表应注意的事项

ⅰ. 表头列出物理量的名称、符号和计量单位。符号与计量单位之间用斜线“/”隔开。

ⅱ. 注意有效数字位数，即记录的数字应与测量仪表的准确度相匹配，不可过多或过少。

ⅲ. 物理量的数值较大或较小时，要用科学记数法来表示。以“物理量的符号×$10^{\pm n}$/计量单位”的形式，将×$10^{\pm n}$记入表头。例：$Re=24700$，应记为 $Re=2.4700\times10^4$，列表项目写 $Re\times10^{-4}$，表中写 2.47。

ⅳ. 每一个数据表的上方写明表号和表题（表名）。表格应按出现的顺序编号。表格应在正文中有所交代，同一个表尽量不跨页，必须跨页时，在此页表上须注“续表××”。

ⅴ. 数据获取的条件、不变的物理量等要在表中进行标注。如传热管的内径、长度等。在实验数据表格的后面，要附以数据计算示例及相关公式，表明各参数之间的关系。

2.1.2 图示法

将实验数据绘成曲线，使自变量与因变量的关系在图中一目了然。如：将泵的性能实验结果绘制成泵特性曲线，由曲线可以看出泵的流量与压头、功率、效率的对应关系，找出泵的高效区，指导选泵和泵运行中的操作提供依据。

绘图时应注意坐标的选择。普通直角坐标最常用，对数或半对数坐标的优点是易将曲线直线化。如 $y=ax^b$ 在对数坐标中为直线，$y=ax^b$ 在半对数坐标中为曲线。

对数坐标是按对数函数标度的，其刻度不均匀。如 lg2＝0.301、lg3＝0.477、lg5＝0.699 等，对数坐标刻度见图 2-1。

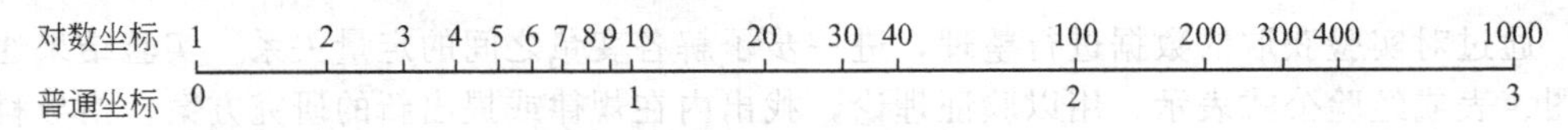

图 2-1 对数坐标刻度图

(1) 对数（半对数）坐标选用的基本原则

在下列情况下，建议采用半对数（或对数）坐标：

ⅰ. 变量之一在所研究的范围内发生了几个数量级的变化；或自变量的少许变化引起因变量极大变化，采用半对数坐标；

ⅱ. 需要将某种函数变换为直线函数关系，如指数 $y=ae^{bx}$（或 $y=ax^b$）函数，可采用半对数（或对数）坐标；

ⅲ. 如果函数 y 和自变量 x 在数值上均变化了几个数量级，可采用对数坐标；

ⅳ. 需要将曲线开始部分划分成展开的形式。

(2) 选用对数坐标需注意

ⅰ. 标在对数坐标轴上的值是真值，而不是对数值；

ⅱ. 对数坐标原点为（1，1），而不是（0，0）。由于 0.01，0.1，1，10，100 等数的对数分别为－2，－1，0，1，2 等，所以在对数坐标纸上每一数量级的距离是相等的，但在同一数量级内的刻度并不是等分的；

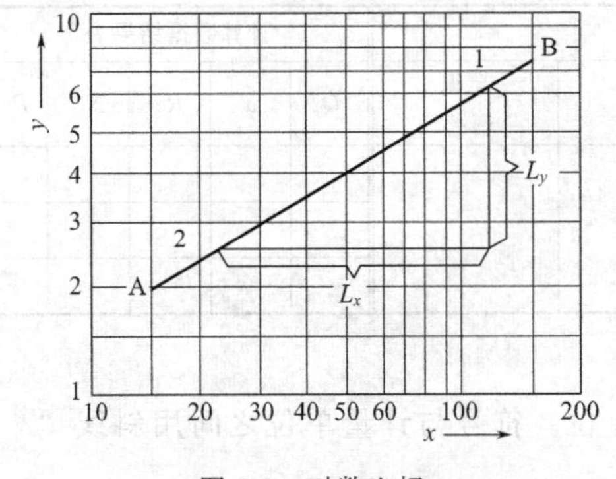

图 2-2 对数坐标

ⅲ. 对数坐标系上求直线斜率的方法与直角坐标系不同，因在对数坐标系上的坐标值是真值而不是对数值，所以，取相距较远的两点，读取（x，y）值，再转化成对数值计算，或者直接用尺子在坐标纸上量取线段长度求取，如图 2-2 中所示 AB 线斜率 b 的对数计算形式为

$$b=\frac{L_y}{L_x}=\frac{\lg y_2-\lg y_1}{\lg x_2-\lg x_1}$$

绘图时还应注意坐标分度值和坐标区间的选择，要求全部实验数据容易从图中读取，绘出的图形匀称、居中、离边框的距离不宜太大或太小。

2.1.3 经验公式法

若将实验结果绘成图，再将图中的曲线转换为公式，利用公式进行运算比较方便，其误差也较查图法小。在化学工程中，很难由纯数学物理方法推导确定的数学模型，而多为经验公式。建立经验公式有两个步骤：一是判断公式的类型；二是确定公式中的常数或待定系数，最常用的方法有图解法和最小二乘法。

（1）图解法

将实验整理数据直接标绘在普通坐标纸上，得一直线或曲线。若为直线可方便求出直线方程的常数和系数；若为两个变量间关系不是线性，常将这些曲线进行线性化，再求解。化工中常见的曲线与函数式之间的关系，如表2-2。

表2-2　化工中常见的曲线与函数式之间的关系

序号	图　　形	函数及线性化方法
1	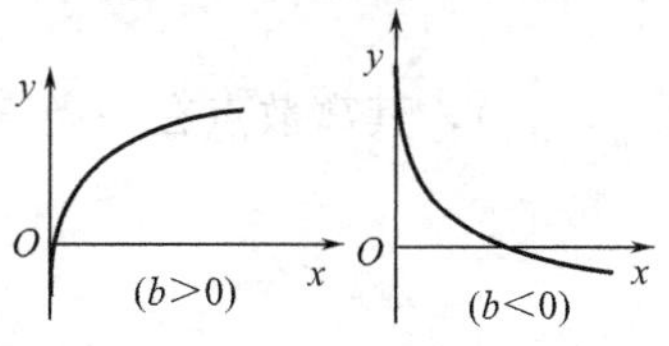 $(b>0)$　$(b<0)$	对数函数 $y=a+b\lg x$ 令 $Y=y$，$X=\lg x$，则得直线方程 $Y=a+bX$
2	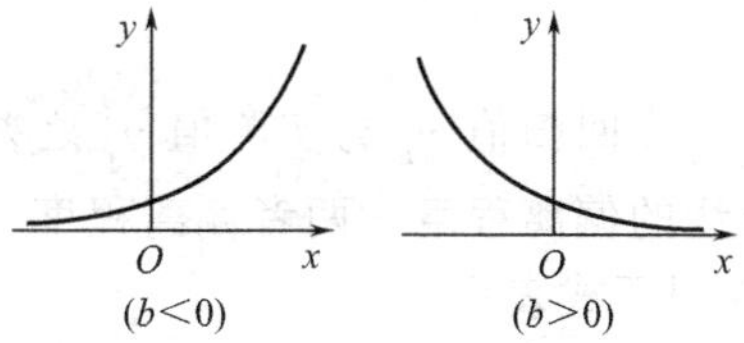 $(b<0)$　$(b>0)$	指数函数 $y=a\mathrm{e}^{bx}$ 令 $Y=\lg y$，$X=x$，$k=b\lg \mathrm{e}$，则得直线方程 $Y=\lg a+kX$
3	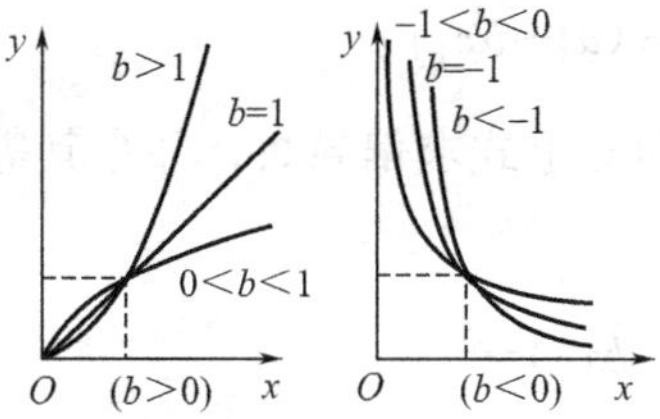 $b>1$，$b=1$，$0<b<1$　$(b>0)$ $-1<b<0$，$b=-1$，$b<-1$　$(b<0)$	幂函数 $y=ax^b$ 令 $Y=\lg y$，$X=\lg x$，则得直线方程 $Y=\lg a+bX$
4	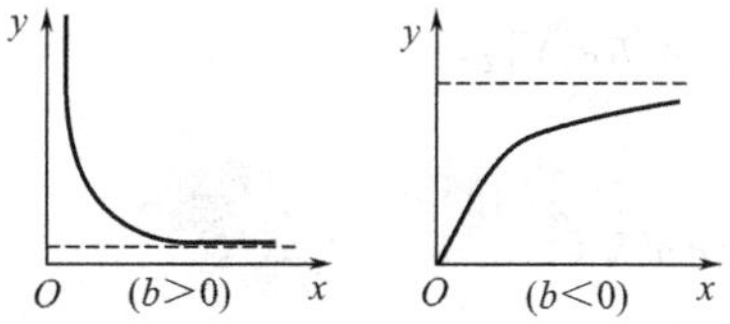 $(b>0)$　$(b<0)$	指数函数 $y=a\mathrm{e}^{\frac{b}{x}}$ 令 $Y=\lg y$，$X=\frac{1}{x}$，$k=b\lg \mathrm{e}$，则得直线方程 $Y=\lg a+kX$
5	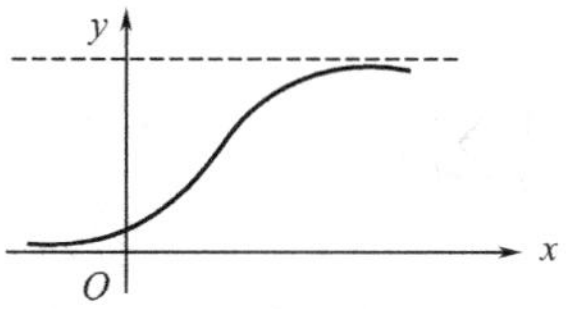	S形曲线 $y=\frac{1}{a+be^{-x}}$ 令 $Y=\frac{1}{y}$，$X=e^{-x}$，则得直线方程 $Y=a+bX$
6	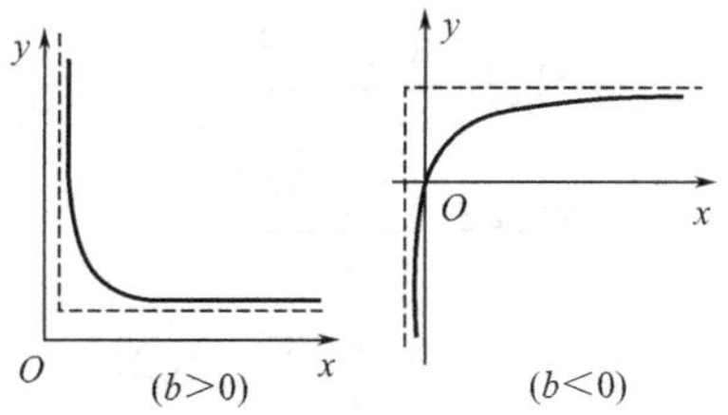 $(b>0)$　$(b<0)$	双曲线函数 $y=\frac{x}{ax+b}$ 令 $Y=\frac{1}{y}$，$X=\frac{1}{x}$，则得直线方程 $Y=a+bX$

（2）最小二乘法

最小二乘法是一种数学优化技术，它通过最小化误差的平方和找到一组数据的最佳函数匹配，也就是一定的数据点落在该直线上的概率为最大。

2.2 经验公式中常数的求取

本节仅讨论 $y=bx+a$ 型经验公式中斜率 b 和截距 a 求法。幂函数型的经验公式，如 $y=ax^b$，将两边取对数，可化为直线方程，再用最小二乘法确定经验公式中的常数。多元线性回归的原理与一元线性回归相同，但计算要复杂些，本节不作详细介绍，可参考其它相关资料。

2.2.1 回归方程的斜率与截距的求取

设 n 个实验点 (x_1, y_1)，(x_2, y_2)，…，(x_n, y_n)，其离散点在一条直线附近，于是可以利用一条直线来代表它们之间的关系

$$\hat{y}=a+bx \tag{2-1}$$

式中 $\hat{y}$——由回归式算出的值，称回归值；

a，b——回归系数。

对每一测量值 x_i 均可由上式求出一回归值 $\hat{y}_i$。回归值 $\hat{y}_i$ 与实测值 y_i 之差的绝对值 $d_i=|y_i-\hat{y}_i|=|y_i-(a+bx_i)|$ 表明 y_i 与回归直线的偏离程度。两者偏离程度愈小，说明直线与实验数据点拟合愈好。其偏差的平方和 Q 用下式表示

$$Q=\sum_{i=1}^{n}d_i^2=\sum_{i=1}^{n}[y_i-(a+bx_i)]^2 \tag{2-2}$$

根据最小二乘法的原理，对上式求极小值，即对上式求偏导数，并令其等于零，就可求出斜率 b 和截距 a。

$$\begin{cases}\dfrac{\partial Q}{\partial a}=-2\sum\limits_{i=1}^{n}(y_i-a-bx_i)=0\\ \dfrac{\partial Q}{\partial b}=-2\sum\limits_{i=1}^{n}[y_i-(a+bx_i)]x_i=0\end{cases} \tag{2-3}$$

由上两式解得

$$b=\frac{\sum x_iy_i-n\overline{x}\,\overline{y}}{\sum x_i^2-n(\overline{x})^2} \tag{2-4}$$

$$a=\overline{y}-b\overline{x} \tag{2-5}$$

其中：

$$\overline{x}=\frac{1}{n}\sum_{i=1}^{n}x_i \qquad \overline{y}=\frac{1}{n}\sum_{i=1}^{n}y_i \tag{2-6}$$

（省略求和运算的上、下限，简写为 $\sum$）

也可采用回归直线正好通过离散点图的几何中心（即平均值 $\overline{x}$，$\overline{y}$）来计算，令

$$l_{xx}=\sum(x_i-\overline{x})^2=\sum x_i^2-n\overline{x}^2=\sum x_i^2-\frac{(\sum x_i)^2}{n} \tag{2-7}$$

$$l_{yy}=\sum(y_i-\overline{y})^2=\sum y_i^2-n\overline{y}^2=\sum y_i^2-\frac{(\sum y_i)^2}{n} \tag{2-8}$$

$$l_{xy}=\sum(x_i-\overline{x})(y_i-\overline{y})=\sum x_iy_i-n\overline{x}\,\overline{y}=\sum x_iy_i-\frac{1}{n}(\sum x_i)(\sum y_i) \tag{2-9}$$

可得：

$$b=\frac{l_{xy}}{l_{xx}} \tag{2-10}$$

以上各式中的 l_{xx}、l_{yy} 称为 x、y 的离差平方和，l_{xy} 为 x、y 的离差乘积和。

2.2.2 回归方程中的几个概念

介绍平方和、自由度及方差概念。

(1) 离差

实验值 y_i 与平均值 $\overline{y}$ 的差 $(y_i-\overline{y})$ 称为离差，n 次实验值 y_i 的离差平方和 $l_{yy}=\sum(y_i-\overline{y})^2$ 越大，说明 y_i 的数值变动越大。

$$l_{yy}=\sum(y_i-\overline{y})^2=\sum(y_i-\hat{y}_i+\hat{y}_i-\overline{y})^2=\sum(y_i-\hat{y})^2+\sum(\hat{y}_i-\overline{y})^2+2\sum(y_i-\hat{y}_i)(\hat{y}_i-\overline{y})$$

可以证明 $$2\sum(y_i-\hat{y}_i)(\hat{y}_i-\overline{y})=0$$

所以 $$l_{yy}=\sum(y_i-\hat{y}_i)^2+\sum(\hat{y}_i-\overline{y})^2 \tag{2-11}$$

由前可知 $$Q=\sum(y_i-\hat{y}_i)^2 \tag{2-12}$$

令 $$U=\sum(\hat{y}_i-\overline{y})^2 \tag{2-13}$$

式(2-11) 可写成 $$l_{yy}=Q+U \tag{2-14}$$

式(2-14) 称平方和分解公式，表明了实验值 y 偏离平均值 $\overline{y}$ 的大小，可以分解为两部分（即 Q 和 U）。在总的离差平方和 l_{yy} 中，U 所占的比例越大，Q 的比例越小，则回归效果越好，误差越小。其 l_{yy}、Q、U 的关系可用图 2-3 表示。

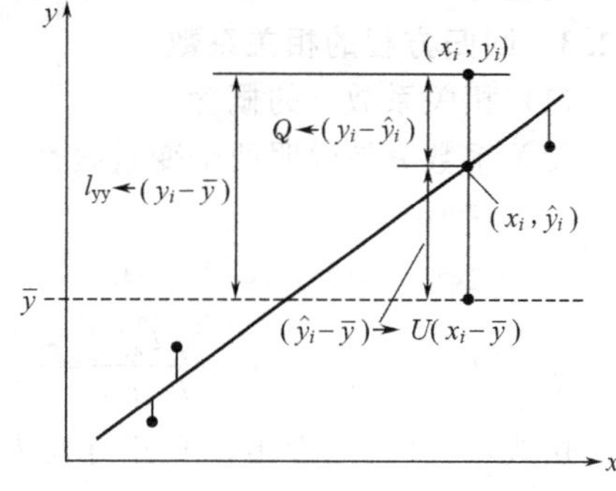

图 2-3 l_{yy}、Q、U 含义示意图

(2) 回归平方和 U

$U=\sum(\hat{y}_i-\overline{y})^2$，它是回归线上 $\hat{y}_1$，$\hat{y}_2$，…，$\hat{y}_n$ 的值与平均值 $\overline{y}$ 之差的平方和。它描述了 $\hat{y}_1$，$\hat{y}_2$，…，$\hat{y}_n$ 偏离 $\overline{y}$ 的分散程度，其分散性来源于 x_1，x_2，…，x_n 亦即由于 x、y 的线性关系所引起 y 变化的部分，称为回归平方和。

$$U=\sum(\hat{y}_i-\overline{y})^2=\sum(a+bx_i-\overline{y})^2=\sum[b(x_i-\overline{x})]^2$$
$$=b^2\sum(x_i-\overline{x})^2=b^2l_{xx}=bl_{xy} \tag{2-15}$$

(3) 剩余平方和 Q

$$Q=\sum(y_i-\hat{y}_i)^2=\sum[y_i-(a+bx_i)]^2 \tag{2-16}$$

式(2-16) 代表实验值 y_i 与回归直线上纵坐标 $\hat{y}_i$ 值之差的平方和。它包括了 x 对 y 线性关系影响以外的其它一切因素对 y 值变化的作用，所以常称为剩余平方和或残差平方和。

(4) 自由度 f

所谓自由度 f，是指计算偏差平方和时，涉及独立平方和的数据个数。每一个平方和都有一个自由度与其对应。

$$f_{总}=f_U+f_Q \tag{2-17}$$

式中 $f_{总}$——总离差平方和的自由度，$f_{总}=n-1$，n 等于总的实验点数；

f_U——回归平方和的自由度，f_U 等于自变量的个数 m；

f_Q——剩余平方和的自由度，$f_Q=f_{总}-f_U=(n-1)-m$。

对于一元线性回归方程：$f_{总}=n-1$，$f_U=1$，$f_Q=n-2$。

(5) 方差

平方和除以对应的自由度后所得值称为方差或均差。

回归方差 $$V_U=\frac{U}{f_U}=\frac{U}{m} \tag{2-18}$$

剩余方差 $$V_Q=\frac{Q}{f_Q} \tag{2-19}$$

剩余标准差
$$s=\sqrt{V_Q}=\sqrt{\frac{Q}{f_Q}} \tag{2-20}$$

由式(2-20)可知，s 的大小取决于自由度 f_Q，也取决于剩余平方和 Q；s 愈小，回归方程对实验点的拟合程度愈高，即回归方程的精度愈高。

对于一元线性回归中的剩余标准差

$$s=\sqrt{\frac{Q}{f_Q}}=\sqrt{\frac{Q}{n-2}}=\sqrt{\frac{\sum(y_i-\hat{y}_i)^2}{n-2}} \tag{2-20a}$$

与第1章的标准误差 σ 的数学意义是完全相同的。差别仅在于求 σ 时自由度为 $n-1$，而求 s 时自由度为 $n-2$。即因变量 y 的标准误差 σ 可用剩余标准差来估计：

$$s=\sqrt{\frac{Q}{n-2}}=\sqrt{\frac{l_{yy}-bl_{yy}}{n-2}} \tag{2-20b}$$

即被预测的 y 值落在 $y_0\pm2s$ 区间内的概率约为95.4%，落在 $y_0\pm3s$ 区间内的概率约为99.7%。由此可见，剩余标准差 s 愈小，则利用回归方程预报的 y 值愈准确。故 s 值的大小是检验一个回归能否满足要求的重要标志。

2.2.3 回归方程的相关系数

(1) 相关系数 r 的概念

相关系数 r 是说明两个变量线性关系密切程度的物理量。

$$r=\frac{l_{xy}}{\sqrt{l_{xx}l_{yy}}} \tag{2-21}$$

$$r^2=\frac{l_{xy}^2}{l_{xx}l_{yy}}=\left(\frac{l_{xy}}{l_{xx}}\right)^2\frac{l_{xx}}{l_{yy}}=\frac{b^2l_{xx}}{l_{yy}}=\frac{U}{l_{yy}}=1-\frac{Q}{l_{yy}} \tag{2-22}$$

由式(2-22)可看出，r^2 正好代表了回归平方和 U 与离差平方和 l_{yy} 的比值。

当 $|r|=0$，此时 $l_{xy}=0$，回归直线的斜率 $b=0$，$U=0$，$Q=l_{yy}$，$\hat{y}_i$ 不随 x_i 而变化或有某种非线性关系。

当 $|r|=1$，此时 $Q=0$，$U=l_{yy}$，即所有的点都落在回归直线上，此时称 $\hat{y}_i$ 与 x_i 完全线性相关。

一般有
$$0\leqslant|r|\leqslant1 \tag{2-23}$$

从以上讨论可知，相关系数 r 表示 x 与 y 两变量之间线性相关的密切程度。

(2) 显著性检验

如上所述，相关系数 r 的绝对值愈接近于1，x 与 y 间线性愈相关。但究竟 $|r|$ 与1接近到什么程度才能说明 x 与 y 之间存在线性相关关系呢？这就有必要对相关系数进行显著性检验。相关系数检验表见附录6，它是根据统计学的原理编制的，表中给出了最小相关系数 $r_{\min}$。

只有 $|r|>r_{\min}$ 时才能采用线性回归方程来描述其变量之间的关系。一般来说，相关系数 r 与实验点的个数 n 有关，采用最小二乘法进行一元线性回归时自由度为 $n-2$，一般可取显著性水平 $\alpha=1\%$ 或 $\alpha=5\%$。例如 $n=10$，$\alpha=5\%$ 时，$r_{\min}=0.632$，相关系数 r 大于0.632就适于线性回归，而 $n=4$，$\alpha=5\%$ 时，$r_{\min}=0.950$，相关系数 r 必须大于0.950才适于线性回归。

2.2.4 回归方程的方差分析

若实验数据按最小二乘法求得了一元回归方程，要表示 x 与 y 的线性关系是否密切，须进一步检验与分析。方差分析是检验线性回归效果好坏的另一种方法，现介绍 F 检验法。

$$F=\frac{回归方差}{剩余方差}=\frac{V_U}{V_Q}=\frac{\frac{U}{f_U}}{\frac{Q}{f_Q}} \tag{2-24}$$

对一元线性回归的方差分析过程，$f_U=1$，$f_Q=n-2$，则

$$F=\frac{V_U}{V_Q}=\frac{U}{\frac{Q}{n-2}} \tag{2-25}$$

然后将计算所得的 F 值与 F 分布数值表（见附录 7）所列的值相比较。一元线性回归方程方差分析，见表 2-3。

表 2-3 一元线性回归方程方差分析

名称	平方和	自由度	方差	方差比	显著性
回归	$U=\sum(\hat{y}_i-\bar{y})^2$	$f_1=f_U=m=1$	$V_U=\frac{U}{f_U}=U$	$F=\frac{V_U}{V_Q}=\frac{U}{\frac{Q}{n-2}}$	
剩余	$Q=\sum(y_i-\hat{y}_i)^2$	$f_2=f_Q=n-2$	$V_Q=\frac{Q}{n-2}$		
总计	$l_{yy}=\sum(y_i-\bar{y})^2$	$f_{总}=n-1$			

F 分布表中显著性水平 α 有 0.25，0.10，0.05，0.01 四种，查附录 7。一般宜先查 $\alpha=0.01$ 时的 $F_{0.01}(f_1, f_2)$，再与由式(2-25) 计算得到的方差比 F 进行比较，若 $F\geqslant F_{0.01}(f_1, f_2)$，则可认为回归显著（称在 $\alpha=1\%$ 水平上显著），可结束显著性检验；否则再查 α 较大值相应的 F 最小值，如 $F_{0.05}(f_1, f_2)$，与实验的方差比 F 相比较，依次类推。

对于任何一元线性回归问题，如果进行方差分析中的 F 检验，就无须再作相关系数 r 的显著性检验，因为两种检验是完全等价的。

$$F=(n-2)\frac{U}{Q}=(n-2)\frac{U/l_{yy}}{Q/l_{yy}}=(n-2)\frac{r^2}{1-r^2} \tag{2-26}$$

根据上式，可由 F 值解出对应的相关系数 r 值，或由 r 值求出相应的 F 值。

【例 2-1】 空气在圆形直管内作强制湍流时的对流传热关联式 $Nu/Pr^{0.4}=ARe^b$，其中常数 A、b 的值将通过回归求得，实验数据整理列于表 2-4。

表 2-4 *Re-Nu* 数据表

Re	49208	47796	46002	39630	36039	36024	27188
$Nu/Pr^{0.4}$	97.5	97.3	94.1	82.5	76.2	66.9	61.9

解 (1) 图解法

将表 2-4*Re-Nu* 数据表在计算机上作图，可得图 2-4，并得到关联式及相关系数（过程略，详见第 5 章）。

(2) 最小二乘法

对 $Nu/Pr^{0.4}=ARe^b$，求 A 与 b，将方程简化为直线方程：

$\lg(Nu/Pr^{0.4})=\lg A+b\lg Re$，令

$$y=\lg(Nu/Pr^{0.4}),\ a=\lg A,\ x=\lg Re$$

则有 $y=a+bx$ 转化后的 y、x 的值见表 2-4(a)。

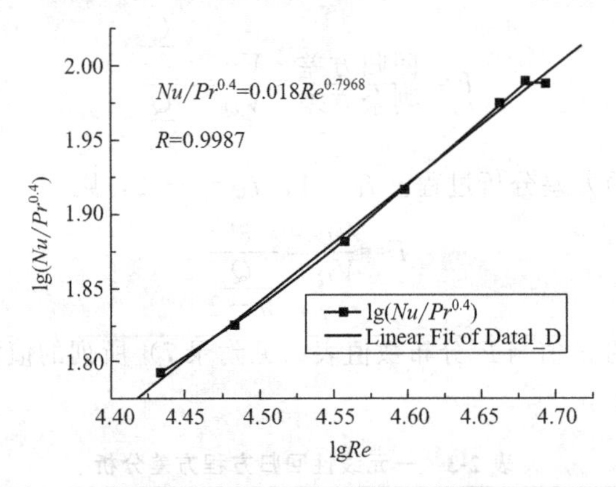

图 2-4 Re-Nu 图（例 2-1 附图）

表 2-4(a) 转化后的 y_i、x_i 的值

序号	$Nu/Pr^{0.4}$	y_i	Re	x_i	x_i^2	x_iy_i	y_i^2
1	97.46465	1.9888	49207.51	4.6920	22.0152	9.3317	3.9555
2	97.27695	1.9880	47796.03	4.6794	21.8967	9.3027	3.9522
3	94.14834	1.9738	46001.79	4.6628	21.7415	9.2034	3.8959
4	82.47438	1.9163	39630.11	4.5980	21.1418	8.8113	3.6723
5	76.16514	1.8818	36039.24	4.5568	20.7642	8.5747	3.5410
6	66.8509	1.8251	30424.05	4.4832	20.0992	8.1824	3.3310
7	61.88175	1.7916	27188.54	4.4344	19.6638	7.9445	3.2097
Σ		13.3654		32.1066	147.3224	61.3507	25.5576
平均值		1.9093	39469.61	4.5867	21.0461	8.7644	3.6511

$$\bar{x}=\frac{\sum x_i}{7}=\frac{32.1066}{7}=4.5867 \qquad \bar{y}=\frac{\sum y_i}{7}=\frac{13.3654}{7}=1.9093$$

$$b=\frac{l_{xy}}{l_{xx}}=\frac{\sum x_iy_i-n\bar{x}\bar{y}}{\sum x_i^2-n\bar{x}^2}=\frac{61.3507-7\times4.5867\times1.9093}{147.3224-7\times4.5867^2}=0.7968$$

$$a=\bar{y}-b\bar{x}=1.9093-0.7968\times4.5867=-1.7453$$

故回归方程为：

$$\hat{y}=0.7968x-1.7453$$
$$A=10^{-1.7453}=0.018$$
$$Nu/Pr^{0.4}=ARe^b=0.018Re^{0.7968}$$

对 y、x 的相关性进行检验：

$$l_{xy}=\sum x_iy_i-\frac{1}{n}(\sum x_i)(\sum y_i)=61.3507-\frac{1}{7}\times32.1066\times13.3654=0.0481$$

$$l_{xx}=\sum x_i^2-\frac{1}{n}(\sum x_i)^2=147.3224-\frac{1}{7}\times32.1066\times32.1066=0.0604$$

$$l_{yy}=\sum y_i^2-\frac{1}{n}(\sum y_i)^2=25.5576-\frac{1}{7}\times13.3654\times13.3654=0.0384$$

$$r=\frac{l_{xy}}{\sqrt{l_{xx}l_{yy}}}=\frac{0.0481}{\sqrt{0.0604\times0.0384}}=0.9988$$

由 $n=7$，$n-2=5$，查相关系数检验表，得 $\alpha=5\%$时，$r_{\min}=0.754<0.9988$；$\alpha=1\%$

时，$r_{\min}=0.874<0.9988$；因此在对 y、x 间求回归直线是完全合理的。

又可对 y、x 进行方差分析，检验其回归的显著性。

$$U=\sum(\hat{y}_i-\bar{y})^2=bl_{xy}=0.7968\times0.0481=0.03835$$

$$Q=l_{yy}-U=0.0384-0.03835=0.0001$$

方差分析计算结果见表 2-4(b)。

表 2-4(b) 数据的方差分析结果表

名称	平方和	自由度	方差	方差比	显著性
回归	$U=0.03835$	$f_1=f_U=m=1$	$V_U=0.03835$	$F=2089.711$	$F_{0.01}(1,5)=16.26$
剩余	$Q=0.0001$	$f_2=f_Q=5$	$V_Q=1.8353\times10^{-5}$		$F_{0.05}(1,5)=6.61$
总计	$l_{yy}=0.0384$	$f_{总}=n-1=6$			$F_{0.01}(1,5)<F$

可见用相关系数和方差分析其结果都是完全一致的。

再对回归方程 $\hat{y}=0.7968x-1.7453$ 进行剩余标准差计算，预报 y 值的准确度。

$$s=\sqrt{V_Q}=\sqrt{\frac{Q}{f_Q}}=\sqrt{\frac{0.0001}{7-2}}=0.0043$$

$$y'=a-2s+bx=-1.7453-0.0086+0.7968x=0.7968x-1.7539$$

$$y''=a+2s+bx=-1.7453+0.0086+0.7968x=0.7968x-1.7367$$

用这两条线及回归线作图（略），可见大多数观测点位于这两条直线之间，即用回归方程来预报 y 值，有 95.4%的把握说，其绝对误差将不大于 $2s=2\times0.0043=0.0086$，相对误差随 y、x 值变化，当 $x=\bar{x}=4.5867$，$y=\bar{y}=1.9093$ 时，预报 y 值的相对误差将不大于$\frac{0.0086}{1.9093}=0.0045$。

2.2.5 多元线性回归方程

在实验分析中，常常遇到自变量的个数不止一个，而因变量是一个的情况。多元线性回归分析在原理上与一元线性回归分析完全相同，仍用最小二乘法建立正规方程，确定回归方程的常数项和回归系数。多元线性回归可参考相关资料，本节不作具体介绍。现以离心泵性能测试实验为例说明其具体应用。

【例 2-2】 离心泵性能测试实验中，得到压头 H 和流量 q 的数据如表 2-5 所示，试求 H 与 q 的关系表达式。

表 2-5 压头 H 和流量 q 的关系数据

序号	1	2	3	4	5	6	7	8	9	10	11	12
$q/(m^2/h)$	0.00	0.74	2.01	3.03	4.07	4.63	5.15	5.91	6.76	7.25	7.89	8.49
H/mH_2O	15.8	15.6	15.4	15.3	14.8	14.3	13.7	12.5	10.9	10	8.5	7

注：$1mmH_2O=9.80665Pa$。

解 根据表 2-5 所提供的实验数据，绘制流量与压头关系曲线，见图 2-5 。由图可见，曲线近似二次抛物线，其数学模型可写为

$$\hat{H}=b_0+b_1q+b_2q^2$$

令 $y=\hat{H}$ $\quad x_1=q \quad x_2=q^2$

方程为 $\quad y=b_0+b_1x_1+b_2x_2$

将表 2-5 数据转化计算，得二元线性回归计

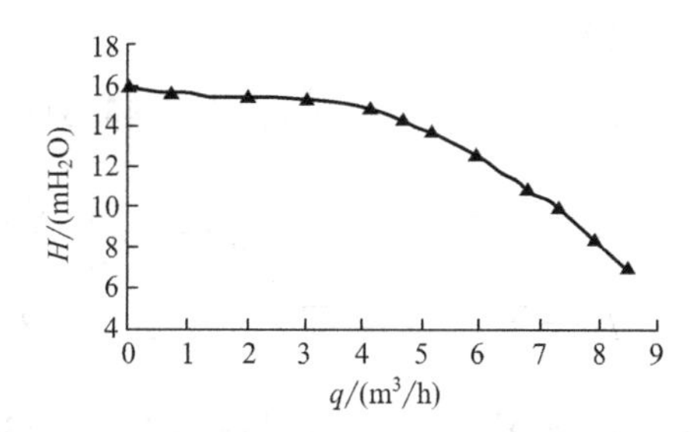

图 2-5 流量与压头关系曲线

算表 2-5(a)。

表 2-5(a)　二元线性回归计算表

序号	x_1	x_2	y	x_1^2	x_2^2	y^2	x_1x_2	x_1y	x_2y
1	0.00	0.00	15.80	0.00	0.00	249.64	0.00	0.00	0.00
2	0.74	0.55	15.60	0.55	0.30	243.36	0.41	11.54	8.54
3	2.01	4.04	15.40	4.04	16.32	237.16	8.12	30.95	62.22
4	3.03	9.18	15.30	9.18	84.29	234.09	27.82	46.36	140.47
5	4.07	16.56	14.80	16.56	274.40	219.04	67.42	60.24	245.16
6	4.63	21.44	14.30	21.44	459.54	204.49	99.25	66.21	306.55
7	5.15	26.52	13.70	26.52	703.44	187.69	136.59	70.56	363.36
8	5.91	34.93	12.50	34.93	1219.97	156.25	206.43	73.88	436.60
9	6.76	45.70	10.90	45.70	2088.27	118.81	308.92	73.68	498.10
10	7.25	52.56	10.00	52.56	2762.82	100.00	381.08	72.50	525.63
11	7.89	62.25	8.50	62.25	3875.32	72.25	491.17	67.07	529.14
12	8.49	72.08	7.00	72.08	5195.54	49.00	611.96	59.43	504.56
Σ	55.93	345.81	153.80	345.81	16680.21	2071.78	2339.15	632.41	3620.33

由最小二乘法建立正规方程，确定回归方程的常数项和回归系数。省略具体推导过程，得二元线性回归方程：

$$l_{11}b_1+l_{12}b_2=l_{1y} \tag{2-27}$$

$$l_{21}b_1+l_{22}b_2=l_{2y} \tag{2-28}$$

求出回归系数 b_1、b_2，b_0 可由下式求出：

$$b_0=\overline{y}-b_1\overline{x}_1-b_2\overline{x}_2 \tag{2-29}$$

正规方程中的系数的计算式如下：

$$l_{11}=\sum x_{1i}^2-\frac{1}{n}(\sum x_{1i})^2 \tag{2-30}$$

$$l_{12}=l_{21}=\sum x_{1i}x_{2i}-\frac{1}{n}(\sum x_{1i})(\sum x_{2i}) \tag{2-31}$$

$$l_{22}=\sum x_{2i}^2-\frac{1}{n}(\sum x_{2i})^2 \tag{2-32}$$

$$l_{1y}=\sum x_{1i}y_i-\frac{1}{n}(\sum x_{1i})(\sum y_i) \tag{2-33}$$

$$l_{2y}=\sum x_{2i}y_i-\frac{1}{n}(\sum x_{2i})(\sum y_i) \tag{2-34}$$

将表 2-5(a) 中的数据代入上述公式求正规方程的系数和常数值，并将结果列于表 2-5(b)。

$$l_{11}=\sum x_{1i}^2-\frac{1}{n}(\sum x_{1i})^2=345.81-\frac{1}{12}\times 55.93^2=85.13$$

$$l_{12}=l_{21}=\sum x_{1i}x_{2i}-\frac{1}{n}(\sum x_{1i})(\sum x_{2i})=2339.15-\frac{1}{12}\times 55.93\times 345.81=727.38$$

$$l_{22}=\sum x_{2i}^2-\frac{1}{n}(\sum x_{2i})^2=16680.21-\frac{1}{12}\times 345.81^2=6714.64$$

$$l_{1y}=\sum x_{1i}y_i-\frac{1}{n}(\sum x_{1i})(\sum y_i)=632.41-\frac{1}{12}\times 55.93\times 153.80=-84.43$$

$$l_{2y}=\sum x_{2i}y_i-\frac{1}{n}(\sum x_{2i})(\sum y_i)=3620.33-\frac{1}{12}\times 345.81\times 153.80=-811.85$$

表 2-5(b) 正规方程中的系数和常数值

名称	l_{11}	$l_{12}=l_{21}$	l_{22}	l_{1y}	l_{2y}	$\overline{y}$	$\overline{x}_1$	$\overline{x}_2$
数值	85.13	727.38	6714.64	−84.43	−811.85	12.82	4.66	28.82

根据上面的数据可列出正规方程组

$$\begin{cases}85.13b_1+727.38b_2=-84.43\\727.38b_1+6714.64b_2=-811.85\end{cases}$$

解此方程组得 $b_1=0.5550$，$b_2=-0.1810$

$$b_0=\overline{y}-b_1\overline{x}_1-b_2\overline{x}_2=12.82-0.5550\times 4.66-(-0.1810\times 28.82)=15.4501$$

最后得压头 H 对流量 q 的回归式是 $\hat{H}=15.4501+0.5550q-0.1810q^2$

压头 H 实测值与回归值的比较见表 2-5(c)。

表 2-5(c) 压头 H 实测值与回归值的比较

序号	1	2	3	4	5	6	7	8	9	10	11	12
H	15.8	15.6	15.4	15.3	14.8	14.3	13.7	12.5	10.9	10	8.5	7
$\hat{H}$	15.45	15.76	15.83	15.47	14.71	14.14	13.51	12.41	10.93	9.96	8.56	7.12

H 对 q 回归方程的显著性检验，其中 $\overline{H}=\overline{y}=12.82$

离差平方和：

$$(l_{yy})_H=\sum(H_i-\overline{H}_i)^2=(15.8-12.82)^2+(15.6-12.82)^2+\cdots=100.58$$

$$f_{总}=n-1=11$$

回归平方和：

$$(U)_H=\sum(\hat{H}_i-\overline{H}_i)^2=(15.45-12.82)^2+(15.76-12.82)^2+\cdots=100.06$$

$$f_U=2$$

剩余平方和：

$$(Q)_H=\sum(H_i-\hat{H}_i)^2=(15.8-15.45)^2+(15.6-15.76)^2+\cdots=0.46$$

$$f_Q=11-2=9$$

$$(U)_H+(Q)_H=100.52$$

$(l_{yy})_H=100.58$ 与 $(U)_H+(Q)_H=100.52$ 基本相近。

方差比 $$F=\frac{100.06/2}{0.46/9}=968.59$$

查附录 5 得 $F_{0.01}(2,9)=8.02\ll 968.59$

所以 H 对 q 的回归式在 $a=0.01$ 水平上高度显著。

2.3 试验设计方法

2.3.1 试验设计方法概述

试验设计是数理统计学的一个重要分支。多数数理统计方法主要用于分析已经得到的数据，而试验设计却是用于决定数据收集的方法。试验设计方法主要讨论如何合理地安排试验以及试验所得的数据如何分析等。

【例 2-3】 某化工厂想提高某化工产品的质量和产量，对工艺中三个主要因素各按三个水平进行试验，见表 2-6。试验的目的是为提高合格产品的产量，寻求最适宜的操作条件。

表 2-6 三因素三水平试验表

水平	因素	温度/℃	压力/MPa	催化剂量/kg
	符号	T	p	m
1		$T_1(100)$	$p_1(0.12)$	$m_1(2.0)$
2		$T_2(120)$	$p_2(0.20)$	$m_2(2.5)$
3		$T_3(140)$	$p_3(0.25)$	$m_3(3.0)$

对此实例该如何进行试验方案的设计呢？

(1) 全面搭配法

三因素三水平试验全面搭配法，如图 2-6 所示。

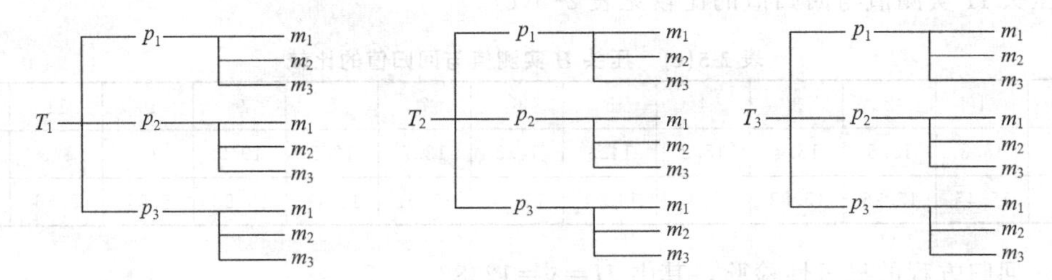

图 2-6 全面搭配法方案

此方案数据点分布的均匀性极好，因素和水平的搭配十分全面，唯一的缺点是实验次数多达 $3^3=27$ 次（指数 3 代表 3 个因素，底数 3 代表每因素有 3 个水平）。因素、水平数愈多，则实验次数就愈多，例如，做一个 6 因素 3 水平的试验，就需 $3^6=729$ 次实验，显然难以做到。

从例 2-3 可看出，采用全面搭配法方案，需做 27 次实验。

(2) 简单比较法

先固定 T_1 和 p_1，只改变 m，观察因素 m 不同水平的影响，做了如图 2-7(a) 所示的三次实验，发现 $m=m_2$ 时的实验效果最好（好的用 □ 表示），合格产品的产量最高，因此认为在后面的实验中因素 m 应取 m_2 水平。

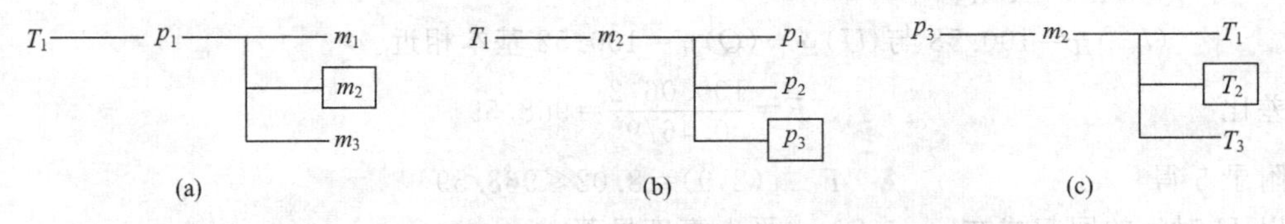

图 2-7 简单比较法方案

固定 T_1 和 m_2，改变 p 的 3 次实验如图 2-7(b) 所示，发现 $p=p_3$ 时的实验效果最好，因此认为因素 p 应取 p_3 水平。

固定 p_3 和 m_2，改变 T 的 3 次实验如图 2-7(c) 所示，发现因素 T 宜取 T_2 水平。

因此可以引出结论：为提高合格产品的产量，最适宜的操作条件为 $T_2p_3m_2$。与全面搭配法方案相比，简单比较法方案的优点是实验的次数少，只需做 9 次实验。但必须指出，简单比较法方案的试验结果是不可靠的。因为，①在改变 m 值（或 p 值，或 T 值）的 3 次实验中，说 m_2（或 p_3 或 T_2）水平最好是有条件的，在 $T\neq T_1$，$p\neq p_1$ 时，m_2 水平不是最好的可能性是有的；ⅱ在改变 m 的 3 次实验中，固定 $T=T_2$，$p=p_3$ 应该说也是可以的，是随意的，故在此方案中数据点的分布的均匀性是毫无保障的；ⅲ用这种方法比较条件好坏时，只是对单个的实验数据进行数值上的简单比较，不能排除必然存在的实验数据误差的干扰。

试验设计方法常用的术语

① 试验指标　指作为试验研究过程的因变量，常为试验结果特征的量（如收率、产量、纯度等）。例 2-3 中的试验指标为合格产品的产量。

② 因素　指做试验研究过程的自变量，常常是造成试验指标按某种规律发生变化的那些原因。如例 2-3 中温度、压力、催化剂的用量等。

③ 水平　指试验中因素所处的具体状态或情况，又称为等级。如例 2-3 的温度有 3 个水平。温度用 T 表示，下标 1、2、3 表示因素的不同水平，分别记为 T_1、T_2、T_3。

2.3.2　正交试验设计方法的优点和特点

用正交表安排多因素试验的方法，称为正交试验设计法。其特点为：ⅰ完成试验要求所需的实验次数少；ⅱ数据点的分布很均匀；ⅲ可用相应的极差分析方法、方差分析方法、回归分析方法等对试验结果进行分析，引出许多有价值的结论。

运用正交试验设计方法，不仅兼有上述两个方案的优点，而且实验次数少，数据点分布均匀，结论的可靠性较好。

正交试验设计方法是用正交表来安排试验的。对于例 2-3 适用的正交表是 $L_9(3^4)$，其试验安排见表 2-7。

表 2-7　试验安排表

试验号	列号	1	2	3	4
	因素	温度/℃	压力/MPa	催化剂量/kg	
	符号	T	p	m	
1		1(T_1)	1(p_1)	1(m_1)	1
2		1(T_1)	2(p_2)	2(m_2)	2
3		1(T_1)	3(p_3)	3(m_3)	3
4		2(T_2)	1(p_1)	2(m_2)	3
5		2(T_2)	2(p_2)	3(m_3)	1
6		2(T_2)	3(p_3)	1(m_1)	2
7		3(T_3)	1(p_1)	3(m_3)	2
8		3(T_3)	2(p_2)	1(m_1)	3
9		3(T_3)	3(p_3)	2(m_2)	1

所有的正交表与 $L_9(3^4)$ 正交表一样，都具有以下两个特点。

ⅰ. 在每一列中，各个不同的数字出现的次数相同。在表 $L_9(3^4)$ 中，每一列有三个水平，水平 1、2、3 都是各出现 3 次。

ⅱ. 表中任意两列并列在一起形成若干个数字对，不同数字对出现的次数也都相同。在表 $L_9(3^4)$ 中，任意两列并列在一起形成的数字对共有 9 个：(1,1)、(1,2)、(1,3)、(2,1)、(2,2)、(2,3)、(3,1)、(3,2)、(3,3)，每一个数字对各出现一次。

这两个特点称为正交性。正是由于正交表具有上述特点，就保证了用正交表安排的试验方案中因素水平是均衡搭配的，数据点的分布是均匀的。因素、水平数愈多，运用正交试验设计方法，愈发能显示出它的优越性，如上述提到的 6 因素 3 水平试验，用全面搭配方案需 729 次，若用正交表 $L_{27}(3^{13})$ 来安排，则只需做 27 次实验。

在化工生产中，因素之间常有交互作用。如果上述的因素 T 的数值和水平发生变化时，试验指标随因素 p 变化的规律也发生变化，或反过来，因素 p 的数值和水平发生变化时，试验指标随因素 T 变化的规律也发生变化。这种情况称为因素 T、p 间有交互作用，记为 $T\times p$。

2.3.3 正交表

使用正交设计方法进行试验方案的设计，就必须用到正交表，正交表请查阅附录 8。

(1) 各列水平数均相同的正交表

各列水平数均相同的正交表，也称单一水平正交表。这类正交表名称的写法举例如下：

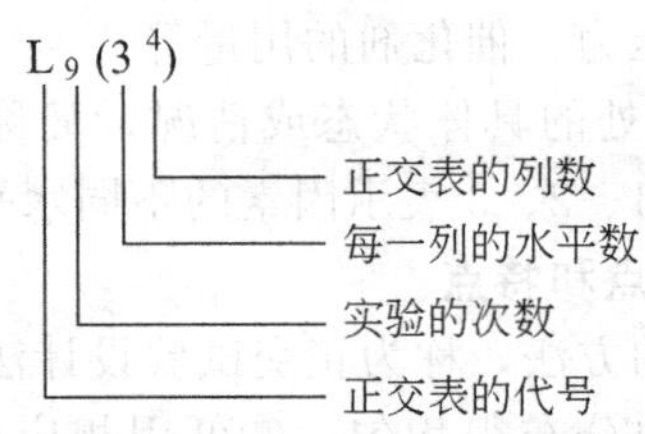

各列水平均为 2 的常用正交表有：$L_4(2^3)$，$L_8(2^7)$，$L_{12}(2^{11})$，$L_{16}(2^{15})$，$L_{20}(2^{19})$，$L_{32}(2^{31})$。

各列水平数均为 3 的常用正交表有：$L_9(3^4)$，$L_{27}(3^{13})$。

各列水平数均为 4 的常用正交表有：$L_{16}(4^5)$。

各列水平数均为 5 的常用正交表有：$L_{25}(5^6)$。

(2) 混合水平正交表

各列水平数不相同的正交表，叫混合水平正交表，图 2-8 就是一个混合水平正交表名称的写法。

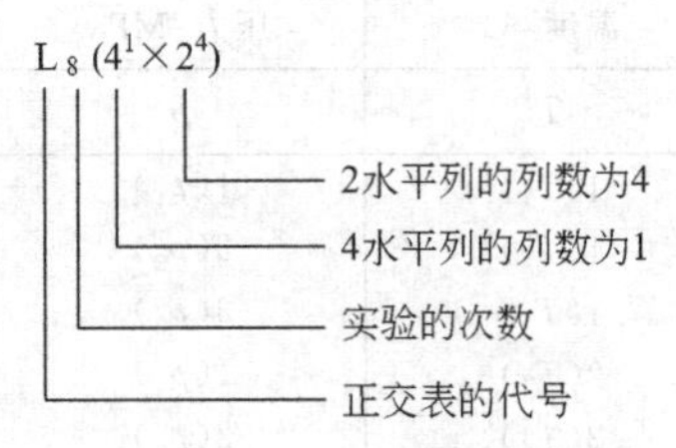

图 2-8 混合水平正交表名称写法

$L_8(4^1\times2^4)$ 常简写为 $L_8(4\times2^4)$，此混合水平正交表含有 1 个 4 水平列，4 个 2 水平列，共有 1＋4＝5 列。

2.3.4 选择正交表的基本原则

一般都是先确定试验的因素、水平和交互作用，后选择适用的 L 表。在确定因素的水平数时，主要因素宜多安排几个水平，次要因素可少安排几个水平。

ⅰ. 先看水平数。若各因素全是 2 水平，就选用 $L(2^*)$ 表；若各因素全是 3 水平，就选 $L(3^*)$ 表。若各因素的水平数不相同，就选择适用的混合水平表。

ⅱ. 每一个交互作用在正交表中应占一列或两列。要看所选的正交表是否足够大，能否容纳得下所考虑的因素和交互作用。为了对试验结果进行方差分析或回归分析，还必须至少留一个空白列，作为“误差”列，在极差分析中要作为“其它因素”列处理。

ⅲ. 要看试验精度的要求。若要求高，则宜取实验次数多的 L 表。

ⅳ. 若试验费用很昂贵，或试验的经费很有限，或人力和时间都比较紧张，则不宜选实验次数太多的 L 表。

ⅴ. 按原来考虑的因素、水平和交互作用去选择正交表，若无正好适用的正交表可选，简便且可行的办法是适当修改原定的水平数。

ⅵ. 对某因素或某交互作用的影响是否确实存在没有把握的情况下，若条件许可，应尽量选用大表，让影响存在的可能性较大的因素和交互作用各占适当的列。某因素或某交互作用的影响是否真的存在，留到方差分析进行显著性检验时再做结论。这样既可以减少试验的工作量，又不至于漏掉重要的信息。

2.3.5 正交表的表头设计

所谓表头设计，就是确定试验所考虑的因素和交互作用，在正交表中该放在哪一列的问题。

ⅰ. 有交互作用时，表头设计则必须严格地按规定办事。因篇幅限制，此处不讨论，请查阅有关书籍。

ⅱ. 若试验不考虑交互作用，则表头设计可以是任意的。如在例 2-3 中，对 $L_9(3^4)$ 表头设计，见表 2-8。表 2-8 所列的各种方案都是可用的。但是正交表的构造是组合数学问题，必须满足 2.3.2 中所述的特点。对试验之初不考虑交互作用而选用较大的正交表，空列较多时，最好仍与有交互作用时一样，按规定进行表头设计。只不过将有交互作用的列先视为空列，待试验结束后再加以判定。

表 2-8 $L_9(3^4)$ 表头设计方案

列 号	1	2	3	4
1	T	p	m	空
2	空	T	p	m
3	m	空	T	p
4	p	m	空	T

2.3.6 正交试验的操作方法

ⅰ. 分区组。对于一批试验，如果要使用几台不同的机器，或要使用几种原料来进行，为了防止机器或原料的不同而带来误差，从而干扰试验分析，可在开始做实验之前，用 L 表中未排因素和交互作用的一个空白列来安排机器或原料。

与此类似，若试验指标的检验需要几个人（或几台机器）来做，为了消除不同人（或仪器）检验的水平不同给试验分析带来干扰，也可采用在 L 表中用一空白列来安排的办法，这种作法叫做“分区组法”。

ⅱ. 因素水平表排列顺序的随机化。如在例 2-3 中，每个因素的水平序号从小到大时，因素的数值总是按由小到大或由大到小的顺序排列。按正交表做试验时，所有的 1 水平要碰在一起，而这种极端的情况有时是不希望出现的，有时也没有实际意义。因此在排列因素水平表时，最好不要简单地按因素数值由小到大或由大到小的顺序排列。从理论上讲，最好能使用一种叫做随机化的方法。所谓随机化就是采用抽签或查随机数值表的办法，来决定排列顺序。

ⅲ. 试验进行的次序没必要完全按照正交表上试验号码的顺序。为减少试验中由于先后实验操作熟练的程度不匀带来的误差干扰，理论上推荐用抽签的办法来决定试验的次序。

ⅳ. 在确定每一个实验的实验条件时，只需考虑所确定的几个因素和分区组该如何取值，而不要（其实也无法）考虑交互作用列和误差列怎么办的问题。交互作用列和误差列的取值问题由实验本身的客观规律来确定，它们对指标影响的大小在方差分析时给出。

ⅴ. 做实验时，要力求严格控制实验条件。这个问题在因素各水平下的数值差别不大时更为重要。例如，例 2-3 中的因素（加催化剂量）m 的三个水平：$m_1=2.0$，$m_2=2.5$，

$m_3=3.0$，在以 $m=m_2=2.5$ 为条件的某一个实验中，就必须严格认真地让 $m_2=2.5$。若因为粗心和不负责任，造成 $m_2=2.2$ 或造成 $m_2=3.0$，那就将使整个试验失去正交试验设计方法的特点，使极差和方差分析方法的应用丧失了必要的前提条件，因而得不到正确的试验结果。

2.3.7 正交试验结果分析方法

正交试验方法之所以能得到科技工作者的重视并在实践中得到广泛的应用，其原因不仅在于能使试验的次数减少，而且能够用相应的方法对试验结果进行分析并引出许多有价值的结论。因此，用正交试验法进行实验，如果不对试验结果进行认真的分析，并引出应该引出的结论，那就失去用正交试验法的意义和价值。

(1) 极差分析方法

下面以表 2-9 为例讨论 $L_4(2^3)$ 正交试验结果的极差分析方法。极差指的是各列中各水平对应的试验指标平均值的最大值与最小值之差。从表 2-9 的计算结果可知，用极差法分析正交试验结果可引出以下几个结论。

ⅰ. 在试验范围内，各列对试验指标的影响从大到小的排队。某列的极差最大，表示该列的数值在试验范围内变化时，使试验指标数值的变化最大。所以各列对试验指标的影响从大到小的排队，就是各列极差 D 的数值从大到小的排队。

ⅱ. 试验指标随各因素的变化趋势。为了能更直观地看到变化趋势，常将计算结果绘制成图。

ⅲ. 使试验指标最好的适宜的操作条件（适宜的因素水平搭配）。

ⅳ. 可对所得结论和进一步的研究方向进行讨论。

表 2-9 $L_4(2^3)$ 正交试验计算

列号		1	2	3	试验指标 y_i
试验号	1	1	1	1	y_1
	2	1	2	2	y_2
	3	2	1	2	y_3
	$n=4$	2	2	1	y_4
$Ⅰ_j$		$Ⅰ_1=y_1+y_2$	$Ⅰ_2=y_1+y_3$	$Ⅰ_3=y_1+y_4$	
$Ⅱ_j$		$Ⅱ_1=y_3+y_4$	$Ⅱ_2=y_2+y_4$	$Ⅱ_3=y_2+y_3$	
k_j		$k_1=2$	$k_2=2$	$k_3=2$	
$Ⅰ_j/k_j$		$Ⅰ_1/k_1$	$Ⅰ_2/k_2$	$Ⅰ_3/k_3$	
$Ⅱ_j/k_j$		$Ⅱ_1/k_1$	$Ⅱ_2/k_2$	$Ⅱ_3/k_3$	
极差(D_j)		max{ }-min{ }	max{ }-min{ }	max{ }-min{ }	

注：$Ⅰ_j$——第 j 列“1”水平所对应的试验指标的数值之和；
$Ⅱ_j$——第 j 列“2”水平所对应的试验指标的数值之和；
k_j——第 j 列同一水平出现的次数，等于试验的次数（n）除以第 j 列的水平数；
$Ⅰ_j/k_j$——第 j 列“1”水平所对应的试验指标的平均值；
$Ⅱ_j/k_j$——第 j 列“2”水平所对应的试验指标的平均值；
D_j——第 j 列的极差，等于第 j 列各水平对应的试验指标平均值中的最大值减最小值，即 $D_j=\max\{Ⅰ_j/k_j, Ⅱ_j/k_j,\cdots\}-\min\{Ⅰ_j/k_j, Ⅱ_j/k_j,\cdots\}$。

(2) 方差分析方法

方差分析方法的计算公式和项目如下。

试验指标的加和值 $=\sum_{i=1}^{n} y_i$，试验指标的平均值 $\bar{y}=\frac{1}{n}\sum_{i=1}^{n} y_i$，以第 j 列为例：

$Ⅰ_j$——第 j 列“1”水平所对应的试验指标的数值之和；

Ⅱ_j——第 j 列“2”水平所对应的试验指标的数值之和；

⋮

k_j——第 j 列同一水平出现的次数。等于试验的次数（n）除以第 j 列的水平数；

$\text{Ⅰ}_j/k_j$——第 j 列“1”水平所对应的试验指标的平均值；

$\text{Ⅱ}_j/k_j$——第 j 列“2”水平所对应的试验指标的平均值；

⋮

以上各项的计算方法同极差法（见表 2-9）。

S_j——偏差平方和，$S_j=k_j\left(\frac{\text{Ⅰ}_j}{k_j}-\overline{y}\right)^2+k_j\left(\frac{\text{Ⅱ}_j}{k_j}-\overline{y}\right)^2+k_j\left(\frac{\text{Ⅲ}_j}{k_j}-\overline{y}\right)^2+\cdots$

f_j——自由度，$f_j=$第 j 列的水平数-1。

V_j——方差，$V_j=S_j/f_j$。

V_e——误差列的方差，$V_e=S_e/f_e$，e 为正交表的误差列。

f_e——误差列的自由度，为所有空列的自由度之和。$f_e=f_{总}-\sum f_i$，其中 $\sum f_i$ 为安排有因素或交互作用的各列的自由度之和。如正交表中有 5 个空列，则误差列 $f_e=f_{e1}+f_{e2}+f_{e3}+f_{e4}+f_{e5}$。

F_j——方差之比，$F_j=V_j/V_e$。

查 F 分布数值表（F 分布数值表请查阅附录 7）做显著性检验。

总的偏差平方和 $$S_{总}=\sum_{i=1}^{n}(y_i-\overline{y})^2$$

总的偏差平方和等于各列的偏差平方和之和，即 $$S_{总}=\sum_{j=1}^{m}S_j$$

式中，m 为正交表的列数。

若误差列由 5 个单列组成，则误差列的偏差平方和 S_e 等于 5 个单列的偏差平方和之和，即 $S_e=S_{e1}+S_{e2}+S_{e3}+S_{e4}+S_{e5}$；也可用 $S_e=S_{总}+S''$来计算，其中 S''为安排有因素或交互作用的各列的偏差平方和之和。

与极差法相比，方差分析方法可以多引出一个结论：各列对试验指标的影响是否显著，在什么水平上显著。在数理统计上，这是一个很重要的问题。显著性检验强调试验在分析每列对指标影响中所起的作用。如果某列对指标影响不显著，那么，讨论试验指标随它的变化趋势是毫无意义的。因为在某列对指标的影响不显著时，即使从表中的数据可以看出该列水平变化时，对应的试验指标的数值与在以某种“规律”发生变化，但那很可能是由于实验误差所致，将它作为客观规律是不可靠的。有了各列的显著性检验之后，最后应将影响不显著的交互作用列与原来的“误差列”合并起来。组成新的“误差列”，重新检验各列的显著性。

2.3.8 正交试验方法在化工原理实验中的应用举例

【例 2-4】 用正交试验方法确定恒压过滤的最佳操作条件。其恒压过滤实验的方法、原始数据采集和过滤常数计算等见《过滤实验》部分。过滤实验的主要因素和水平见表 2-10(a)。表中 Δp 为过滤压强差；T 为浆液温度；w 为浆液质量分数；M 为过滤介质（材质属多孔陶瓷）。

解 (1) 试验指标的确定：恒压过滤常数 $K(m^2/s)$。

(2) 选正交表：根据表 2-10(a) 的因素和水平，可选用 $L_8(4\times2^4)$ 表。

(3) 制定实验方案：按选定的正交表，应完成 8 次实验。实验方案见表 2-10(b)。

(4) 实验结果：将所计算出的恒压过滤常数 $K(m^2/s)$ 列于表 2-10(b)。

表 2-10(a) 过滤实验因素和水平

因素		压强差 Δp /kPa	温度 T /℃	质量分数 w	过滤介质 M
符号					
水平	1	2.94	(室温)18	稀(约 5%)	G_1[①]
	2	3.92	(室温+15)33	浓(约 10%)	G_2[①]
	3	4.90			
	4	5.88			

① 过滤介质孔径：G_1 为 30～50μm、G_2 为 16～30μm。

表 2-10(b) 正交试验的试验方案和实验结果

列号	$j=1$	2	3	4	5	6
因素	Δp	T	w	M	e	$K/(\mathrm{m^2/s})$
试验号	水平					
1	1	1	1	1	1	4.01×10^{-4}
2	1	2	2	2	2	2.93×10^{-4}
3	2	1	1	2	2	5.21×10^{-4}
4	2	2	2	1	1	5.55×10^{-4}
5	3	1	2	1	2	4.83×10^{-4}
6	3	2	1	2	1	1.02×10^{-3}
7	4	1	2	2	1	5.11×10^{-4}
8	4	2	1	1	2	1.10×10^{-3}

(5) 指标 K 的极差分析和方差分析。

分析结果见表 2-10(c)。以第 2 列为例说明计算过程：

$$\mathrm{I}_2=4.01\times10^{-4}+5.21\times10^{-4}+4.83\times10^{-4}+5.11\times10^{-4}=1.92\times10^{-3}$$

$$\mathrm{II}_2=2.93\times10^{-4}+5.55\times10^{-4}+1.02\times10^{-4}+1.10\times10^{-4}=2.97\times10^{-3}$$

$$k_2=4$$

$$\mathrm{I}_2/k_2=1.92\times10^{-3}/4=4.79\times10^{-4}$$

$$\mathrm{II}_2/k_2=2.97\times10^{-3}/4=7.42\times10^{-4}$$

$$D_2=7.42\times10^{-4}-4.79\times10^{-4}=2.63\times10^{-4}$$

$$\sum K=4.88\times10^{-3}\qquad \overline{K}=6.11\times10^{-4}$$

$$S_2=k_2(\mathrm{I}_2/k_2-\overline{K})^2+k_2(\mathrm{II}_2/k_2-\overline{K})^2$$

$$=4\times(4.79\times10^{-4}-6.11\times10^{-4})^2+4\times(7.42\times10^{-4}-6.11\times10^{-4})^2$$

$$=1.38\times10^{-7}$$

f_2=第二列的水平数$-1=2-1=1$

$$V_2=S_2/f_2=1.38\times10^{-7}/1=1.38\times10^{-7}$$

$$S_e=S_5=k_5(\mathrm{I}_5/k_5-\overline{K})^2+k_5(\mathrm{II}_5/k_5-\overline{K})^2$$

$$=4\times(6.22\times10^{-4}-6.11\times10^{-4})^2+4\times(5.99\times10^{-4}-6.11\times10^{-4})^2$$

$$=1.06\times10^{-9}$$

$$f_e=f_5=1$$

$$V_e=S_e/f_e=1.06\times10^{-9}/1=1.06\times10^{-9}$$

$$F_2=V_2/V_e=1.38\times10^{-7}/1.06\times10^{-9}=130.2$$

查《F 分布数值表》可知：

$$F(\alpha=0.01,f_1=1,f_2=1)=4052>F_2$$

$$F(\alpha=0.05,f_1=1,f_2=1)=161.4>F_2$$

$$F(\alpha=0.10, f_1=1, f_2=1)=39.9<F_2$$
$$F(\alpha=0.25, f_1=1, f_2=1)=5.83<F_2$$

（其中：f_1 为分子的自由度，f_2 分母的自由度）

所以第二列对试验指标的影响在 $\alpha=0.10$ 水平上显著，其它列的计算结果见表 2-10(c)。

表 2-10(c) K 的极差分析和方差分析

列号	$j=1$	2	3	4	5	6
因素	Δp	T	w	M	e	$K/(\mathrm{m^2/s})$
I_j	6.94×10^{-4}	1.92×10^{-3}	3.04×10^{-3}	2.54×10^{-3}	2.49×10^{-3}	
II_j	1.08×10^{-3}	2.97×10^{-3}	1.84×10^{-3}	2.35×10^{-3}	2.40×10^{-3}	
III_j	1.50×10^{-3}					
IV_j	1.61×10^{-3}					
k_j	2	4	4	4	4	
I_j/k_j	3.47×10^{-4}	4.79×10^{-4}	7.61×10^{-4}	6.35×10^{-4}	6.22×10^{-4}	$\Sigma K=$
II_j/k_j	5.38×10^{-4}	7.42×10^{-4}	4.61×10^{-4}	5.86×10^{-4}	5.99×10^{-4}	4.88×10^{-3}
III_j/k_j	7.52×10^{-4}					
IV_j/k_j	8.06×10^{-3}					
D_j	4.59×10^{-4}	2.63×10^{-4}	3.00×10^{-4}	4.85×10^{-5}	2.30×10^{-5}	
S_j	2.65×10^{-7}	1.38×10^{-7}	1.80×10^{-7}	4.70×10^{-9}	1.06×10^{-9}	
f_j	3	1	1	1		$\overline{K}=$
V_j	8.84×10^{-8}	1.38×10^{-7}	1.80×10^{-7}	4.70×10^{-9}	1.06×10^{-9}	6.11×10^{-4}
F_j	83.6	130.2	170.1	4.44	1.00	
$F_{0.01}$	5403	4052	4052	4052		
$F_{0.05}$	215.7	161.4	161.4	161.4		
$F_{0.10}$	53.6	39.9	39.9	39.9		
$F_{0.25}$	8.20	5.83	5.83	5.83		
显著性	2 * (0.10)	2 * (0.10)	3 * (0.05)	0 * (0.25)		

（6）由极差分析结果引出的结论：请同学们自己分析。

（7）由方差分析结果引出的结论。

① 第 1、2 列上的因素 Δp、T 在 $\alpha=0.10$ 水平上显著；第 3 列上的因素 w 在 $\alpha=0.05$ 水平上显著；第 4 列上的因素 M 在 $\alpha=0.25$ 水平上仍不显著。

② 各因素、水平对 K 的影响变化趋势见图 2-9。图 2-9 是用表 2-10(a) 的水平、因素和表 2-10(c) 的 I_j/k_j、II_j/k_j、III_j/k_j、IV_j/k_j 值来标绘的，从图中可看出：

ⅰ. 过滤压强差增大，K 值增大；

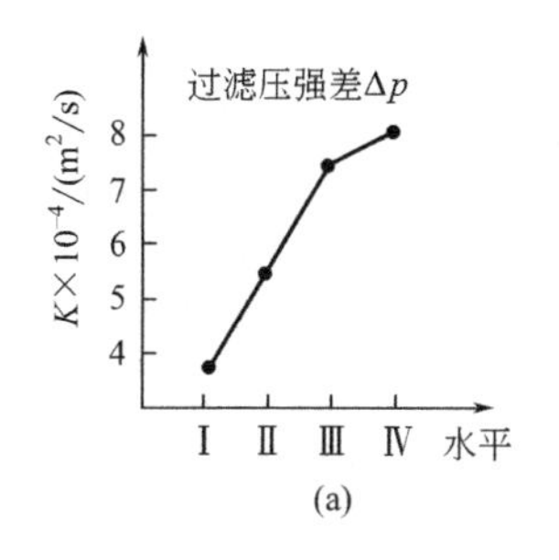

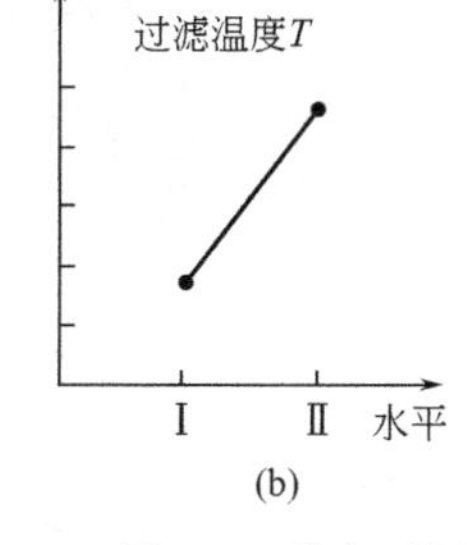

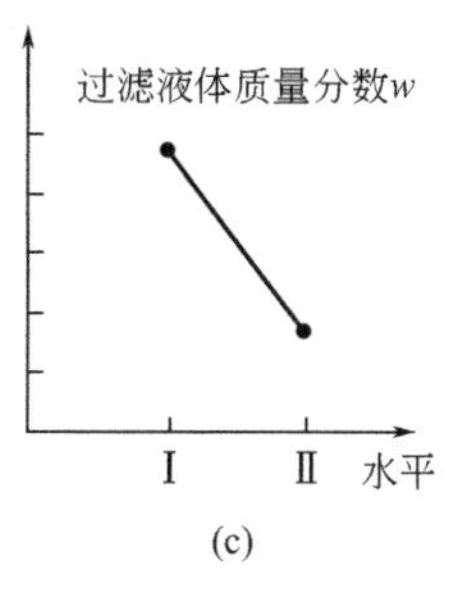

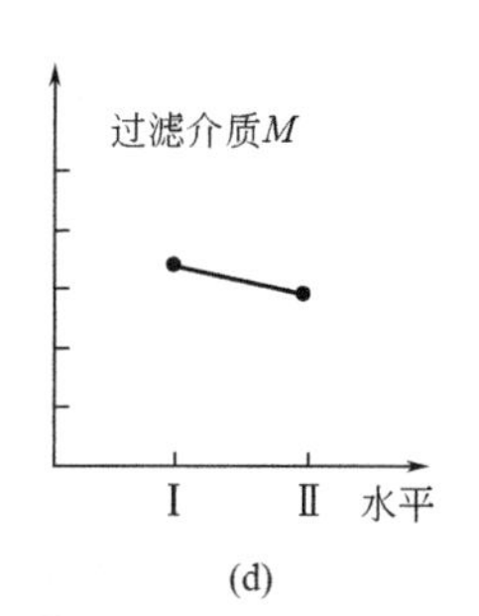

图 2-9 指标随因素的变化趋势

ⅱ. 过滤温度增高，K 值增大；

ⅲ. 过滤浓度增大，K 值减小；

ⅳ. 过滤介质由 1 水平变为 2 水平，过滤介质微孔直径减小，K 值减小。因为第 4 列对 K 值的影响在 $\alpha=0.25$ 水平上不显著，所以此变化趋势是不可信的。

③ 适宜操作条件的确定。由恒压过滤速率方程式可知，试验指标 K 值愈大愈好。为此，本例的适宜操作条件是各水平下 K 的平均值最大时的条件：

过滤压强差为 4 水平，5.88kPa；

过滤温度为 2 水平，33℃；

过滤浆液浓度为 1 水平，稀滤液；

过滤介质为 1 水平或 2 水平（这是因为第 4 列对 K 值的影响在 $\alpha=0.25$ 水平上不显著。为此可优先选择价格便宜或容易得到者）。

上述条件恰好是正交表中第 8 个试验号。

本章主要符号

英文

a	回归方程的截距	m	正交表的列数
b	回归方程的斜率	Q	剩余平方和
d	偏差	r	相关系数
f	自由度	s	剩余标准差
f_e	误差列的方差	S	总的偏差平方和
$f_{总}$	总离差平方和的自由度	S_e	误差的偏差平方和
f_Q	剩余平方和的自由度	U	回归平方和
f_U	回归平方和的自由度	V	方差
F	方差比	V_e	误差列的方差
l_{xx}	x 的离差平方和	V_Q	剩余方差
l_{yy}	y 的离差平方和	V_U	回归方差
l_{xy}	x、y 的离差乘积和	$\hat{y}$	因变量 y 的回归值
L	正交表的代号		

希文

α　显著性水平

3 化工实验参数的测量方法及实验室常用仪器的使用

温度、压力、流量等参数是化工原理实验及化工生产、科研中最常见的测控数据，而人工智能调节器、阿贝折光仪、变频器等检测仪器，是化工原理实验中常用的仪器，本章将扼要介绍其工作原理、结构、使用及维护。

3.1 压力（差）测量

压力测量的仪表种类较多，通常都是将被测压力与某个参考压力（如大气压力或其它给定压力）进行比较，因而测得的是相对压力或压力差。按工作原理不同可分为液柱式、弹性式和传感器式 3 种形式。液柱式如 U 形管压差计、排管压差计等，是根据流体静力学原理将压力信号转变为液柱高度信号，常使用水、酒精或水银作为测压介质。弹性式如包登管压差计，将压力信号转变为弹性元件的机械变形量，以指针偏转的方式输出信号，工业系统中多使用此类压差计。传感器式的原理是将压力信号转变为某种电信号，如应变式是通过弹性元件变形而导致电阻变化，电容式是利用压电效应等。

液柱式压差计结构简单，灵敏度和精确度都高，常用于校正其它类型压差计，缺点是体积大、反应慢、难于自动测量。弹性式压差计使用方便、测压范围大，但精度较低，同样不能自动测量。各种压力传感器均能小型化，测量值比较精确，也能快速测量，尤其能测量动态压力，实现多点巡回检测、信号转换、远距离传输、与计算机相连接、适时处理等性能，因而得到迅速发展和广泛应用。

3.1.1 液柱式压差计

液柱式压差计按构成方式分，常用的主要有 U 形管压差计、斜管式压差计、U 形管双指示液压差计等，其结构及特性见表 3-1。

① 注意事项　液柱式压差计虽然结构简单，价格便宜，使用方便，但耐压程度较差，结构不牢固，容易破碎，测量范围小，指示值与指示液密度有关，因此在使用中必须注意以下几方面问题。

ⅰ. 被测压力不能超过仪表的测量范围，特别是刚开车时，要注意操作步骤，压力不能突然加大，否则会使指示液被冲走。若指示液是水银，则冲走水银可能造成水银中毒的事故。

ⅱ. 被测介质与指示液不能起化学反应或互溶。当被测介质与水或水银混合或发生反应时，可更换其它指示液或采取加隔离液的方法。

ⅲ. 液柱式压差计安装位置应避开过热、过冷和有振动的地方。过热易使指示液蒸发；过冷易使指示液冻结；振动大易使玻璃管振断和破碎，造成测量误差甚至不能使用。

表 3-1 液柱式压差计的结构及特性

名称	示意图	测量范围	静态方程	备注
U形管压差计		高度差 h 不超过 800mm	$\Delta p=hg(\rho_A-\rho_B)$（液体） $\Delta p=hg\rho$（气体）	零点在标尺中间，用前不需调零，常用作标准压差计校正压力计。
倒U形管压差计		高度差 h 不超过 800mm	$\Delta p=hg(\rho_A-\rho_B)$（液体）	以待测液体为指示液，适用于较小压差的测量。
U形管双指示液压差计		高度差 $h(R)$ 不超过 500mm	$\Delta p=hg(\rho_A-\rho_C)$	U形管中装有A、C两种密度相近的指示液，且两臂上方有“扩大室”，旨在提高测量精度。
斜管压差计		高度差 $h(h_1+h_2)$ 不超过 200mm	$\Delta p=l\rho g(\sin\alpha+\frac{A_1}{A_2})$ 当 $A_1 \ll A_2$ 时 $\Delta p=l\rho g\sin\alpha$ A_1：小管截面积； A_2：扩大室截面积（下同）	α 小于15°～20°时，可改变 α 的大小来调整测量范围，零点在标尺下端，用前需调整。
单管压差计		高度差 $h(h_1+h_2)$ 不超过 1500mm	$\Delta p=h_1\rho(1+\frac{A_1}{A_2})g$ 当 $A_1 \ll A_2$ 时 $\Delta p=h_1\rho g$	零点在标尺下端；用前需调整零点，可用作标准器。

ⅳ. 读取压力值时，视线应在液柱面上，指示液为水时，应看凹面处；指示液为水银时，则应看凸面处。

ⅴ. U形管压差计或单管压差计都要求垂直安装，斜管压力计则要求水平放置，测量前应将仪表放平，再校正零点，若指示液不在零位上，则可调整零位器或灌注指示液等调校零位。

ⅵ. 指示液为无色液体时，可滴加颜色液以便于观察读数。

② 日常维护　液柱压力计在使用过程中，还需加强维护才能取得正确读数。

ⅰ. 保持通大气一端的玻璃测量管口畅通，无堵塞现象。

ⅱ. 保持测量管和刻度尺的清晰，定期清洗和更换指示液。

ⅲ. 要定期检查指示液是否在零位，不够时要及时补充。

ⅳ. 要经常检查仪表本身和连接管线是否有渗漏现象，易老化的引压管线应定期更换。

3.1.2 弹性式压力计

弹性式压力计根据胡克定律，利用弹性感压元件受压后产生弹性形变，将形变转换成位移，经放大后可用指针刻度盘指示出被测压力。弹性感压元件主要有弹簧管、波纹管、螺旋管、膜片和膜盒等。各种感压元件的测压范围及结构性能列于表 3-2。感压元件应有足够的延伸性和强度极限，材料结构组织均匀，并具有防锈、易于焊接、塑性好、温度系数小、弹性性能好等特点。根据测压种类，弹性式压力计可分为压力表、负压表（也称真空表)、正负压力表、绝压表和其它专用压力表。根据耐抗和防护性能，分为普通型、抗振动型、耐振动型、抗颠展型、耐颠展型、抗冲击型、耐冲击型、防水型、密封型、充油型和防油型等。

表 3-2 弹性式压力计的测压范围及结构性能

类别	名称	示意图	测压范围/Pa		输出特性	动态特性	
			最小	最大		时间常数/s	自振频率/Hz
薄膜式	平薄膜	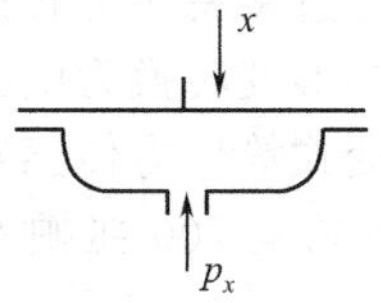	$0\sim10^4$	$0\sim10^8$	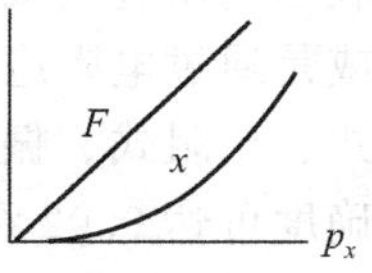	$10^{-5}\sim10^{-2}$	$10\sim10^4$
	波纹膜	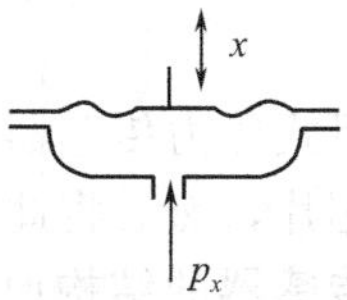	$0\sim1$	$0\sim10^6$	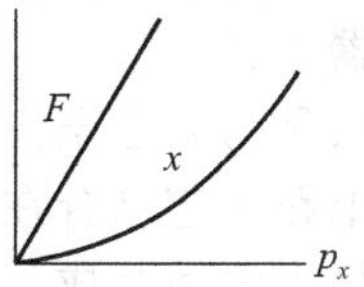	$10^{-2}\sim10^{-1}$	$10\sim10^2$
	挠性膜	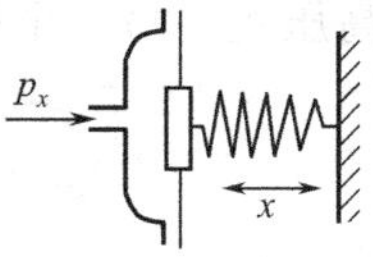	$0\sim10^{-2}$	$0\sim10^5$	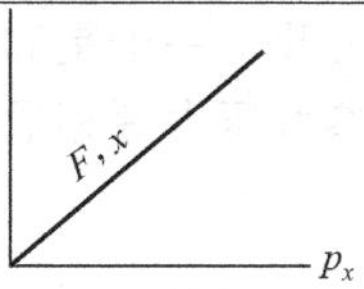	$10^{-2}\sim1$	$1\sim10^2$
波纹管式	波纹管	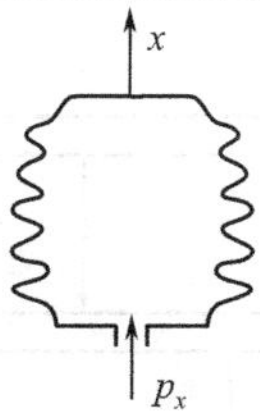	$0\sim1$	$0\sim10^6$	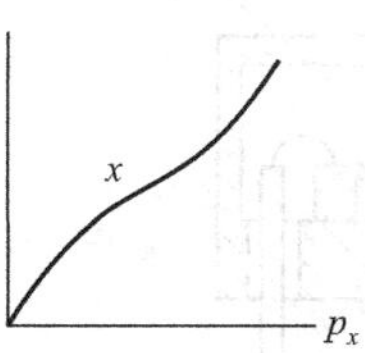	$10^{-2}\sim10^{-1}$	$10\sim10^2$
弹簧管式	单圈弹簧管	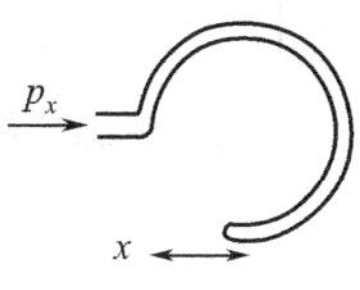	$0\sim10^2$	$0\sim10^9$	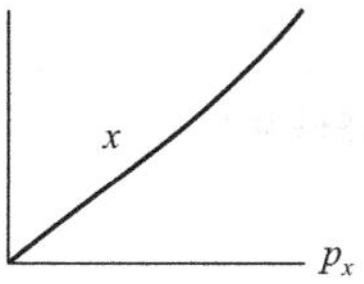	—	$10^2\sim10^3$
	多圈弹簧管	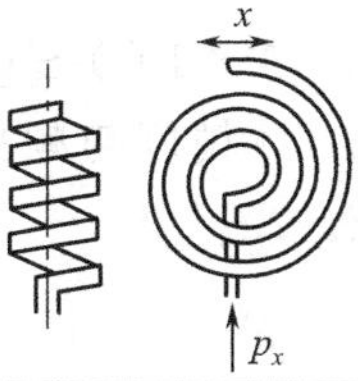	$0\sim10$	$0\sim10^8$	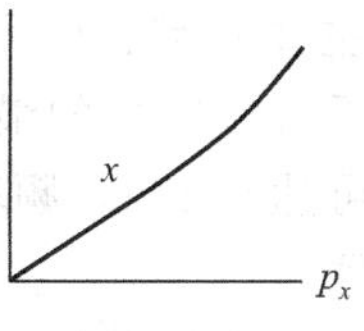	—	$10\sim10^2$

注：F 为力；x 为位移。

弹性式压力计的特点是：便于携带，构造简单，使用方便，一般工作用表精度等级有 1、1.5、2.5 级。

注意事项如下。

ⅰ. 仪表应工作在正常允许的压力范围内。一般被测压力的最大值不应超过仪表刻度的2/3；如测量脉动压力，不应超过测量上限的1/2；而这两种情况被测压力都不应低于仪表刻度的1/3。

ⅱ. 要注意工作介质的物理性质，测量易爆、腐蚀、有毒流体的压力时，应使用专用的仪表，如氨用压力表。

ⅲ. 仪表安装处与测定点间的距离应尽量短，以免指示迟缓。

ⅳ. 仪表必须垂直安装，并无泄漏现象。

ⅴ. 仪表安装处有振动时必须采取减振措施，如加缓冲器、缓冲圈及压力表安装时的紧固装置等。

ⅵ. 仪表必须定期校验。

3.1.3 传感器式压力测量仪表

传感器式压力测量仪表是利用金属或半导体的物理特性，直接将压力转换为电压、电流信号或频率信号输出，或是通过电阻应变片等，将弹性体的形变转换为电压、电流信号输出。代表性产品有压电式、压阻式、振频式、电容式和应变式等压力传感器所构成的传感器式压力测量仪表。精确度可达0.02级，测量范围从数十帕至700兆帕不等。下面主要介绍压阻式、电容式和应变片式压力传感器。

(1) 压阻式压力传感器

压阻式压力传感器一般称为固态压力传感器或扩散型压阻式压力传感器。它是将单晶硅膜片和电阻条采用集成电路工艺结合在一起，构成硅压阻芯片，然后将此芯片封接在传感器的外壳内，连接出电极引线而制成。典型的压阻式压力传感器的结构原理如图3-1所示。硅膜片两边有两个压力腔，一个是和被测压力相连接的高压腔，另一个是低压腔，通常以小管与大气或与其它参考压力源相通。

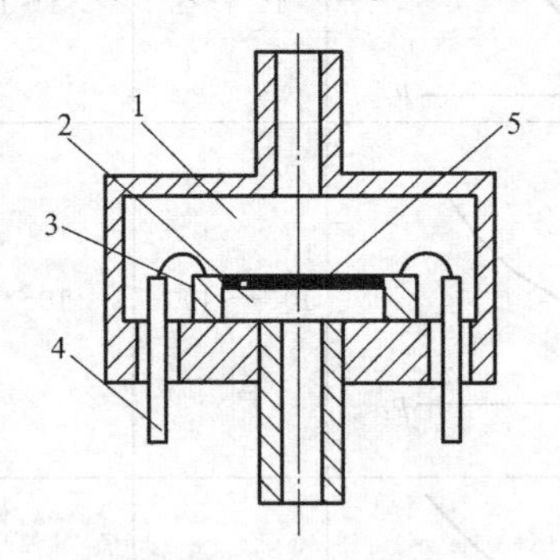

图3-1 压阻式压力传感器结构原理图

1—低压腔；2—高压腔；3—硅杯；4—引线；5—硅膜片

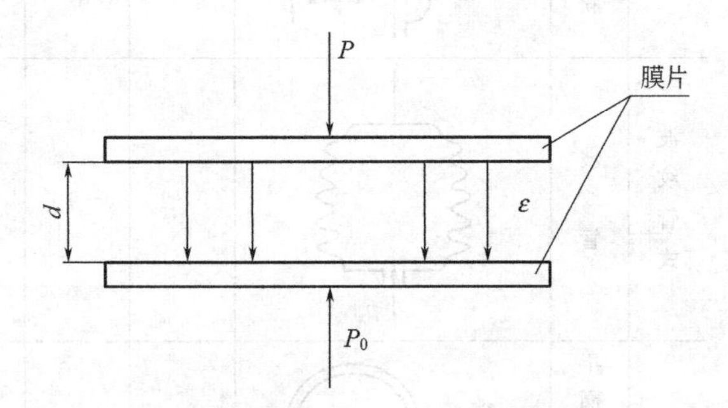

图3-2 电容式压力传感器原理图

压阻式压力传感器的主要特点：①测压范围宽，量程由 $(1\times10^2)\sim(5\times10^9)$ Pa；②体积小，目前，压阻式压力传感器的最小直径可达0.5mm；③精度与频率特性好，压阻式压力传感器的精度常可达0.1%，频率响应可达数万赫兹。

(2) 电容式压力传感器

电容式压力传感器其原理十分简单，如图3-2所示。

一个无限大平行平板电容器的电容值可表示为：

$$C=\frac{\varepsilon S}{d} \tag{3-1}$$

式中 ε——平行平板间介质的介电常数；

d——极板的间距；

S——极板的覆盖面积。

改变其中某个参数，即可改变电容量。由于结构简单，几乎所有电容式均采用改变间隙的方法来获得可变电容。电容式传感器的初始电容值较小，一般为几十皮法，它极易受到导线电容和电路的分布电容的影响，因而必须采用先进的电子线路才能检测出电容的微小变化。可以说，一个好的电容式传感器应该是可变电容设计和信号处理电路的完美结合。

电容式压力传感器的主要特点：ⅰ灵敏度高，故特别适用于低压和微压测试；ⅱ内部无可动件，故不消耗能量，减少了测量误差；ⅲ膜片质量很小，因而有较高的频率，从而保证了良好的动态响应能力；ⅳ用气体或真空作绝缘介质，其损失小，本身不会引起温度变化；ⅴ结构简单，多数采用玻璃、石英或陶瓷作为绝缘支架，因而可以在高温、辐射等恶劣条件下工作。

(3) 应变片式压力传感器

将应变片粘在一个夹紧的弹性膜上，当弹性膜片两侧有压差存在时，应变片跟随弹性膜片变形。由于应变片长度发生变化，其电阻值也相应变化。测量应变片电阻值的变化，便可得到待测的压差。

应变片式压力差传感器的主要特点：灵敏度和精确度较高，输出信号为线性，性能良好。应变片式压力差传感器可以做到膜片直径为 3～3.5mm 的结构形式。

3.2 温度测量

温度测量仪表按测温方式可分为接触式和非接触式两大类。通常来说接触式测温仪表比较简单、可靠，测量精度较高；但因测温元件与被测介质需要进行充分的热交换，需要一定的时间才能达到热平衡，所以存在测温的延迟现象，同时受耐高温材料的限制，不能应用于很高的温度测量。非接触式仪表测温是通过热辐射原理来测量温度的，测温元件不需与被测介质接触，测温范围广，不受测温上限的限制，也不会破坏被测物体的温度场，反应速度一般也比较快；但受到物体的发射率、测量距离、烟尘和水汽等外界因素的影响，其测量误差较大。本节主要介绍接触式测温仪表，一些常用接触式测温元件的测温原理、使用范围和特点见表 3-3。

表 3-3 常用接触式测温元件的测温原理、使用范围及特点

测温原理	仪表名称	使用范围/℃	特　点
固体热膨胀	双金属温度计	−80～500	结构简单，机械强度大，价廉，精度低，量程及使用范围有限制
液体热膨胀	玻璃液体温度计	−80～500	结构简单，测量准确，价格便宜，使用方便，但测量上限和精度受材料限制，易碎，无法进行信号远传
气体热膨胀	压力式温度计	−50～450	结构简单，不怕振动，防爆，价廉，精度低，测温较远时，滞后严重
电阻变化	铂热电阻 半导体热敏电阻	−200～500 −50～300	精度高，能进行信号远传，灵敏性好，能多点、集中测量控制，不能测量高温，体积大，测量点温度较困难，需加显示仪表
热电效应	铂铑-铂热电偶 镍铬-镍硅热电偶 铜-康铜热电偶	0～1600 0～1300 −196～300	测温范围广，精度高，便于远传、多点、集中测量控制，需冷端补偿，低温段测量时精度低

温度仪表通常分一次仪表与二次仪表，一次仪表通常为：热电偶、热电阻、双金属温度计、就地温度显示仪等，二次仪表通常为温度记录仪、温度巡检仪、温度显示仪、温度调节仪、温度变送器等。

一体化温度变送器是热电阻、热电偶与变送器的完美结合，以十分简捷的方式把－200～1300℃的温度信号转换为标准4～20mA电流信号实现对温度精确测量与控制。温度变送器可与显示仪、控制系统、记录仪等调节器配套使用，被广泛应用于石油、化工、医药、纺织、锅炉等工业领域。

3.2.1　热膨胀式温度计

热膨胀温度计是利用物体在受热后体积发生膨胀的性质来测温度的。按用途可分为工业用、实验室用和标准水银温度计三种。标准水银温度计有一等、二等之分，其分度值为0.05～1℃主要用于其它温度计的校验，有时也用于实验研究中作精密测量。而实验室用液体温度计又可分为三种形式：棒式、内标式和电接点式，测温范围为－30～＋300℃；工业用温度计一般做成内标式，其下部有直的、90°角的和135°角的，其外面通常罩有金属保护管。

（1）棒式玻璃管温度计

棒式玻璃管温度计有水银温度计和酒精温度计等，是实验室用得最广泛的一种。水银温度计测量范围广，读数准确，但损坏后会造成汞污染。

（2）电接点温度计

电接点温度计一般用于控制温度，如干燥实验中用于控制空气温度，其使用步骤如下：ⓘ松开顶部螺旋的固定螺钉；ⓘⓘ旋转螺旋，将上半部分的指针（金属丝）调节到所需温度值的地方；ⓘⓘⓘ拧紧螺钉；ⓘⓥ温度上升时，下半部分的感温包里的水银柱即上升；ⓥ当水银柱上升到指定温度时与金属丝接触，此时电流接通，通过外接继电器的作用即可控制住温度不再上升。

注意事项如下：

ⅰ. 安装位置应没有大的振动，不易受碰撞，因振动容易使液柱中断；

ⅱ. 玻璃管温度计安装在便于读数的地方，尽量不要倾斜安装，更不要倒装；

ⅲ. 玻璃管温度计的感温包中心应处于温度变化最敏感处；

ⅳ. 安装位置应防止骤冷骤热，以免导致零点位移而损坏温度计；

ⅴ. 注意温度计的插入深度，应将感温球全部插入被测介质中，否则将引起测量误差；

ⅵ. 为了减少读数误差，应在玻璃管温度计的保护管中加入甘油、变压器油等，以排除空气等不良导体；

ⅶ. 水银温度计读数时按凸面最高点读数，酒精温度计则按凹面最低点读数。

3.2.2　电阻温度计

根据导体电阻随温度而变化的规律来测量温度的温度计。最常用的电阻温度计都采用金属丝绕制成的感温元件，主要有铂电阻温度计和铜电阻温度计，在低温下还有碳、锗和铑铁电阻温度计。精密的铂电阻温度计是目前最精确的温度计，温度覆盖范围约为14～903K，其误差可低到万分之一摄氏度，它是能复现国际实用温标的基准温度计。我国还用一等和二等标准铂电阻温度计来传递温标，用它作标准来检定水银温度计和其它类型的温度计。金属热电阻一般适用于－200～500℃范围内的温度测量，其特点是测量准确、稳定性好、性能可靠，在过程控制中的应用极其广泛。

金属热电阻的电阻值和温度一般可以用下面的近似关系式表示，即

$$R_t = R_0[1+\alpha(t-t_0)]$$

式中 R_t——温度 t 时的阻值，Ω；

R_0——温度 t_0（通常 $t_0=0℃$）时对应电阻值，Ω；

α——温度系数，1/℃。

目前应用最广泛的热电阻材料是铂和铜。铂电阻精度高，适用于中性和氧化性介质，稳定性好，具有一定的非线性，温度越高电阻变化率越小，其使用范围为－259～360℃；中国最常用的有 $R_0=10\Omega$、$R_0=100\Omega$ 和 $R_0=1000\Omega$ 等几种，它们的分度号分别为 Pt_{10}、Pt_{100}、Pt_{1000}；铜电阻在测温范围内电阻值和温度呈线性关系，温度线数大，适用于无腐蚀介质，超过150℃易被氧化，其使用范围为－50～150℃；铜电阻有 $R_0=50\Omega$ 和 $R_0=100\Omega$ 两种，它们的分度号为 Cu_{50} 和 Cu_{100}，其中 Pt_{100} 和 Cu_{50} 的应用最为广泛。

电阻温度计的显示仪表常用的有动圈式仪表、温度数显表、温度指示仪等。

3.2.3 热电偶温度计

热电偶是一种感温元件，是一次仪表，它直接测量温度，并把温度信号转换成热电动势信号，通过电气仪表（二次仪表）转换成被测介质的温度。它可以直接测量各种生产过程中从0℃到1800℃范围内的液体、蒸汽、气体介质以及固体的表面温度。热电偶测温的基本原理是两种不同成分的材质导体组成闭合回路，当两端存在温度梯度时，回路中就会有电流通过，此时两端之间就存在电动势——热电动势，这就是所谓的塞贝克效应，如图3-3所示。两种不同成分的均质导体为热电极，温度较高的一端为工作端（也称为测量端），温度较低的一端为自由端（也称为补偿端），自由端通常处于某个恒定的温度下。根据热电动势与温度的函数关系制成热电偶分度表；分度表是自由端温度在0℃时的条件下得到的，不同的热电偶具有不同的分度表。

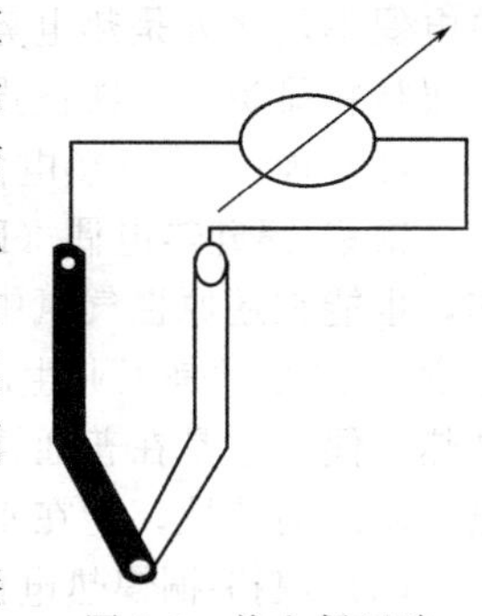

图3-3 热电偶回路

在热电偶回路中接入第三种金属材料时，只要该材料两个接点的温度相同，热电偶所产生的热电势将保持不变，即不受第三种金属接入回路中的影响。因此，在热电偶测温时，可接入测量仪表，测得热电动势后，即可知道被测介质的温度。两种均质导体组成的热电偶，其热电势大小与热电极材料和两端温度有关，与热电极直径、长度及沿热电极长度上温度分布无关。使用时将热电偶A和B电极套上既绝缘又耐热的套管，将测量端置于被测介质（如过热蒸汽管道和锅炉烟道）中，参考端接至电测仪器上，即可测介质的温度。

热电偶温度计的显示仪表一般有动圈式仪表、直流电位差计、电子电位差计和数字电压表等，在实验室中使用电子电位差计比较多。

热电偶实际上是一种能量转换器，它将热能转换为电能，用所产生的热电势测量温度，对于热电偶的热电势，应注意如下几个问题：

ⅰ. 热电偶的热电势是热电偶工作端的两端温度函数的差，而不是热电偶冷端与工作端，两端温度差的函数；

ⅱ. 热电偶所产生的热电势的大小，当热电偶的材料是均匀时，与热电偶的长度和直径无关，只与热电偶材料的成分和两端的温差有关；

ⅲ. 当热电偶的两个热电偶丝材料成分确定后，热电偶热电势的大小，只与热电偶的温度差有关；若热电偶冷端的温度保持一定，这热电偶的热电势仅是工作端温度的单值函数。

热电偶测量中应用补偿导线，作用是将热电偶参考端移至离热源较远及环境温度较恒定的地方，节省热电偶材料。两个接点温度必须相同，正负极不能接错（接反了，反而会抵消一部分热电动势，使仪表指示温度偏低)。连接点处温度低于70℃。补偿导线型号应与热电偶型号相配。铂铑10-铂热电偶配用铜-铜镍合金线、镍铬-镍硅热电偶配用铜-康铜合金线，镍铬-考铜热电偶配用镍铬-考铜合金线。

热电偶测温准确度较高；结构简单，便于修理；动态响应速度快；测温范围较宽；信号可远传，便于集中检测和自动控制；可测量局部温度甚至“点”温度。其缺点是准确度难以超过0.2℃，须参考端温度恒定，高温或长期使用易腐蚀变质，降低寿命。

我国从1988年1月1日起，热电偶和热电阻全部按IEC国际标准生产，并指定S、B、E、K、R、J、T七种标准化热电偶为我国统一设计型热电偶。常用的热电偶有以下几种。

(1) 铂铑-铂热电偶

铂铑10-铂热电偶(S型热电偶)为贵金属热电偶。其正极(SP)的名义化学成分为铂铑合金，其中含铑为10%，含铂为90%，负极(SN)为纯铂，故俗称单铂铑热电偶。该热电偶长期最高使用温度为1300℃，短期最高使用温度为1600℃。S型热电偶在热电偶系列中具有准确度最高，稳定性最好，测温温区宽，使用寿命长等优点。它的物理，化学性能良好，热电势稳定性及在高温下抗氧化性能好，适用于氧化性和惰性气氛中。S型热电偶不足之处是热电势率较小，灵敏度低，高温下机械强度下降，对污染非常敏感，贵金属材料昂贵，一次性投资较大。

(2) 镍铬-镍硅热电偶

镍铬-镍硅热电偶(K型热电偶)的正极为镍铬，负极为镍硅。能在氧化性气氛中工作，也能在还原性气氛中工作，但耐热性不好，一般实际使用在1000℃以下，短期使用温度1300℃，是工业生产中最常用的一种热电偶。目前国内已广泛生产一种新型镍铬-镍硅热电偶，它是在普通镍铬—镍硅热电偶的基础上，添加少量稀有金属加工而成，增加了热电偶的耐热性，能在1300℃温度范围内运行，但使用寿命还不够理想。

(3) 镍铬-铜镍热电偶

镍铬-铜镍热电偶(E型热电偶)是一种裸露式热电偶，热电偶的正极(EP)为名义值90%的镍和10%铬合金，负极(EN)为名义值45%的镍和55%铜合金。适用于测量0～400℃温度范围内各种不需要保护管的场合。该热电偶无接线盒，不带固定装置，热电偶外表包黄铜防护套，带有软性延长导线，可以自由弯曲，外形尺寸较小，具有热响应时间少、结构简单、价廉、使用方便等特点。

(4) 铜-康铜(铜镍)热电偶

铜-康铜热电偶(T型热电偶)的正极(TP)为名义值100%的铜，负极(TN)为名义值45%的镍和55%的铜合金。能在－200～＋200℃的范围内使用，最高温度可达300℃。在液氮温度以上能保证一定的使用精度，价格便宜、易于制造、使用简便，应用日渐广泛。

常用热电偶的温度测量范围和允许误差见表3-4。

表3-4 常用热电偶温度测量范围和允许误差

热电偶类别	代号	分度号	测温范围/℃	允许误差 Δt/℃
铂铑$_{30}$-铂铑$_{6}$	WRR	B	0～1800	±1.5℃或±0.25%t
铂铑$_{10}$-铂	WRP	S	0～1600	±1.5℃或±0.25%t
镍铬-镍硅	WRN	K	0～1300	±2.5℃或±0.75%t
镍铬-铜镍	WREA	E	0～800	±2.5℃或±0.75%t
铜-康铜	WRCK	T	－196～200	±2.5℃或±0.75%t

3.3 流量测量

流量是生产计量、消耗等的指标，是科研、生产过程中检测和控制的重要参数。由于流量测量在生产、科研过程中的重要作用，常常需要针对不同的情况采用不同的测量方法和测量仪表，来满足科研和生产的不同要求，流量仪表得到了广泛的应用。因此本节简要介绍常用的差压式流量计、转子流量计、涡轮流量计、质量流量计的测量方法及使用注意事项。

3.3.1 差压式流量计

在流体的流动管道上装有一个节流装置，使流体稳定流动的状态破坏，因而流速发生变化，速度加快，流体的静压随之降低，使流体流经节流装置时产生压力差（孔板前截面大的地方压力大，通过孔板截面小的地方压力小）。差压的大小和流体流量有确定的数值关系，可由连续性方程和伯努利方程导出。

$$q_V=\alpha A_0\varepsilon\sqrt{\frac{2}{\rho}(p_1-p_2)}=\alpha A_0\varepsilon\sqrt{\frac{2\Delta p}{\rho}} \tag{3-2}$$

式中 q_V—— 流量，m^3/s；

α——实际流量系数（简称流量系数）；

A_0——节流孔开孔面积，$A_0=\frac{\pi}{4}d_0^2$，m^2；

d_0——节流孔直径，m；

ε—— 流束膨胀校正系数，对不可压缩性流体，$\varepsilon=1$；对可压缩性流体，$\varepsilon<1$；

ρ——流体密度，kg/m^3；

$\Delta p=(p_1-p_2)$——节流孔上下游两侧压力差，Pa。

由式(3-2) 可见：流量大时，差压就大；流量小时，差压就小。流量与差压的平方根成正比。

差压式流量计由一次装置（检测件）和二次装置（差压转换和流量显示仪表）组成。通常以检测件形式对差压式流量计分类，如孔板流量计、文丘里流量计、均速管流量计等。二次装置为各种机械、电子、机电一体式差压计，差压变送器及流量显示仪表。

差压式流量计是一类应用最广泛的流量计，在各类流量仪表中其使用量占居首位，也是最重要的一类流量计。在封闭管道的流量测量中各种对象都有应用，如流体方面：单相、混相、洁净、脏污、黏性流体等；工作状态方面：常压、高压、真空、常温、高温、低温等；管径方面：从几毫米到几米；流动条件方面：亚声速、声速、脉动流等。差压式流量计在各工业部门的用量约占流量计全部用量的 1/4～1/3。

差压式流量计优点有：①应用最多的孔板式流量计结构牢固，性能稳定可靠，使用寿命长；ⅱ应用范围广泛，至今尚无任何一类流量计可与之相比拟；ⅲ检测件与变送器、显示仪表分别由不同厂家生产，便于规模经济生产。

差压式流量计缺点主要是：①测量精度普遍偏低；ⅱ测量范围窄，一般仅（3∶1)～(4∶1)；ⅲ现场安装条件要求高；ⅳ压降损耗大（指孔板、喷嘴等)。

使用时需注意以下事项。

ⅰ. 流体在节流装置前后须充满管道整个截面，且流量是稳定的，不随时变化；

ⅱ. 流体必须是牛顿型流体，在物理上和热力学上是单相的，流经节流件时不发生相变化；

ⅲ. 保证节流件前后一定的直管段，上游为30～50d，下游为10d左右；在节流件上游至少2倍管径的距离内，无明显不光滑的凸块、电气焊熔渣凸出的垫片、露出的取压口接头、铆钉、温度计套管等；

ⅳ. 安装时，节流件的中心应位于管道的中心线上，最大允许偏差为0.01d；入口端面应与管道中心线垂直；

ⅴ. 节流装置的管道直径需符合设计要求，允许偏差范围为：当$d_0/d>0.55$时，允许偏差为$\pm0.005d$；$d_0/d\leqslant0.55$时，允许偏差为$\pm0.02d$。其中d_0为孔径，d为管道直径；

ⅵ. 注意节流件的安装方向。使用孔板时，圆柱形锐孔应朝向上游；使用喷嘴和1/4圆喷嘴时，喇叭形曲面应向上游；使用文丘里管时，较短的渐缩段应装在上游，较长的渐扩段应装在下游；

ⅶ. 当被测流体的密度与设计计算或流量标定用的流体密度不同时，应对流量与压差关系进行修正。

3.3.2 转子流量计

转子流量计实际是一种可变面积式流量计。它通常具有一段直立的锥管和一只可以在其中自由地随流量大小上下移动的转子。当流体自下而上流经锥管时，流体的动能在转子上产生的升力S和流体的浮力F使浮子上升。随着锥管内壁与转子之间的环形流通面积增大，流体动能在转子上产生的升力S随之下降。当升力S与浮力F之和等于转子自身重力G时，转子处于平衡状态，并稳定在某一高度上，该高度位置对应的刻度指示流体流过流量计的流量。传感器将流量的大小转换成转子的位移量，通过磁耦合系统，将转子位移量传给转换器指示出流量的大小。

转子流量计测量基本误差约为刻度最大值的±2%左右。具有体积小、检测范围大、使用方便等特点。它可以用来测量液体、气体以及蒸汽的流量，特别适宜低流速小流量的介质流量测量。

使用时需注意以下事项：

ⅰ. 必须垂直安装；被测介质应由下而上通过，不能接反；

ⅱ. 转子流量计前的直管段长度不小于5D（D为流量计的公称直径），采用旁路安装；

ⅲ. 调节或控制流量不宜采用速开阀门，使用前应先开启旁通阀；

ⅳ. 转子对黏性、脏污的物料较敏感，锥管和转子应经常清洗；

ⅴ. 流量计的正常测量范围最好选在仪表测量上限的(1/3)～(2/3)刻度，流体不是水或空气时流量需校核；

ⅵ. 被测流体温度高于70℃时，应在流量计外侧加保护罩，以防玻璃管骤冷而破裂；

ⅶ. 搬动时应将转子顶住，防止玻璃管被转子撞破。

3.3.3 涡轮流量计

涡轮流量计是一种速度式流量计，又称为透平流量计，是根据动量矩守恒原理而设计的。在涡轮流量计本体管道中心安放一个涡轮，两端由轴承支撑。当流体通过管道时，冲击涡轮叶片，对涡轮产生驱动力矩，涡轮克服摩擦力矩和流体阻力矩而产生旋转。在一定的流量范围内，对一定介质黏度的流体，涡轮的旋转角速度与流体流速成正比。由此，流体流速可通过涡轮的旋转角速度得到，从而可以计算得到通过管道的流体流量。同时涡轮的转速通过装在机壳外的传感线圈来检测。当涡轮叶片切割由壳体内永久磁钢产生的磁力线时，就会引起传感线圈中的磁通变化，传感线圈将检测到的磁通周期变化信号送入前置放大器，对信号进行放大、整形，产生与流速成正比的脉冲信号，送入单位换算与流量计算电路，得到并显示累积流量值；同时亦将脉冲信号送入频率电流转换电路，将脉冲信号转换成模拟电流量，进而指示瞬时流量值。如果同温度、压力传感器检测到的信号一起输入智能流量计算仪进行运算处理，将得到标准状况下的流量，并显示在LCD屏上。

涡轮流量计根据其测量介质的不同又分为气体涡轮流量计和液体涡轮流量计。在各种流量计中涡轮流量计具有压力损失小，准确度高，起步流量低，抗振与抗脉动流动性好，测量范围宽，流通能力大（同样口径可通过的流量大）和可适应高参数（高温、高压和低温），容易维修等特点；涡轮流量计广泛应用于石油、有机液体、无机液、液化气、天然气、煤气和低温流体等。在国外液化石油气、成品油和轻质原油等的转运及集输站，大型原油输送管线的首末站都大量采用涡轮流量计进行贸易结算。

使用时需注意以下事项：

ⅰ. 了解流体介质的物理性质、腐蚀性和清洁程度；

ⅱ. 了解流体介质的密度、黏度，考虑是否需对流量计特性进行修正；介质黏度增大，测量下限提高，上限降低；密度增大，灵敏限小，测量下限降低；介质出厂一般用常温水标定；

ⅲ. 涡轮流量计的工作点最好在仪表上限的50%范围内；

ⅳ. 涡轮流量计须水平安装，否则引起变送器仪表常数变化；

ⅴ. 流量计的变送器前须加过滤网，以防污物、铁屑、棉纱等进入变送器，导致测量精度下降，数据重现性差，使叶轮不能自如转动或卡住等不良后果；

ⅵ. 安装时在变送器前后需分别留出长度为管径15倍和5倍以上直管段，因流场变化时流体旋转，改变流体和涡轮叶片作用的角度，使涡轮的转数发生改变，变送器性能不稳定，可在变送器前装设流束导直器或整流器，提高变送器精度和重现性。

ⅶ. 被测流体的流动方向须与变送器所标箭头一致；

ⅷ. 感应线圈不要轻易转动或移动，否则会引起很大的测量误差；一定要动时，事后必须重新校验。

ⅸ. 轴承损坏是涡轮运转不好的常见原因之一，轴承和轴的间隙应等于（2～3）×10^{-2}mm，当太大时应更换轴承，同时校验流量计。

3.3.4 质量流量计

在被测流体处于压力、温度等参数变化很大的条件下，若仅测量体积流量，则会因为流体密度的变化带来很大的测量误差。在容积式和差压式流量计中，被测流体的密度可能变化30%，这会使流量产生30%～40%的误差。随着自动化水平的提高，许多生产过程都对流量测量提出了新的要求。化学反应过程是受原料的质量（而不是体积）控制的。蒸汽、空气流的加热、冷却效应也是与质量流量成比例的。产品质量的严格控制、精确的成本核算、飞机和导弹的燃料量控制，也都需要精确的质量流量测量。因此质量流量计是一种重要的流量测量仪表。

质量流量计是测量管道内质量流量的测量仪表。流体在旋转的管内流动时会对管壁产生一个力，它是科里奥利在1832年研究水轮机时发现的，简称科氏力。质量流量计以科氏力为基础，在传感器内部有两根平行的T形振管，中部装有驱动线圈，两端装有拾振线圈，变送器提供的激励电压加到驱动线圈上时，振动管作往复周期振动，工业过程的流体介质流经传感器的振动管，就会在振管上产生科氏力效应，使两根振管扭转振动，安装在振管两端的拾振线圈将产生相位不同的两组信号，这两个信号差与流经传感器的流体质量流量成比例关系。计算机解算出流经振管的质量流量。不同的介质流经传感器时，振管的主振频率不同，据此解算出介质密度。安装在传感器振管上的铂电阻可间接测量介质的温度。

质量流量计可分为两类：一类是直接式，即直接输出质量流量，如量热式、角动量式、陀螺式和双叶轮式等；另一类为间接式或推导式，如速度式流量计与密度计的组合，节流式（或靶式）流量计与容积式流量计的组合，节流式（或靶式）流量计与密度计组合，超声流量计和密度计组合，对它们的输出再进行乘法运算以得出质量流量。

质量流量测量的依据为：$q_m=\rho uA$。一般流通截面积 A 为常数，对于直接式只要测出 ρu 乘积成比例信号，就可求出流量；而对于间接式或推导式则由仪表分别测出密度 ρ 和流速 u，再将两个信号相乘作为仪表输出信号。对于瞬变流量或脉动流量，间接式测量方法检测到的是按时间平均的密度和流速；而直接式检测的是动量的时间平均值。因此，间接式不适于瞬变流量的测量。

质量流量测量还常采用温度、压力补偿式的测量方法，即同时检测出流体的体积流量、温度和压力，并通过计算器自动转换成质量流量。此方法对于温度变化范围较大，液体的密度和温度不是线性关系，及高压气体变化不服从理想气体定律，特别是流体组成变化时不宜采用。

质量流量计可测量介质流量，还可测量介质的密度及间接测量介质的温度，根据上述三个基本量而导出十几种参数；质量流量计组态灵活，功能强大，性价比高，是新一代流量仪表。如在乙烯、丙烯和主要原料轻烃等的测量中使用可靠，精度高达 1.7‰。

主要特点有：①精确度大于 0.2 级，一般为±0.15%；ⅱ内部无可动部件，仪表从出厂到使用过程中都有良好的稳定性；ⅲ量程比宽，大大优于其它传统仪表；ⅳ无机械传动机构，体积小，重量轻，便于维护；ⅴ配合数字化显示仪表，方便直观地得到流体在线测量值及流体温度、密度等参数。

使用时注意事项如下。

ⅰ. 详细了解流体性质，如流量、温度、压力、密度、黏度等，选用合适的流量计。

ⅱ. 正确安装流量计，要特别注意减少振动影响，因为质量流量计是基于振动原理工作的，外加振动会引入干扰；虽然仪表在设计时已尽量采用一体化结构来减少振动干扰的影响，但尽可能小的外界干扰对精确测量无疑是有益的，所以对来自管线及现场环境的振动要尽量设法避免，可以采取如加固定墩等办法来克服振动干扰。

ⅲ. 仪表投用时要严格按照出厂校验单的数据对仪表进行初始化，这是保证测量准确的前提。

ⅳ. 仪表使用过程中在使用条件下有必要进行准确的零点标定。质量流量计属于在线使用的高精确度测量仪表，零点的漂移对测量结果有影响，长期使用时一定要定期进行标定，重点是对零点进行在线标定。

ⅴ. 避免超过仪表使用范围，这会引起仪表测量精确度的下降，严重时会导致仪表损坏。例如由于超过仪表使用温度范围的蒸汽扫线等操作，将会使检测线圈损坏而使仪表无法再使用。

ⅵ. 质量流量计精确度高，使用时要配备高质量的稳压电源，对使用条件及应用环境经常检查，以保证精确度及仪表的安全。

3.4 人工智能调节器的使用及设置

AI人工智能调节器是适合温度、压力、流量、液位、湿度等精确控制的智能型调节器，其主要特点是：操作方法易学易用，不同功能档次的仪表操作相互兼容，输入采用数字校正系统，内置常用热电偶和热电阻等非线性校正表格，测量精确稳定，采用 AI 人工智能调节算法，无超调，具备自整定（AT）功能。

3.4.1 面板说明及操作说明

AI人工智能调节器面板如图3-4。

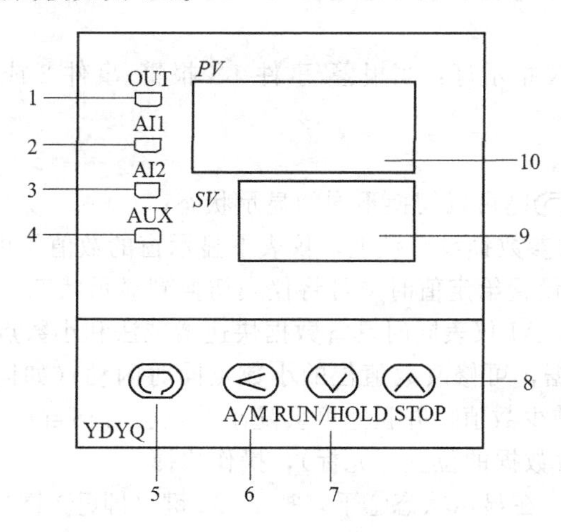

图3-4 AI人工智能调节器面板

1—调节输出指示灯；2—报警1指示灯；3—报警2指示灯；4—AUX辅助接口工作指示灯；5—显示转换（兼参数设置进入）；6—数据移位（兼手动/自动切换及程序设置进入）；7—数据减少键（兼程序运行/暂停操作）；8—数据增加键（兼程序停止操作）；9—给定值显示窗；10—测量值显示窗

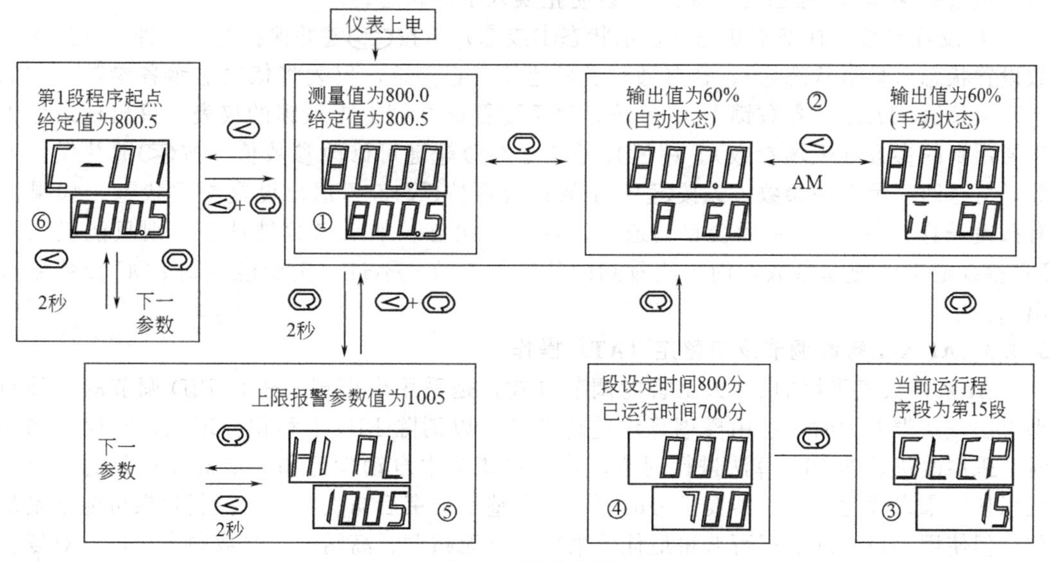

图3-5 操作流程

注意：不是所有型号仪表都有以上图形描述的显示状态，依据功能不同，AI-708只有①、⑤两种状态，AI-808有①、②、⑤三种显示状态，而AI-808P则具备以上所有显示状态。

操作流程见图3-5。仪表通电后，将进入显示状态①，此时仪表上显示窗口显示测量值（*PV*），下显示窗口显示给定值（*SV*）。按◎键可切换到显示状态②，此时下显示窗显示输出值。状态①、②同为仪表的基本状态，在基本状态下，*SV*窗口能用交替显示的字符来表示系统某些状态，如：闪动“*orAL*”表示仪表将自动停止控制；显示“*HIAL*”（上限报警）、“*LOAL*”（下限报警）、“*DHAL*”（正偏差报警）或“*DLAL*”（负偏差报警）等。

仪表面板上还有 4 个 LED 指示灯，其含义分别如下。

OUT 输出指示灯：输出指示在线性电流输出时通过亮/暗变化反映输出电流的大小，在时间比例方式输出（继电器、固态继电器及可控硅过零触发输出）时，通过闪动时间比例反映输出大小。

AL1、AL2 和 AUX 指示灯：当报警/事件 1、报警/事件 2 或辅助接口 AUX 动作时分别点亮对应的灯。

3.4.2 基本使用操作

① 显示切换　按⟲键可以切换不同的显示状态。

② 修改数据　如果参数锁没有锁上，仪表下显示窗的数值均可通过按◁、▽或△键来修改。例如：需要设置给定值时，可将仪表切换到显示状态①，即可通过按◁、▽或△键来修改给定值。AI 仪表同时具备数据快速增减法和小数点移位法。按▽键减小数据，按△键增加数据，可修改数值位的小数点同时闪动（如同光标）。按键并保持不放，可以快速地增加/减少数值，并且速度会随小数点会右移自动加快（3 级速度）。而按◁键则可直接移动修改数据的位置（光标），操作快捷。

③ 手动/自动切换　在显示状态②下，按 A/M 键（即◁键），可以使仪表在自动及手动两种状态下进行无扰动切换。在显示状态②且仪表处于手动状态下，直接按△键或▽键可增加及减小手动输出值。通过对 *RUN* 参数设置（自动/手动工作状态。*RUN*=0，手动调节状态；*RUN*=1，自动调节状态；*RUN*=2，自动调节状态，并且禁止手动操作。不需要手动功能时，该功能可防止因误操作而进入手动状态），也可使仪表不允许由面板按键操作来切换至手动状态，以防止误入手动状态。

④ 设置参数　在基本状态（显示状态①或②）下按⟲键并保持约 2 秒钟，即进入参数设置状态（显示状态⑤）。在参数设置状态下按⟲键，仪表将依次显示各参数，例如上限报警值 *HIAL*、参数锁 *LOC* 等等，对于配置好并锁上参数锁的仪表，只出现操作工需要用到的参数（现场参数）。用◁、▽、△等键可修改参数值。按◁键并保持不放，可返回显示上一参数。先按◁键不放接着再按⟲键可退出设置参数状态。如果没有按键操作，约 30 秒钟后会自动退出设置参数状态。如果参数被锁上，则只能显示被 EP 参数定义的现场参数，而无法看到的其它的参数。不过，至少能看到 *LOC* 参数显示出来。

3.4.3 AI 人工智能调节及自整定（AT）操作

AI 系列仪表采用的 AI 人工智能调节方式，是采用模糊规则进行 PID 调节的一种新型算法，在误差大时，运用模糊算法进行调节，以消除 PID 饱和积分现象，当误差趋小时，采用改进后的 PID 算法进行调节，并能在调节中自动学习和记忆被控对象的部分特征以使效果最优化（基于需要学习的原因，自整定结束后初次使用，控制效果可能不是最佳，但使用一段时间后即可获得最佳效果）具有无超调、高精度、参数确定简单、对复杂对象也能获得较好的控制效果等特点。其整体调节效果比一般 PID 算法及模糊调节算法均更优越。

AI 人工智能调节算法还具备参数自整定功能，使用 AI 人工智能调节方式且初次使用时，可启动自整定功能来协助确定 *M*5、*P*、*T* 等控制参数。初次启动自整定时，可将仪表切换到显示状态①下，按◁键并保持约 2 秒钟，此时仪表下显示器将闪动显示“AT”字样，表明仪表已进入自整定状态。自整定时，仪表执行位式调节，经 2～3 次振荡后，仪表内部微处理器根据位式控制产生的振荡，分析其周期、幅度及波型来自动计算出 *M*5、*P*、*T* 等控制参数。如果在自整定过程中要提前放弃自整定，可再按◁键并保持约 2 秒钟，使仪表下显示器停止闪动“AT”字样即可。视不同系统，自整定需要的时间可从数秒至数小时不等。仪表在自整定成功结束后，会将参数 *CTRL* 设置为 3（出厂时为 1）或 4，这样今后无法从面板再按◁键启动自整定，可以避免人为的误操作再次启动自整定。已启动过一次自整定功能的仪表如果今后还要启动自整定时，可以用将参数 *CTRL* 设置为 2 的方法进行启动。

系统在不同给定值下整定得出的参数值不完全相同，执行自整定功能前，应先将给定值设置在最常用值或是中间值上，如果系统是保温性能好的电炉，给定值应设置在系统使用的最大值上，再执行启动自整定的操作功能。参数 *CTI*（控制周期）及 *DF*（回差）的设置，对自整定过程也有影响，一般来说，这 2 个参数的设定值越小，理论上自整定参数准确度越高。但 *DF* 值如果过小，则仪表可能因输入波动而在给定值附近引起位式调节的误动作，这样反而可能整定出彻底错误的参数。推荐 *CTI*＝0～2，*DF*＝0.3（AI-708T 型仪表推荐 *DF*＝0.8）。

AI 仪表的自整定功能具备较高的准确度，可满足超过 90％用户的使用要求，但由于自动控制对象的复杂性，对于一些特殊应用场合，自整定出的参数可能并不是最佳值，也可能需要人工调整 MPT 参数。如果正确地操作自整定而无法获得满意的控制，可人为修改 *M*5、*P*、*T* 参数。人工调整时，注意观察系统响应曲线，如果是短周期振荡（与自整定或位式调节时振荡周期相当或略长），可减小 *P*（优先），加大 *M*5 及 *T*；如果是长周期振荡（数倍于位式调节时振荡周期），可加大 *M*5（优先），加大 *P*，*T*；如果无振荡而是静差太大，可减小 *M*5（优先），加大 *P*；如果最后能稳定控制，但时间太长，可减小 *T*（优先），加大 *P*，减小 *M*5。调试时还可用逐试法，即将 *MPT* 参数之一增加或减少 30％～50％，如果控制效果变好，则继续增加或减少该参数，否则往反方向调整，直到效果满足要求。一般可先修改 *M*5，如果无法满足要求再依次修改 *P*、*T* 和 *CTI* 参数，直到满足要求为止。

3.4.4 程序操作（仅适用 AI-808P 程序型）

（1）设置程序

在显示状态①下按◁键一下即放开，仪表就进入设置程序状态。仪表首先显示的是当前运行段起始给定值，可按◁、▽和△键修改数据。按⟲键则显示下一个设置的程序值（当前段时间）来，每段程序按给定值和时间的顺序依次排列。按◁并保持不放 2 秒以上，返回设置上一数据，先按◁键再接着按⟲键可退出设置程序状态。仪表允许在程序运行时修改程序。在运行中，在恒温段，如果要升高（或降低）当前给定值，则要同时升高（或降低）当前段给定值及下一段给定值。如果要增加或缩短保温时间，则可增加或减少当前段的段时间。在升、降温段如果要改变升、降温斜率，可根据需要改变段时间，当前段给定温度及下一段的给定温度。

（2）运行/暂停（*RUN*/*HOLD*）程序

在显示状态①下，如果程序处于停止状态（下显示器交替显示“*STOP*”），按▽键并保持约 2 秒钟，仪表下显示器将显示“*RUN*”的符号，则仪表开始运行程序。在运行状态下按▽键并保持约 2 秒钟，仪表下显示器将显示“*HOLD*”的符号，则仪表进入暂停状态。暂停时仪表仍执行控制，并将数值控制在暂停时的给定值上，但时间停止增加，运行时间及给定值均不会变化。在暂停状态下按▽键并保持约 2 秒钟，仪表下显示器将显示“*RUN*”的符号，则仪表又重新运行。

（3）停止（*STOP*）程序运行

在显示状态①下，如果程序处于运行或暂停状态，按△键保持 2 秒左右，则仪表下显示器将显示“*STOP*”的符号，此时仪表进入停止状态，同时参数 *STEP* 被修改为 1，并清除事件输出及停止控制。

表 3-5　AI 仪表部分参数功能说明及应用表

参数代号	参数含义	说明	设置范围
HIAL	上限报警	测量值大于 *HIAL*＋*DF* 值时仪表将产生上限报警。测量值小于 *HIAL*－*DF* 值时，仪表将解除上限报警	－1999～＋9999℃或1定义单位
LOAL	下限报警	当测量值小于 *LOAL*－*DF* 时产生下限报警，当测量值大于 *LOAL*＋*DF* 时下限报警解除。设置 *LOAL* 到其最小值(－1999)可避免产生报警作用	同上
DHAL	正偏差报警	采用 AI 人工智能调节时，当偏差(测量值 *PV* 减给定值 *SV*)大于 *DHAL*＋*DF* 时产生正偏差报警。当偏差小于 *DHAL*－*DF* 时正偏差报警解除	0～999.9℃或0～9999 定义单位
DLAL	负偏差报警	采用 AI 人工智能调节时，当负偏差(给定值 *SV* 减测量值 *PV*)大于 *DLAL*＋*DF* 时产生负偏差报警，当负偏差小于 *DLAL*－*DF* 时负偏差报警解除	同上
DF	回差(死区、滞环)	回差用于避免因测量输入值波动而导致位式调节频繁通断或报警频繁产生/解除	0～200.0℃或0～2000 定义单位
CTRL	控制方式	*CTRL*＝0，采用位式调节(ON-OFF)，只适合要求不高的场合进行控制时采用。 *CTRL*＝1，采用 AI 人工智能调节/PID 调节，该设置下，允许从面板启动执行自整定功能。 *CTRL*＝2，启动自整定参数功能，自整定结束后会自动设置为 3 或 4。 *CTRL*＝3，采用 AI 人工智能调节，自整定结束后，仪表自动进入该设置，该设置下不允许从面板启动自整定参数功能。以防止误操作重复启动自整定。 *CTRL*＝4，该方式下与 *CTRL*＝3 时基本相同，但其 *P* 参数定义为原来的 10 倍	0～5
*M*5	保持参数	*M*5 定义为输出值变化为 5%时，控制对象基本稳定后测量值的差值。5 表示输出值变化量 5%，同一系统的 *M*5 参数一般会随测量值有所变化，应取工作点附近为准 *M*5 参数值主要决定调节算法中积分作用。*M*5 值越小，系统积分作用越强；*M*5 值越大，积分作用越弱	0～999.9℃或0～9999 定义单位
P	速率参数	*P* 与每秒内仪表输出变化 100%时测量值对应变化的大小成反比	1～9999
t	滞后时间	*t* 参数对控制的比例、积分、微分均起影响作用。*t* 越小，则比例和积分均作用成正比增强，而微分作用相对减小，但整体反馈作用增强；反之，*t* 越大，则比例和积分均减弱，而微分作用相对增强	0～2000s
CTI	输出周期	*CTI* 参数值可在 0.5～125s(0 表示 0.5s)之间设置，它反映仪表运算调节的快慢	(0～125)×0.5s
DLP	小数点位置	线性输入时：定义小数点位置，以配合用户习惯的显示数值。 *DLP*＝0，显示格式为 0000，不显示小数点 *DLP*＝1，显示格式为 000.0，小数点在十位 *DLP*＝2，显示格式为 00.00，小数点在百位 *DLP*＝3，显示格式为 0.000，小数点在千位	0～3
DIL	输入下限显示值	用于定义线性输入信号下限刻度值，对外给定、变送输出、光柱显示均有效	－1999～＋9999℃或1定义单位
DIH	输入上限显示	用于定义线性输入信号上限刻度值，与 *DIL* 配合使用	同上
SC	主输入平移修正	*SC* 参数用于对输入进行平移修正。以补偿传感器或输入信号本身的误差，对于热电偶信号而言，当仪表冷端自动补偿存在误差时，也可利用 *SC* 参数进行修正	*SC*

(4) 修改程序运行段号 *STEP*

通常 *STEP* 随着程序的执行自动增加或跳转，无需人为干涉。有时有特殊因素，在程序运行中有时希望从程序的某一段开始运行，或者直接跳到某一段执行程序，例如当前程序已运行到第 4 段，但用户需要提前结束该段而运行第 5 段，则可将显示切换到程序段显示状态下（状态③），当相应参数锁未锁上时，可通过按(▽)、(△)等键进行修改 *STEP* 值来实现。一旦人为改变 *STEP* 数值，段运行时间将被清除为 0，程序从新段的起始位置开始执行。如果没有改变 *STEP* 值就按(◎)退出，则不影响程序运行。

3.4.5 AI 仪表的功能及应用

AI 仪表通过参数来定义仪表的输入、输出、报警、通讯及控制方式。表 3-5 为参数含义、功能说明及应用。

以上仅对 AI 人工智能调节器的功能及应用作了简要说明，详细了解请参阅《AI 人工智能调节器使用说明书》。

3.4.6 与计算机通讯

AI 系列仪表可在 COMM 位置安装 S 或 S4 型 RS485 通讯接口模块，通过计算机可实现对 1～200 台 AI 系列各种型号仪表的集中监控与管理，并可以自动记录测量数据及打印。计算机需要加一个 RS232C/RS485 转换器，无中继器时最多可直接连接 64 台仪表，如图 3-6，加 RS485 中继器后最多可连接 100 台仪表，一台计算机用 2 个通讯口则可各连接 100 台仪表。AI 仪表在上位计算机、通讯接口或线路发生故障时，仍能保持仪表本身的正常工作。

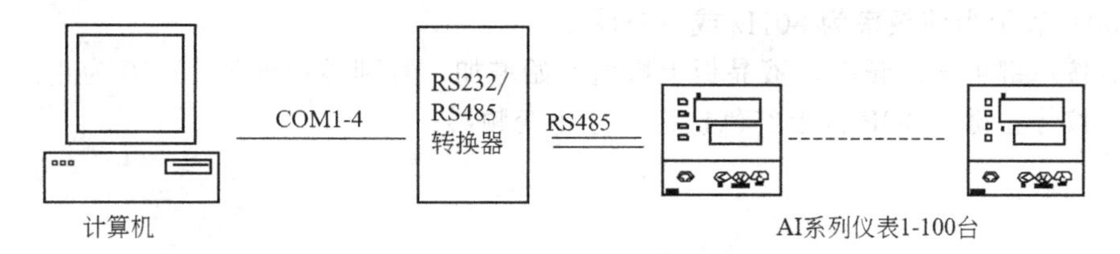

图 3-6 AI 与计算机连接

3.5 变频器

变频器是利用电力半导体器件的通断作用将工频电源变换为另一频率的电能控制装置。现在使用的变频器主要采用交-直-交方式（VVVF 变频或矢量控制变频），先把工频交流电源通过整流器转换成直流电源，然后再把直流电源转换成频率、电压均可控制的交流电源以供给电动机。变频器的电路一般由整流、中间直流环节、逆变和控制 4 个部分组成。西门子 MICROMASTER 420 通用型变频器适合用于各种变速驱动装置，电源电压为三相交流（或单相交流），具有现场总线接口的选件，使用方便，内置 PI 控制器，适合用于水泵、风机和传送带系统的驱动装置。在化工实验中，一般不需要更改变频器的内部参数，仅在控制面板上进行普通操作实现对电机的控制。

3.5.1 变频器面板说明

变频器控制面板（BOP 板）如图 3-7 所示。

3.5.2 变频器面板操作步骤

ⅰ. 电机的参数已经设入变频器内部的记忆芯片，因此，启动变频器时无需对电机的参数再进行设置。

ⅱ. 对于手动控制模式（即用变频器的面板按钮进行控制），须将变频器参数 P700 和 P1000 设为 1。具体操作如下：按编程键 P，数码管显示 r000，按△键直到显示 P700，按 P 键显示旧的设定值，按△或▽键直到显示为 1，按 P 键将新的设定值输入，再按△键直到显示 P1000，按 P 键显示旧的设定值，按△或▽键直到显示为 1。按 P 键将新的设定值输入，按▽键返回到 P000，按 P 键退出，即完成设定，可投入运行。此时显示器将交替显示 0.00 和 5.00。然后再按启动键，即可启动变频器，按△键可增加频率，按▽键可降低频率，按停止键则停止变频器。

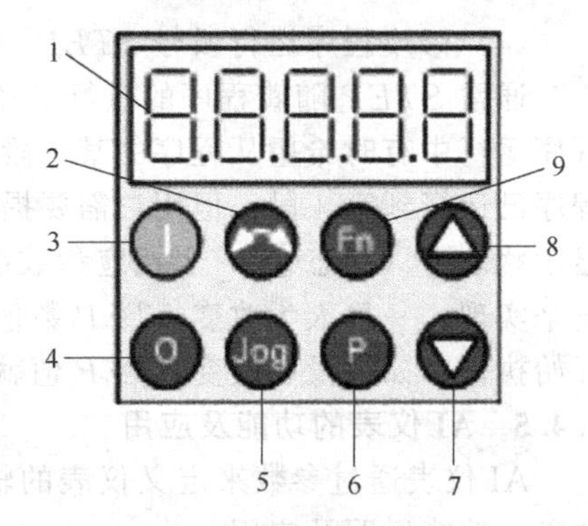

图 3-7 变频器控制面板
1—状态显示框；2—改变转向键；3—启动键；4—停止键；5—电动机点动；6—编程键；7—减少键；8—增加键；9—功能键

ⅲ. 对于远程控制模式（即通过计算机控制变频器）须将变频器参数 P700 和 P1000 设为 5，具体操作（参考手动控制部分）。完成设定后，可投入运行。但此时，显示器只显示 0.00，等待计算机发过来的指令。

3.5.3 操作示范

欲将变频器调到 35Hz。

ⅰ. 按运行键（BOP 板上绿色按键）启动变频器，几秒后，液晶面板上将显示 50.00 或（5.00）表示当前频率为 50Hz 或（5Hz）。

ⅱ. 按△键可增加频率，液晶板上数值开始增加，直到显示度为 35.00 为止。

ⅲ. 按停止键（BOP 板上红色按键）停止变频器。

3.6 溶氧仪

3.6.1 溶氧仪的基本结构

溶氧仪探头结构，如图 3-8 所示。

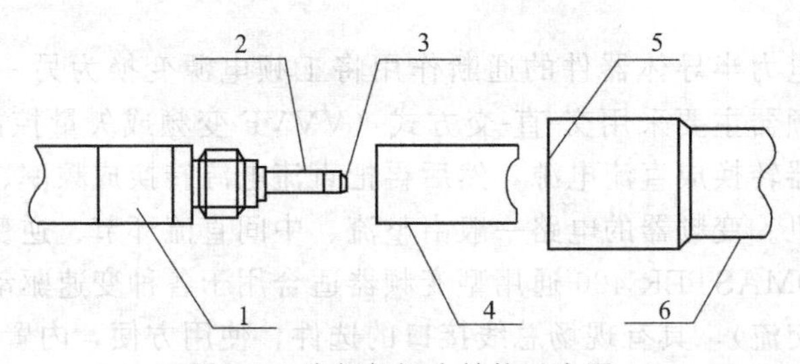

图 3-8 溶氧仪探头结构示意图
1—温度补偿器；2—银阳极；3—黄金阴极；4—膜固定器；5—海绵体（保持湿润）；6—保护套

3.6.2 溶氧仪的工作原理

探头由一个柱状的银阳极和一个环形的黄金阴极组成。使用时，探头末端需注满电解液，该溶液含有少量的表面活性剂以增强其湿润作用。

探头前端覆盖有一片渗透性膜，把电极与外界分隔开，但气体可进入。当一极化电位施加于探头电极上时，透过薄膜渗透进来的氧在阴极处产生反应并形成一道电流。

氧气渗透过薄膜的速率与膜内外间的压力差成正比。由于氧气在阴极处迅速消耗掉，所以可假设膜内的氧气压力为零。因此，把氧气推进膜内的压力与膜外的氧气分压成正比。当氧气分压变化时，渗进膜内的氧气量也相应变化，这就导致探头电流亦按比例改变。

3.6.3 溶氧仪的使用方法

3.6.3.1 溶解氧标定

溶解氧标定必须在已知氧浓度的环境中进行。以 YSI-550A 溶氧仪为例说明。YSI-550A 溶氧仪可用 mg/L 或%饱和度来标定，以下是这两种方式的标定步骤。

要准确标定 YSI-550A，标定前需要知道被测水样的大概盐度。新鲜淡水的盐度大约为零，海水盐度约为 35mg/L。若在%饱和度模式下标定，还需要知道所处位置的海拔高度（英尺）。

(1) 用%饱和度标定

ⅰ. 确定仪器标定室内的海绵是湿润的，把探头插入标定室。

ⅱ. 打开仪器，等待 15～20min，让仪器预热及读数稳定。

ⅲ. 同时按下并释放上箭头和下箭头键，进入标定菜单。

ⅳ. 按下 Mode 键直至“%”作为氧气单位出现在屏幕右侧，然后按下 ENTER。

ⅴ. LCD 屏幕上会提示输入以百英尺为单位的当地海拔高度。用箭头键增加或减少输入的海拔高度，当正确的海拔高度出现在 LCD 上时，按下 ENTER 键。例如：输入数字 12 代表 1200ft。

ⅵ. CAL 将显示在屏幕左下角，右下角则显示校正值，主显示栏则显示 DO 读数（标定前)。一旦当前溶解氧读数稳定，按下 ENTER 键。

ⅶ. LCD 将提示输入被测水样的近似盐度，输入 0～70(mg/L) 数字。用箭头键可增加或减少盐度设定数字。当 LCD 显示正确盐度时按 ENTER 键。

ⅷ. 仪器将返回至正常操作状态。

(2) 用 mg/L 来标定

ⅰ. 确定标定室海绵湿润，将探头插入标定室。

ⅱ. 打开仪器，等待 15～20min，让仪器预热及读数稳定。

ⅲ. 将探头放入已知 mg/L 读数的溶液，在整个标定过程中以最少 16cm/s 的频率在水样中持续搅拌或晃动探头。

ⅳ. 同时按下并释放上箭头和下箭头键，进入标定菜单。

ⅴ. 按下 Mode 键直至“mg/L”作为氧气单位出现在屏幕右侧，然后按下 ENTER。

ⅵ. CAL 将显示在屏幕左下角，右下角则显示校正值，主显示栏则显示 DO 读数（标定前)，一旦当前溶解氧读数稳定，按下 ENTER 键。

ⅶ. LCD 将提示输入被测水样的近似盐度，输入 0～70(mg/L) 数字。用箭头键可增加或减少盐度设定数字。当 LCD 显示正确盐度时按 ENTER 键。

ⅷ. 仪器将返回至正常操作状态。

(3) 盐度补偿标定

ⅰ. 按下 Mode 键直至盐度标定显示在屏幕上；

ⅱ. 用上箭头和下箭头键改变要测量的水样的盐度值，范围 0～70mg/L；

ⅲ. 按下 ENTER 键保存标定结果；

ⅳ. 按下 Mode 键返回溶解氧测量。

(4) 使用前须注意

ⅰ. 每次使用前都标定仪器，以防止漂移。溶解氧读数取决于标定。

ⅱ．在与样品温度相差不超过±10℃范围内进行校正。

3.6.3.2　测量

ⅰ．按ON键打开仪表；

ⅱ．开启磁力搅拌器，液体流速约16cm/s，将探头插入待测液中，液面超过不锈钢段5mm；

ⅲ．按MODE键使屏幕中右下角显示％，调节Slope旋钮使屏中数据达100％。

ⅳ．按MODE键，使左下角显示zero，调节zero键，使屏中数据为0。

ⅴ．重复以上ⅲ、ⅳ步，使zero指示为0时，满度保持在100％。

ⅵ．按MODE键，使右上角显示mg/L，此时屏幕中的数据即为此溶液的含氧量(mg/L)。

ⅶ．读数稳定后，记录数据。

3.6.3.3　注意事项

ⅰ．测量完毕，按OFF键关闭仪表，不要卸掉电池与探头；

ⅱ．不用时将探头放入海绵标定室/保存室；

ⅲ．使用探头与仪表时，要轻拿轻放、特别要注意，不要使氧探头的膜与其它硬物相碰，以免将膜碰破。

ⅳ．仪表测量范围为含氧0～19.9mg/L的水溶液，测量温度为－30～150℃。

3.7 水分快速测定仪

3.7.1 工作原理与结构

水分快速测定仪是根据称重法和烘箱法原理设计而成，将物料在干燥前后的质量进行比较，得到物料内所含游离水分的质量与百分比。

本仪器由单盘上皿式天平、红外干燥箱及电器控温三部分组成，如图3-9所示。

3.7.2 使用与校验

(1) 仪器校验

在该仪器使用之前，首先要检查光学投影屏是否工作正常，并校正仪器测量的零位与分度值，其具体方法如下：

① 光学投影的调整　在托盘上放入适当质量（9～10g）的物料后，开启天平，此时投影屏中就会有刻度显示，若显示亮度偏低，可调节电源灯的位置，使其对准聚光镜和物镜的光轴线；若显示刻度模糊，则可缓慢调节物镜筒的位置，使刻度线清晰地显示在投影屏上；若刻度线偏离投影屏中央位置，则需调节三棱镜的紧固螺丝，使三棱镜的角度处于正确位置，即可纠正刻度线的偏离。

② 零位的校正　投影屏上刻度线清晰后，在加码盘上加10g标准砝码，然后开启天平，若微分标尺的“00”位线与投影屏基准线不重合时，可调节零位微调旋钮，如其调节幅度不能满足时，可旋动天平横梁前端的小平衡母或后端的大平衡母（在一般情况下，不要调节大平衡母）来调节零位刻度。

③ 分度值的校正　零位校正完毕后，在加码盘上加9g标准砝码，然后开启天平，投影屏的基准线应与刻度线的“100”对齐，其误差不应大于±5mg（1小格）。若超出允许误差，可旋动横梁下端的重心砣。

注意，旋动平衡母与重心砣时，都需切断天平电源，并将横梁扶稳，以免因横梁移动而损坏刀刃。

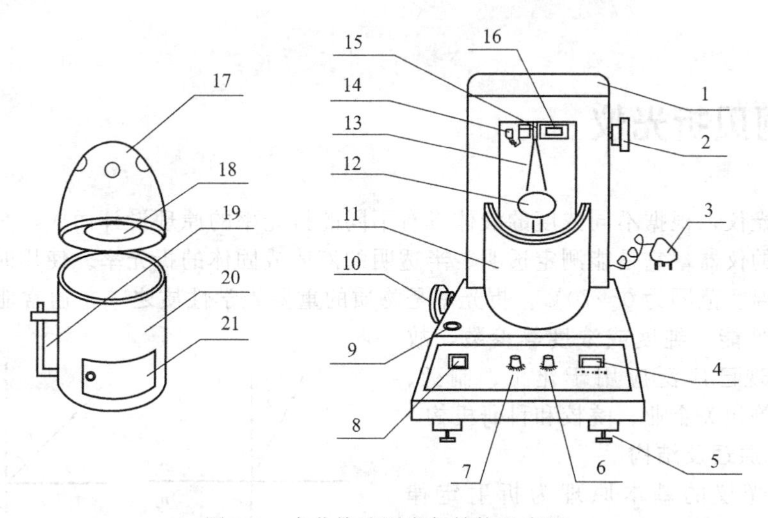

图 3-9　水分快速测定仪结构示意图

1—上盖板；2—零位微调旋钮；3—电源插头；4—投影屏；5—垫脚；6—控温旋钮；7—定时旋钮；8—电源开关；9—水准器；10—天平开关旋钮；11—下盖板；12—天平盘；13—指针；14—光源灯；15—微分标尺；16—物镜筒；17—红外线灯盖；18—红外线灯；19—温度计；20—干燥箱；21—干燥箱盖板

(2) 试样的称量

在天平微分标尺垂直方向的右侧有一组 0～100 的量值，共有 200 个分度（小格），分度值为 0.05g，合计为 1g，用于取样在 10g 以下的试样质量的测定。当所取试样在 9～10g 的范围内，读取其分度值后，用 10g 减去所读值，即为试样质量；若所取试样少于 9g，则需先补充适当质量的砝码，再进行测量，计算物料质量时，要再相应地减去砝码的质量。注意，物料质量的测量应在常温下进行。

(3) 干燥处理

记录完毕物料的初始质量 W_1 以后，即可进行干燥过程。此时，最好先开启红外灯将干燥室内预热调零，然后再将物料放入，以免因天平横梁受热膨胀而改变天平零位，产生误差。

天平经预热调零后，取下砝码，放入待测试样，开启红外灯，对试样进行加热，此时投影屏上的示值将会随干燥过程的进行而变化（加热时亦可关闭天平，干燥完毕再开启读数），若样品的含水量大于 1g 时，应关闭天平，添加 1g 标准砝码后，继续测试。待干燥过程结束后，读取试样的质量 W_2，并求出样品的干基含水率 M：

$$M=\frac{W_1-W_2}{W_2}\times 100\% \tag{3-3}$$

如果试样在加热很长时间后仍达不到恒重点，一般有两种可能：①试样表面温度过低，水分蒸发缓慢；②试样表面温度过高，本身发生分解。因此，试样的干燥温度是正确测定的关键，其温度可由温度调节旋钮调整，在温度计上显示其值。

3.7.3　注意事项与维护

ⅰ. 在干燥过程中，干燥室内温度较高，故试样中不能含有易挥发、易燃的有机物料及溶剂，以免发生危险；

ⅱ. 在装卸试样及砝码时，必须关闭天平，以免损坏横梁上的刀刃；

ⅲ. 仪器应保持清洁，避免灰尘及棉毛纤维粘附在天平上，以免影响其准确性；

ⅳ. 若光学零件上有灰尘时，应先用软毛刷刷去灰尘，再用擦镜纸擦拭，严禁用手触摸光学零件。

3.8 阿贝折光仪

阿贝折光仪，根据不同浓度的液体具有不同的折光率的原理设计而成，是利用光线测试液体浓度的仪器，它是能测定透明、半透明的液体或固体的折光率。使用时配以恒温水浴，其测量温度范围为 0～70℃。折光率是物质的重要光学性质之一，通常能根据其了解物质的光学性能、纯度或浓度等参数，故阿贝折光仪现已广泛应用于化工、制药、轻工、食品等相关企业、院校和科研机构。

3.8.1 工作原理及结构

阿贝折光仪的基本原理为折射定律（如图 3-10）：

$$n_1 \cdot \sin\alpha_1 = n_2 \cdot \sin\alpha_2$$

式中 n_1，n_2——分别为相界面两侧介质的折光率；

α_1，α_2——分别为入射角和折射角。

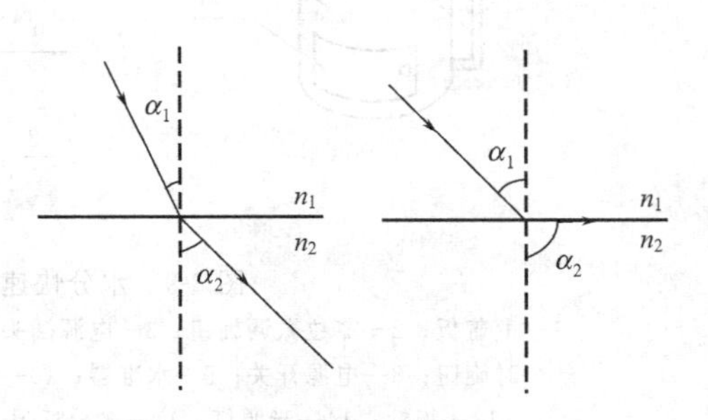

图 3-10 折射定律示意图

若光线从光密介质进入光疏介质，则入射角小于折射角，改变入射角度，可使折射角达 90°，此时的入射角被称为临界角，本仪器测定折光率就是基于测定临界角的原理。如果用视镜观察光线，可以看到视场被分为明暗两部分（如图 3-11 所示），二者之间有明显的分界线，明暗界处即为临界角位置。

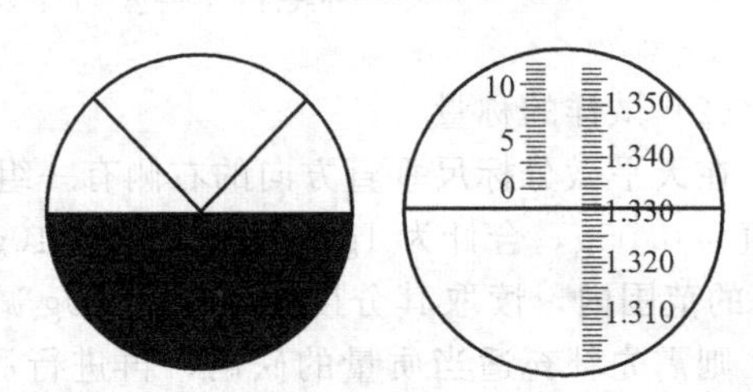

图 3-11 折光仪视场示意图

折光率是物质的特性常数之一，它的数值与温度、压力和光源的波长等有关。符号 n_D^{20} 是指在 20℃时用钠光 D 线作光源时的物质的折光率。温度对折光率有影响。多数液态有机物质当温度增加时，折光率降低，而固体的折光率和温度的关系没有规律。通常大气压的变化对折光率的数值影响不明显，所以只有在很精密的工作中才考虑压力的影响。

阿贝折光仪根据其读数方式大致可以分为三类：单目镜式、双目镜式及数字式。虽然，读数方式存在差异，但其原理及光学结构基本相同，此处仅以单目镜式为例加以说明，其结构如图 3-12 所示。

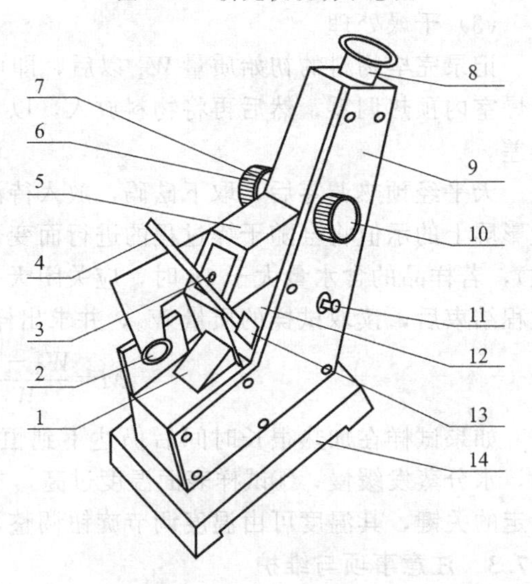

图 3-12 阿贝折光仪结构图

1—反射镜；2—转轴；3—遮光板；4—温度计；5—进光棱镜座；6—色散调节手轮；7—色散值刻度盘；8—目镜；9—盖板；10—锁紧轮；11—聚光灯；12—折射棱镜座；13—温度计座；14—底座

3.8.2 阿贝折光仪的使用

① 仪器安装 将阿贝折光仪安放在光亮处，但应避免阳光的直接照射，以免液

体试样受热迅速蒸发。将超级恒温槽与其相连接使恒温水通入棱镜夹套内，检查棱镜上温度计的读数是否符合要求，一般选用（20.0±0.1）℃或（25.0±0.1）℃。

② 加样　旋开测量棱镜和辅助棱镜的闭合旋钮，使辅助棱镜的磨砂斜面处于水平位置，若棱镜表面不清洁，可滴加少量丙酮，用擦镜纸顺单一方向轻擦镜面（不可来回擦）。待镜面洗净干燥后，用滴管滴加数滴试样于辅助棱镜的毛镜面上，迅速合上辅助棱镜，旋紧闭合旋钮。若液体易挥发，动作要迅速，或先将两棱镜闭合，然后用滴管从加液孔中注入试样（注意切勿将滴管折断在孔内）。

③ 对光　转动手柄，使刻度盘标尺上的示值为最小，于是调节反射镜，使入射光进入棱镜组。同时，从测量望远镜中观察，使示场最亮。调节目镜，使示场准丝最清晰。

④ 粗调　转动手柄，使刻度盘标尺上的示值逐渐增大，直至观察到视场中出现彩色光带或黑白分界线为止。

⑤ 消色散　转动消色散手柄，使视场内呈现一清晰的明暗分界线。

⑥ 精调　再仔细转动手柄，使分界线正好处于叉形准丝交点上。

⑦ 读数　从读数望远镜中读出刻度盘上的折光率数值。常用的阿贝折光仪可读至小数点后的第四位，为了使读数准确，一般应将试样重复测量三次，每次相差不能超过0.0002，然后取平均值（如图3-11所示）。此时，从视镜中读得的数据即为折光率。

⑧ 仪器校正　折光仪刻度盘上的标尺的零点有时会发生移动，须加以校正。校正的方法是用一种已知折光率的标准液体，一般是用纯水，按上述的方法进行测定，将平均值与标准值比较，其差值即为校正值。纯水在20℃时的折光率为1.3325，在15℃到30℃之间的温度系数为$-0.0001℃^{-1}$。在精密的测量工作中，须在所测范围内用几种不同折光率的标准液体进行校正，并画出校正曲线，以供测试时对照校核。

3.8.3　注意事项与维护

ⅰ. 在测定折光率时，要确保系统恒温，否则将直接影响所测结果；

ⅱ. 若仪器长时间不用或测量有偏差时，可用溴代萘标准试样进行校正；

ⅲ. 使用时要注意保护棱镜，清洗时只能用擦镜纸而不能用滤纸等。加试样时不能将滴管口触及镜面。对于酸碱等腐蚀性液体不得使用阿贝折光仪；

ⅳ. 每次测定时，试样不可加得太多，一般只需加2～3滴即可；

ⅴ. 要注意保持仪器清洁，保护刻度盘。每次实验完毕，要在镜面上加几滴丙酮，并用擦镜纸擦干。最后用两层擦镜纸夹在两棱镜镜面之间，以免镜面损坏；

ⅵ. 读数时，有时在目镜中观察不到清晰的明暗分界线，而是畸形的，这是由于棱镜间未充满液体；若出现弧形光环，则可能是由于光线未经过棱镜而直接照射到聚光透镜上；

ⅶ. 若待测试样折光率不在1.3～1.7范围内，则阿贝折光仪不能测定，也看不到明暗分界；

ⅷ. 仪器严禁被激烈振动或撞击，以免光学零件受损，影响其精度。

本章主要符号

英文

A_0	截流开孔面积，m^2	q_v	体积流量，$m^3/s(m^3/h)$
d_0	节流孔直径，m	q_m	质量流量，kg/s(kg/h)

D	管道直径，m	R_t	温度 t 时的电阻值，Ω
N_D	折光率	R_0	温度 t_0 时的电阻值，Ω

希文

α	温度系数，1/℃；流量系数	ρ	密度，kg/m^3
ε	流束膨胀校正系数		

4 化工原理基本实验

4.1 流体流动阻力的测定

4.1.1 实验目的及任务

ⅰ. 掌握测定流体流经直管、管件和阀门时阻力损失的一般实验方法。

ⅱ. 测定直管摩擦系数 $\lambda \sim Re$ 的关系，验证在一般湍流区内 λ 与 Re、ε/d 的函数关系。

ⅲ. 测定流体流经阀门及突然扩大管时的局部阻力系数 ζ。

ⅳ. 测定层流管的摩擦阻力。

ⅴ. 学会倒 U 形压差计和涡轮流量计的使用方法；识辨组成管路的各种管件、阀门及流程的测控方法。

ⅵ. 掌握坐标系的选用方法和运用计算机绘制对数坐标的作图方法。

4.1.2 基本原理

不可压缩流体通过由直管、管件（如三通和弯头等）和阀门等组成的管路系统时，由于黏性切应力和涡流应力的存在，要损失一定的机械能。流体流经直管时所造成机械能损失称为直管阻力损失。流体通过管件、阀门时因流体运动方向和速度大小改变所引起的机械能损失称为局部阻力损失。

（1）直管阻力摩擦系数 λ 的测定

流体在水平等径直管中稳定流动时，阻力损失为：

$$h_f = \frac{\Delta p_f}{\rho} = \frac{p_1 - p_2}{\rho} = \lambda \frac{l}{d} \frac{u^2}{2} \tag{4-1}$$

即

$$\lambda = \frac{2d\Delta p_f}{\rho l u^2} \tag{4-2}$$

本装置采用倒 U 形管液柱压差计测压。

$$\Delta p_f = \rho g R \tag{4-3}$$

式中 λ——直管阻力摩擦系数，量纲一；

d——直管内径，m；

Δp_f——流体流经长度为 l 直管的压力降，Pa；

R——水柱高度，m；

h_f——单位质量流体流经长度为 l 直管的机械能损失，J/kg；

ρ——流体密度，kg/m^3；

l——直管长度，m；

u——流体在管内流动的平均流速，m/s。

滞流（层流）时

$$\lambda=\frac{64}{Re} \tag{4-4}$$

$$Re=\frac{du\rho}{\mu} \tag{4-5}$$

式中 Re——雷诺数，量纲一；

μ——流体黏度，kg/(m·s)。

湍流时，λ 是 Re 和 ε/d 的函数，须由实验确定。

由式(4-2) 可知，欲测定 λ，需确定 l、d，测定 Δp_f、u、ρ、μ 等参数。l、d 为装置参数（装置参数表格中给出），ρ、μ 通过测定流体温度，再查有关手册而得，u 通过测定流体流量，再由管径计算得到。

(2) 局部阻力系数 ζ 的测定

局部阻力损失通常有两种表示方法，即当量长度法和阻力系数法。

① 当量长度法　流体流过某管件或阀门时造成的机械能损失看作与某一长度为 l_e 的同直径的直管段所产生的机械能损失相当，此折合的管道长度称为当量长度，用符号 l_e 表示。这样，就可以用直管阻力公式来计算局部阻力损失，而且在管路计算时可将管路中的直管长度与管件、阀门的当量长度合并在一起计算，则流体在管路中流动时的总机械能损失 $\sum h_f$ 为：

$$\sum h_f=\lambda\frac{l+\sum l_e}{d}\frac{u^2}{2} \tag{4-6}$$

② 阻力系数法　流体通过某一管件或阀门时的机械能损失表示为流体在小管径内流动时平均动能的某一倍数，局部阻力的这种计算方法，称为阻力系数法，即

$$h'_f=\frac{\Delta p'_f}{\rho g}=\zeta\frac{u^2}{2} \tag{4-7}$$

故

$$\zeta=\frac{2\Delta p'_f}{\rho g u^2} \tag{4-8}$$

式中 ζ——局部阻力系数，量纲一；

$\Delta p'_f$——局部阻力压强降，Pa；

ρ——流体密度，kg/m^3；

g——重力加速度，9.81m/s^2；

u——流体在小截面管中的平均流速，m/s。

本实验采用阻力系数法表示管件或阀门的局部阻力损失。

根据连接管件或阀门两端管径中小管的直径 d，指示液密度 ρ_0，流体温度 t_0，及实验时测定的流量 q_V、液柱压差计的读数 R，通过式(4-3)、式(4-8) 求取管件或阀门的局部阻力系数 ζ。

4.1.3 实验装置与流程

(1) 实验装置

实验装置流程图如图 4-1 所示。

注：实验装置流程图中的设备代号、仪表代号、物料代号及图例等，见 4.7 节。

(2) 实验流程

实验装置部分是由水箱，离心泵，不同管径、材质的水管，各种阀门、管件，涡轮流量计和倒 U 形压差计等所组成的。管路部分有五段并联的长直管，自上而下分别为用于

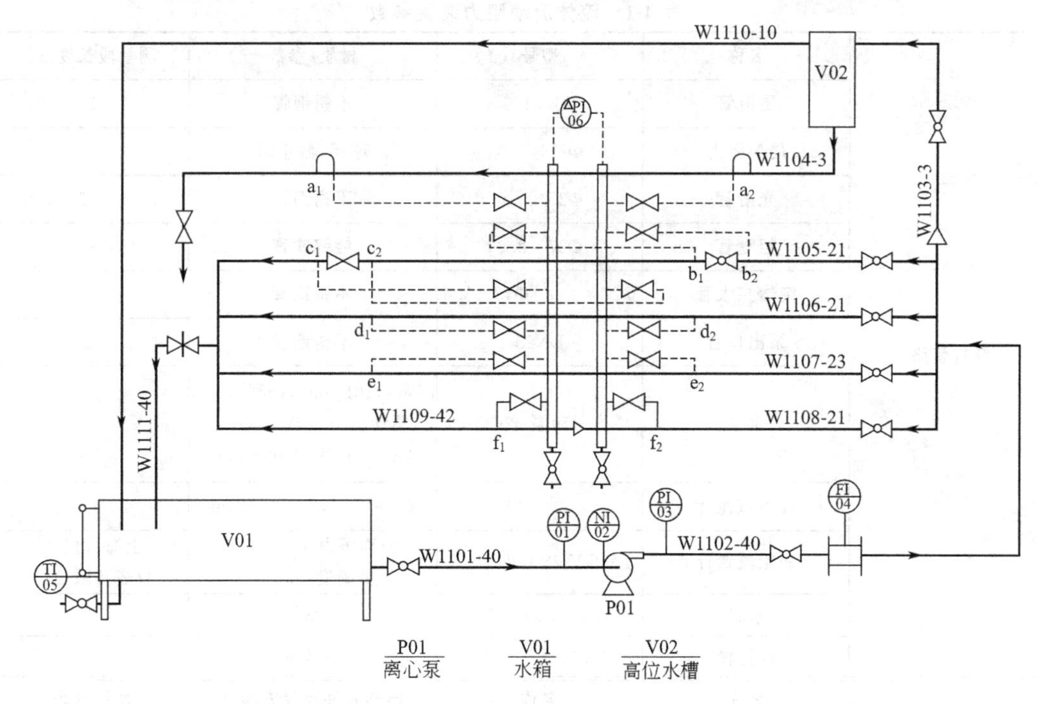

图 4-1 流体流动阻力测定实验装置流程图

测定层流阻力、局部阻力、光滑管直管阻力、粗糙管直管阻力和扩径管阻力。测定局部阻力部分使用不锈钢管，其上装有待测管件（球阀或截止阀）；光滑管直管阻力的测定同样使用内壁光滑的不锈钢管，而粗糙管直管阻力的测定对象为管道内壁较粗糙的镀锌管。

本装置的流量使用涡轮流量计测量，管路和管件的阻力采用各自的倒 U 形压差计测量，同时差压变送器将差压信号传递给差压显示仪。

(3) 装置参数

装置参数如表 4-1 所示。

4.1.4 实验步骤

ⅰ. 首先对水泵进行灌水，然后关闭出口阀，启动水泵电机，待电机转动平稳后，把泵的出口阀缓缓开到最大；同时打开被测管线上的开关阀及面板上与其相应的切换阀，关闭其它的开关阀和切换阀，保证测压点一一对应。

ⅱ. 采用手动方法测量时，对倒 U 形压差计进行排气和调零，使压差计两端在带压且零流量时的液位高度相等。测完一根管的数据后，应将流量调节阀关闭，观察压差计的两液面是否水平，水平时才能更换另一条管路，否则全部数据无效。同时要了解各种阀门的特点，学会阀门的使用，注意阀门的切换，同时要关严，防止内漏。

倒 U 形压差计调节步骤：

倒 U 形压差计的调节见图 4-2。

打开阀门 1、2、3、4 约 10s；

关闭阀门 1、2，打开 5 约 5s；

关闭 5，关闭 3、4；

打开 1、2，检查液柱等高后，开始下一步实验操作。

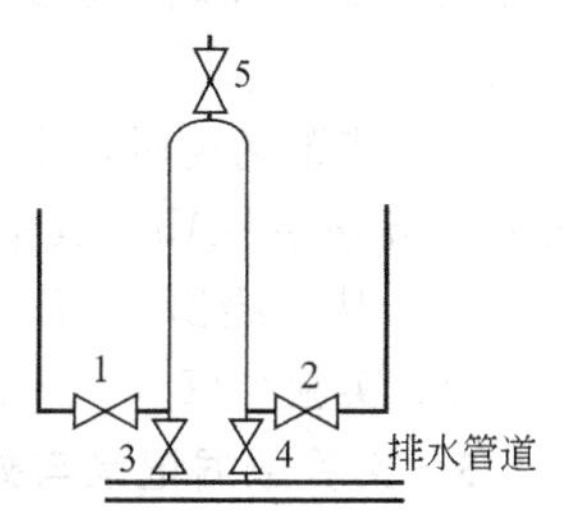

图 4-2 倒 U 形压差计的调节

表 4-1　流体流动阻力装置参数

	名称	型号	材质/参数	测量段长度/m
装置管路	层流管	$\Phi 6\times 1.5$	不锈钢管	1
	局部阻力	$\Phi 27\times 3.0$	球阀、截止阀	
	光滑管	$\Phi 27\times 3.0$	不锈钢管	1.5
	粗糙管	$\Phi 27\times 2.0$	镀锌铁管	1.5
	突然扩大管	$\Phi 27\times 3.0\rightarrow\Phi 48\times 3.0$	不锈钢管	
	泵出口管	DN25	不锈钢管	
	水泵	磁力驱动泵 32CQ-15	流量:110L/min,扬程:15m,驱动功:1.1kW,电压:380V,转速:2900r/min	
	孔板流量计		$C_0=0.73, d_0=0.021\text{m}$	
	涡轮流量计	LWGY-25AOD3T/K	公称压力:0.3MPa,精确度:0.5 级	上海自仪九仪表有限公司
	水箱	0.60m×0.40m×0.60m	不锈钢	
	高位槽	$\Phi 0.11\text{m}\times 0.25\text{m}$	不锈钢	
	仪表序号	名称	传感元件及仪表参数	显示仪表
装置控制点	PI01	泵入口压力	压阻式	AI-708ES
	NI02	泵电机功率	压力传感器	AI-708ES
	PI03	泵出口压力	压阻式	AI-708ES
	FI04	涡轮流量	涡轮流量计	AI-708EYS
	TI05	水温度	Pt100	AI-708ES
	△PI06	压降	WNK1151 传感器	AI-708ES
	a_1、a_2;b_1、b_2;c_1、c_2;d_1、d_2;e_1、e_2;f_1、f_2	管段或管件的引压点		

ⅲ. 实验时可以分别使用自动或手动方法。手动方法时，先缓缓开启调节阀，调节流量，让流量在 10～110L/min 范围内变化，建议每次实验变化 10L/min 左右。每次改变流量，待流动达到稳定后，分别记下压差计左右两管的液位高度，两高度相减的绝对值即为该流量下的压差。注意正确读取不同流量下的压差和流量等有关参数。层流管的流量用量筒与秒表测取。使用自动方法时，流量值可以由无纸记录仪的流量通道显示，改变流量时只需改变流量控制通道的设定即可，同理，压差值可以直接由无纸记录仪的压差显示通道读取。

ⅳ. 装置确定时，根据 Δp 和 u 的实验测定值，可计算 λ 和 ζ，在等温条件下，雷诺数 $Re=du\rho/\mu=Au$，其中 A 为常数，因此只要调节管路流量，即可得到一系列 $\lambda\sim Re$ 的实验点，从而绘出 $\lambda\sim Re$ 曲线。

ⅴ. 实验结束，关闭出口阀，停止水泵电机，清理装置。

4.1.5　实验数据记录与处理

(1) 实验数据记录表（仅供参考）

根据上述实验测得的数据填写到表 4-2(a)。

表 4-2(a) 实验数据记录表

实验日期______实验人员______学号______温度______装置号______
光滑管径______粗糙管径______突扩管管径______泵的型号______

序号	光滑管				粗糙管				局部阻力			
	流量 V /(L/min)	左	右	压差 /mmH_2O	流量 V /(L/min)	左	右	压差/mm H_2O	流量 V /(L/min)	左	右	压差 /mmH_2O
1～10												

(2) 实验数据处理表（仅供参考）

实验数据处理见表 4-2 (b)。

表 4-2(b) 实验数据处理表

序号	光滑管		粗糙管		突扩管		球阀(截止阀)	
	Re	$\lambda_光$	Re	$\lambda_粗$	V	ξ	V	ζ
1～10								

4.1.6 实验报告

ⅰ. 将实验数据和数据整理结果列在表格中，并以其中一组数据为例写出计算过程。

ⅱ. 在合适的坐标系上标绘光滑直管和粗糙直管 $\lambda \sim Re$ 关系曲线；根据光滑管实验结果，对照柏拉修斯方程，可计算其误差。

ⅲ. 根据粗糙管实验结果，在双对数坐标纸上标绘出 $\lambda \sim Re$ 曲线，与莫迪图比较，探讨其合理性，对照化工原理教材上有关曲线图，估算出该管的相对粗糙度和绝对粗糙度。

ⅳ. 测定层流时的 $\lambda = f(Re)$ 的关系。

ⅴ. 根据局部阻力实验结果，求出球阀或截止阀全开时的平均 ζ 值或变径管的 ζ 值。

ⅵ. 对实验结果进行分析讨论。

4.1.7 思考题

ⅰ. 在测量前为什么要将设备中的空气排尽？怎样才能迅速地排尽？为什么？如何检测管路中的空气已经被排除干净？

ⅱ. 以水做介质所测得的 $\lambda \sim Re$ 关系能否适用于其它流体？如何应用？

ⅲ. 在不同设备上（包括不同管径），不同水温下测定的 $\lambda \sim Re$ 数据能否关联在同一条曲线上？

ⅳ. 如果测压口、孔边缘有毛刺或安装不水平，对静压的测量有何影响？

ⅴ. 测出的直管摩擦阻力与设备的放置状态有关吗？为什么？（管径、管长一样，且 $R_1 = R_2 = R_3$，见图 4-3）

ⅵ. 为什么采用差压变送器和倒 U 形管并联起来测量直管段的压差？何时用变送器？

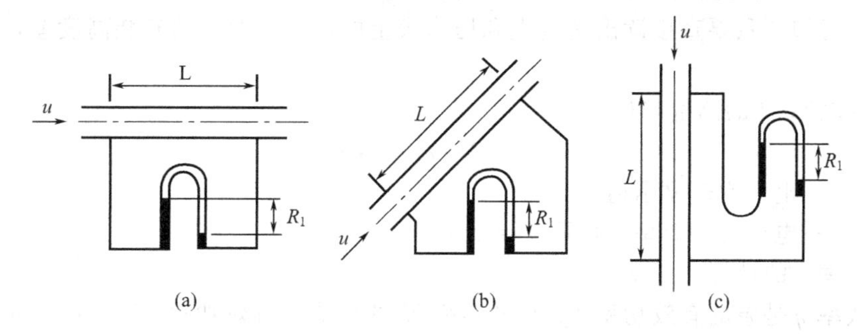

图 4-3 思考题Ⅴ. 附图

何时用倒U形管？操作时要注意什么？

ⅶ. 若要实现计算机在线测控，应如何选用测试传感器及仪表？画出带控制点工艺图。

4.2 离心泵特性曲线的测定

4.2.1 实验目的及任务

ⅰ. 了解离心泵结构与特性，熟悉离心泵的使用；

ⅱ. 测定离心泵在恒定转速下的特性曲线，并确定泵的最佳工作范围；

ⅲ. 熟悉孔板流量计的构造、性能及安装方法；

ⅳ. 测量孔板流量计的孔流系数 C 随雷诺数 Re 变化的规律；

ⅴ. 测定管路特性曲线。

4.2.2 基本原理

离心泵的特性曲线是选择和使用离心泵的重要依据之一，其特性曲线是在恒定转速下泵的扬程 H、轴功率 N 及效率 η 与泵的流量 Q 之间的关系曲线，它是流体在泵内流动规律的宏观表现形式。由于泵内部流动情况复杂，不能用理论方法推导出泵的特性关系曲线，只能依靠实验测定。

(1) 扬程 H 的测定与计算

取离心泵进口真空表和出口压力表处为1、2两截面，列机械能衡算方程：

$$z_1+\frac{p_1}{\rho g}+\frac{u_1{}^2}{2g}+H=z_2+\frac{p_2}{\rho g}+\frac{u_2^2}{2g}+\sum h_f \tag{4-9}$$

由于两截面间的管长较短，通常将其阻力项 Σh_f 归并到泵的损失中，且泵进出口为等径管，则有

$$H=(z_2-z_1)+\frac{p_2-p_1}{\rho g}=H_0+H_1+H_2 \tag{4-10}$$

式中 H_0——泵出口和进口间的位差，$H_0=z_2-z_1$（对于磁力驱动泵 32CQ-15 装置，$H_0=0.3\text{m}$；多数情况下，H_0 可忽略，即 H_0 并归入到泵内损失中）；

ρ——流体密度，kg/m³；

g——重力加速度，m/s²；

p_1、p_2——分别为泵进、出口的真空度和表压，Pa；

H_1、H_2——分别为泵进、出口的真空度和表压对应的压头，m；

u_1、u_2——分别为泵进、出口的流速，m/s；

z_1、z_2——分别为真空表、压力表的安装高度，m。

由上式可知，只要直接读出真空表和压力表上的数值及两表的安装高度差，就可计算出泵的扬程。

(2) 轴功率 N 的测量与计算

$$N=N_{电}k \quad (\text{W}) \tag{4-11}$$

式中 $N_{电}$——电功率表显示值；

k——电机传动效率，可取 $k=0.90$。

(3) 效率 η 的计算

泵的效率 η 是泵的有效功率 N_e 与轴功率 N 的比值。有效功率 N_e 是单位时间内流体经过泵时所获得的实际功，轴功率 N 是单位时间内泵轴从电机得到的功，两者差异反映

了水力损失、容积损失和机械损失的大小。

泵的有效功率 N_e 可用下式计算：

$$N_e = HQ\rho g \tag{4-12}$$

故泵效率为

$$\eta = \frac{HQ\rho g}{N} \times 100\% \tag{4-13}$$

(4) 转速改变时的换算

泵的特性曲线是在恒定转速下的实验测定所得。但是，实际上感应电动机在转矩改变时，其转速会有变化，这样随着流量 Q 的变化，多个实验点的转速 n 将有所差异，因此在绘制特性曲线之前，须将实测数据换算为某一定转速 n' 下（可取离心泵的额定转速）的数据。在 $n \leqslant 20\%$ 的情况下其换算关系如下：

流量

$$Q' = Q\frac{n'}{n} \tag{4-14}$$

扬程

$$H' = H\left(\frac{n'}{n}\right)^2 \tag{4-15}$$

轴功率

$$N' = N\left(\frac{n'}{n}\right)^3 \tag{4-16}$$

效率

$$\eta' = \frac{Q'H'\rho g}{N'} = \frac{QH\rho g}{N} = \eta \tag{4-17}$$

(5) 管路特性曲线 H-Q

当离心泵安装在特定的管路系统中工作时，实际的工作压头和流量不仅与离心泵本身的性能有关，还与管路特性有关，也就是说，在液体输送过程中，泵和管路二者是相互制约的。

在一定的管路上，泵所提供的压头和流量必然与管路所需的压头和流量一致。若将泵的特性曲线与管路特性曲线绘在同一坐标图上，两曲线交点即为泵在该管路的工作点。因此，可通过改变泵转速来改变泵的特性曲线，从而得出管路特性曲线。泵的压头 H 计算同上。

$$H_e = \Delta z + \frac{\Delta p}{\rho g} + \frac{\Delta u^2}{2g} + \sum h_f = A + BQ^2 \tag{4-18}$$

其中

$$A = \Delta z + \frac{\Delta p}{\rho g}$$

$$BQ^2 = \frac{\Delta u^2}{2g} + \sum h_f = \frac{\Delta u^2}{2g} + \left(\frac{8\lambda}{\pi^2 g}\right)\left(\frac{l + \sum l_e}{d^5}\right)Q^2$$

当 $H = H_e$ 时，调节流量，即可得到管路特性曲线 H-Q。

(6) 孔板流量计孔流系数的测定

孔板流量计的结构如图 4-4 所示。

孔板流量计是利用流体通过锐孔的节流作用，造成孔板前后压强差，作为测量的依据。

根据伯努利方程式，暂不考虑能量损失，可得

$$\frac{u_2^2 - u_1^2}{2} = \frac{p_1 - p_2}{\rho} = gh \tag{4-19a}$$

或

$$\sqrt{u_2^2 - u_1^2} = \sqrt{2gh} \tag{4-19b}$$

管径为 d_1，孔板锐孔直径为 d_0，流体流经孔板后所形成缩脉的直径为 d_2，流体密度为 ρ，孔板前测压导管截面处和缩脉截面处的速度和压强分别为 u_1、

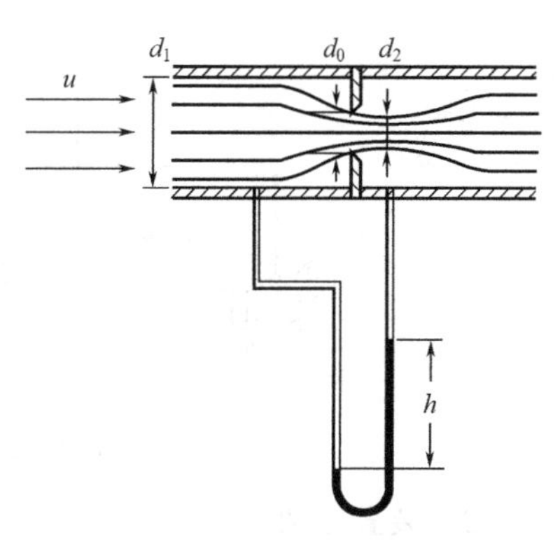

图 4-4　孔板流量计构造原理图

u_2 与 p_1、p_2，由于缩脉的位置随流速的变化而变化，故缩脉处截面积 A_2 难以知道，而孔口的面积为已知，可用孔板孔径处的 u_0 来代替 u_2，考虑到流体因局部阻力而造成的能量损失，用校正系数 C 校正后，则有：

$$\sqrt{u_0^2-u_1^2}=C\sqrt{2gh} \tag{4-20}$$

对于不可压缩流体，根据连续性方程有：$u_1=u_0\dfrac{A_0}{A_1}$

经过整理可得：

$$u_0=C\frac{\sqrt{2gh}}{\sqrt{1-\left(\dfrac{A_0}{A_1}\right)^2}} \tag{4-21}$$

令 $C_0=\dfrac{C}{\sqrt{1-\left(\dfrac{A_0}{A_1}\right)^2}}$则又可以简化为：$u_0=C_0\sqrt{2gh}$

根据 u_0 和 A_0 即可算出流体的体积流量：

$$Q=u_0\cdot A_0=C_0\cdot A_0\sqrt{2gh}\quad \mathrm{m^3/s}$$

或

$$Q=C_0A_0\sqrt{\frac{2\Delta p}{\rho}}\mathrm{m^3/s} \tag{4-22}$$

式中 Q——流体的体积流量，m^3/s；

Δp——孔板压差，Pa；

A_0——孔口面积，m^2；

ρ——流体的密度，kg/m^3；

C_0——孔流系数。

孔流系数的大小由孔板锐孔的形状、测压口的位置、孔径与管径比和雷诺准数共同决定，具体数值由实验确定。当 d_0/d_1 一定，雷诺数 Re 超过某个数值后，C_0 就接近于定值。通常工业上定型的孔板流量计都在 C_0 为常数的流动条件下使用。

4.2.3 实验装置与流程

(1) 实验装置与流程

离心泵特性曲线测定装置流程如图 4-5，流程说明略。

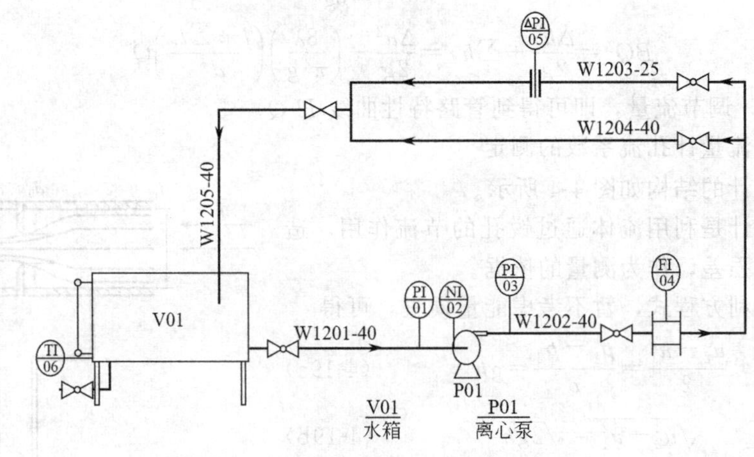

图 4-5 离心泵特性曲线测定实验流程图

(2) 装置参数

离心泵特性曲线测定装置参数如表 4-3 所示。

表 4-3 离心泵特性曲线测定装置参数

	名称	规格	参数	备注
装置参数	入口管	DN40		不锈钢管
	出口管	DN40		不锈钢管
	水泵	磁力驱动泵 32CQ-15	流量:110L/min,扬程:15m,驱动功率:1.1kW,电压:380V,转速:2900r/min	上海凯达自动化给水设备有限公司
	孔板流量计		$c_0=0.73$,$d_0=0.021$m	
	涡转流量计	LWGY-25AOD3T/K	公称压力:0.3MPa,精确度:0.5 级	上海自仪九仪表有限公司
	水箱	0.60m×0.40m×0.60m		不锈钢
	高位槽	Φ0.11m×0.25m		不锈钢
	流量调节阀	1000WOG	球阀 DN40	不锈钢
	变频调节器	MICROMASTER 420	1.5kW,380V	SIEMENS
	仪表序号	名称	传感元件及仪表参数	显示仪表
装置控制点	PI01	泵入口压力	压阻式	AI-708ES
	NI02	泵电机功率	功率传感器	AI-708ES
	PI03	泵出口压力	压阻式	AI-708ES
	FI04	涡轮流量	涡轮流量计	AI-708EYS
	△PI05	孔板压差	WNK1151 传感器	AI-708ES
	TI06	水温度	Pt100	AI-708ES

4.2.4 实验步骤与注意事项

(1) 实验步骤

ⅰ. 水箱加水。给离心泵灌水，排出泵内气体。

ⅱ. 检查电源和信号线是否与控制柜连接正确，检查各阀门开度和仪表自检情况，试开状态下检查电机和离心泵是否正常运转。

ⅲ. 实验时，逐渐打开调节阀以增大流量，待各仪表读数显示稳定后，读取相应数据。(离心泵特性实验部分，主要获取实验参数为：流量 Q、泵进口压力 p_1、泵出口压力 p_2、电机功率 $N_{电}$、泵转速 n，及流体温度 t 和两测压点间高度差 H_0。)

ⅳ. 测定管路特性曲线时，固定阀门开度，改变离心泵电机频率，测定液体的流量、离心泵进、出口压力以及电机的频率。

ⅴ. 实验时，记录流量及孔板两端的压降，测定孔板流量计的 $C_0 \sim Re$ 之间的关系，并计算孔流系数 C_0。

ⅵ. 测取 10 组左右数据后，可以停泵，同时记录下设备的相关数据（如离心泵型号、额定流量、扬程和功率等)。

(2) 注意事项

ⅰ. 一般每次实验前，均需对泵进行灌泵操作，以防止离心泵气缚。同时注意定期对泵进行保养，防止叶轮被固体颗粒损坏。

ⅱ. 泵运转过程中，勿触碰泵主轴部分，因其高速转动，可能会缠绕并伤害身体接触部位。

4.2.5 实验数据记录与处理

(1) 记录实验原始数据

实验原始数据记录见表 4-4(a)。(仅供参考)

表 4-4(a)　离心泵特性曲线数据记录表

实验日期________　实验人员________学号________　装置号________

离心泵型号________额定流量________额定扬程________额定功率________

泵进出口测压点高度差 H_0 ________　流体温度 t ________

序号	流量 $Q/(m^3/h)$	泵进口压力 p_1 /kPa	泵出口压力 p_2 /kPa	电机功率 $N_{电}$ /kW	泵转速 n /$(r \cdot min^{-1})$
1～10					

(2) 实验数据处理

根据原理部分的公式，按比例定律校核转速后，计算各流量下的泵扬程、轴功率和效率，数据处理结果见表 4-4(b)。(仅供参考)

表 4-4(b)　离心泵特性曲线数据处理表

序号	流量 $Q/(m^3/h)$	扬程 H/m	轴功率 N/kW	泵效率 η/%
1～10				

注：管路特性曲线及 C_0～Re 关系曲线的数据记录及处理表，略。

4.2.6 实验报告

ⅰ. 将实验数据和计算结果列在数据表格中，并以一组数据进行计算举例。

ⅱ. 分别绘制一定转速下的 H～Q、N～Q、η～Q 曲线（建议采用 origin 数据处理软件在同一张图上绘制），分析实验结果，判断泵最为适宜的工作范围；

ⅲ. 绘出管路特性曲线。

ⅳ. 在单对数坐标上作出 C_0～Re 曲线，求出临界 Re_0 和流量系数 C_0；

4.2.7 思考题

ⅰ. 试从所测实验数据分析，离心泵在启动时为什么要关闭出口阀门？本实验中，为了得到较好的实验结果，实验流量范围下限应小到零，上限应到最大，为什么？

ⅱ. 启动离心泵之前为什么要引水灌泵？如果灌泵后依然启动不起来，你认为可能的原因是什么？

ⅲ. 为什么用泵的出口阀门调节流量？这种方法有什么优缺点？是否还有其它方法调节流量？

ⅳ. 泵启动后，出口阀如果不开，压力表读数是否会逐渐上升？随着流量的增大，泵进、出口压力表分别有什么变化？为什么？

ⅴ. 正常工作的离心泵，在其进口管路上安装阀门是否合理？为什么？

ⅵ. 试分析，用清水泵输送密度为 $1200kg/m^3$ 的盐水，在相同流量下你认为泵的压力是否变化？轴功率是否变化？

ⅶ. 用孔板流量计测流量时，应根据什么选择孔口尺寸和压差计的量程？

ⅷ. 试分析气缚现象与气蚀现象的区别？

ⅸ. 试分析允许汽蚀余量与泵的安装高度的区别？若泵允许汽蚀余量为 7m，选用乙醇作介质，则允许汽蚀余量又如何变化？

ⅹ. 若要实现计算机在线测控，应如何选用测控传感器及仪表？画出带控制点的装置工艺流程图。

4.3　恒压过滤常数的测定

4.3.1　实验目的及任务

ⅰ. 熟悉板框压滤机的构造和操作方法；

ⅱ. 通过恒压过滤实验，验证过滤基本理论；

ⅲ. 学会测定过滤常数 K、q_e、τ_e 及压缩性指数 s 的方法；

ⅳ. 了解操作压力对过滤速率的影响，掌握过滤问题的简化工程处理方法。

4.3.2　基本原理

过滤是以某种多孔物质作为介质来处理悬浮液的操作。在外力作用下，悬浮液中的液体通过介质的孔道，而固体颗粒被截留下来，从而实现固液分离。过滤操作中，随着过滤过程的进行，固体颗粒层的厚度不断增加，故在恒压过滤操作中，过滤速率不断降低。

影响过滤速率的主要因素除压强差、滤饼厚度外，还与滤饼和悬浮液的性质、悬浮液温度、过滤介质的阻力等有关。

过滤速率基本方程式

$$\frac{dV}{d\tau}=\frac{A^2\Delta p^{1-s}}{\mu r'\nu(V+V_e)} \tag{4-23}$$

式中　V——τ 时间内的滤液量，m^3；

τ——过滤时间，s；

Δp——过滤压降，Pa；

μ——滤液黏度，Pa · s；

A——过滤面积，m^2；

s——滤饼压缩性指数，量纲一，一般 $s=0\sim1$，对不可压缩滤饼，$s=0$；

r'——单位压强差下的比阻，$1/m^2$；

ν——滤饼体积与相应滤液体积之比，量纲一；

V_e——虚拟滤液体积，m^3。

恒压过滤时，令 $K=\frac{2\Delta p^{1-s}}{\mu r' v}=2k\Delta p^{1-s}$，$q=\frac{V}{A}$，$q_e=\frac{V_e}{A}$，对式(4-23) 积分得

$$(q+q_e)^2=K(\tau+\tau_e) \tag{4-24}$$

式中　q——单位过滤面积的滤液体积，m^3/m^2；

q_e——单位过滤面积的虚拟滤液体积，m^3/m^2；

τ_e——虚拟过滤时间，s；

K——滤饼常数，由物料特性及过滤压差所决定，m^2/s；

K、q_e、τ_e——三者总称为过滤常数，利用恒压过滤方程进行计算时，必须首先知道 K、q_e、τ_e，而这三个过滤常数需由实验测定。

对式(4-24) 微分得

$$\frac{d\tau}{dq}=\frac{2q}{K}+\frac{2q_e}{K} \tag{4-25}$$

用 $\Delta\tau/\Delta q$ 代替 $\frac{d\tau}{dq}$，得

$$\frac{\Delta\tau}{\Delta q}=\frac{2q}{K}+\frac{2q_e}{K} \tag{4-26}$$

将 $\Delta\tau/\Delta q$ 对 $\bar{q}$ 标绘（q 取各时间间隔内的平均值），在恒压条件下，用秒表和量筒分

别测定一系列时间间隔 $\Delta\tau_i$，和对应的滤液量体积 ΔV_i，可计算出一系列 $\Delta\tau_i/\Delta q_i$、$\overline{q}_i$。在直角坐标系中绘制 $\Delta\tau/\Delta q\sim\overline{q}$ 的函数关系，得一直线，如图 4-6 所示。斜率为 $2/K=a/b$，截距为 $2q_e/K=c$，可求得 K 和 q_e，再根据 $\tau_e=q_e^2/K$，可得 τ_e。

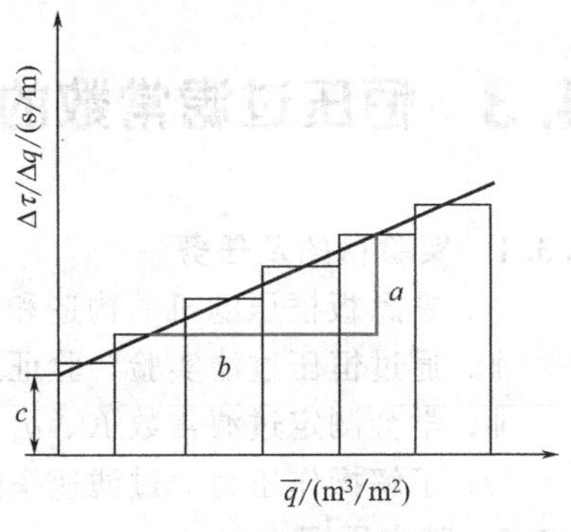

图 4-6 $\Delta\tau/\Delta q\sim\overline{q}$ 对应关系

改变过滤压差 Δp，可测得不同的 K 值，由 K 的定义式两边取对数得：

$$\lg K=(1-s)\lg(\Delta p)+\lg(2k) \quad (4\text{-}27)$$

在实验压差范围内，若 k 为常数，则 $\lg K\sim\lg(\Delta p)$ 的关系在直角坐标上应是一条直线，斜率为 $(1\text{-}s)$，可得滤饼压缩性指数 s，进而确定物料特性常数 k。

4.3.3 实验装置与流程

(1) 实验装置

本实验装置由空压机、配料槽、搅拌釜、板框过滤机等组成，其流程示意如图 4-7。

(2) 实验流程

$CaCO_3$ 的悬浮液在配料槽内配制一定浓度后，用泵抽入搅拌釜中，开搅拌使 $CaCO_3$ 不致沉降；开空压机，控制系统压力恒定，利用压缩空气的压力将滤浆送入板框过滤机过滤，滤液流入烧杯计量。实验毕，系统压力从原料液搅拌釜上的放空阀排出。

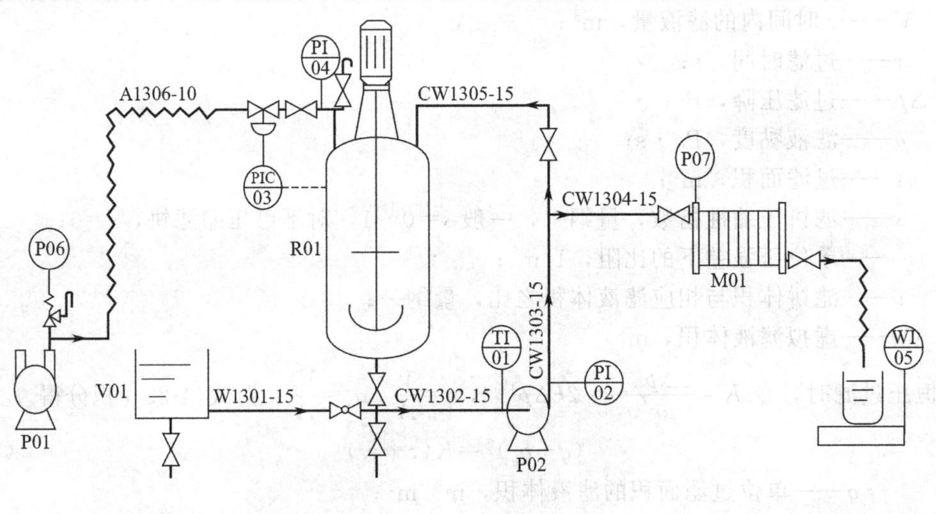

图 4-7 板框过滤实验带控制点的工艺流程图

(3) 装置参数

板框过滤装置参数见表 4-5。

4.3.4 实验步骤

(1) 过滤实验

ⅰ. 配制含 $CaCO_3$ 3%～5%(wt%) 的水悬浮液，用泵抽入原料釜，关闭进料阀门，开釜底阀，用泵使料液循环，同时开搅拌，使 $CaCO_3$ 悬浮液搅拌均匀。

ⅱ. 关泵。开启空压机，将压缩空气通入搅拌釜。

ⅲ. 正确装好滤板、滤框及滤布。滤布使用前用水浸湿。滤布要绷紧，不能起皱（注意：用螺旋压紧时，千万不要把手指压伤，先慢慢转动手轮使板框合上，然后再压紧）。

表 4-5　板框过滤装置参数

	名称	规格	参数	备注
装置参数	板框过滤机	BAS0.0108/0.12×0.012（直径×厚度）-NB	滤板面积（双面）0.0216m²	圆形板框
	空压机	0D1012	风量：100L/min，最大风压：0.8MPa，功率：0.75kW，转速：1450r/min	PUMA Air Compressor
	磁力驱动泵	32CQ-15	流量：110L/min，扬程：15m，功率：1.1kW，转速：2800r/min	上海凯达自动化给水设备有限公司
	原料釜	50L	摆线针轮减速机 XLD2	不锈钢
	配料缸	20L		不锈钢
	电子秤	ARD110	最大称量：4100g，分度值：0.1g	
装置控制点	仪表序号	名称	传感元件及仪表参数	显示仪表
	TI01	料液温度	Pt100	AI—708ES
	PI02	泵出口压力	压阻式压力传感器	AI—708ES
	PIC03	原料釜压力控制	压阻式压力传感器	AI—708EGLS
	PI04	空气入口压力 Y-100	精度：±1.6%	弹簧式压力计
	WI05	电子天平	电子天平	AI—708ES
	P06	风机安全阀压力 Y-60	精度：±2.5%	弹簧式压力计
	P07	板框进口压力 Y-40	精度：±2.5%	弹簧式压力计

ⅳ. 调节搅拌釜的压力到需要的值。主要依靠控制面板对釜压力进行设定，由压力传感器对空压机进行自动调节。

ⅴ. 最大压力不要超过 0.3MPa，要考虑各个压力值的分布，从低压过滤开始做实验较好。

ⅵ. 每次实验应在滤液从汇集管刚流出的时候作为开始时刻，每次 ΔW 取 200～300g 左右，记录相应的过滤时间 $\Delta\tau$。要熟练双秒表轮流读数的方法。

ⅶ. 待滤渣装满框时即可停止过滤（以滤液量显著减少到一滴一滴地流出为准）。

ⅷ. 每次滤液及滤饼均收集在小桶内，滤饼弄细后重新倒入料浆桶内。实验结束后要冲洗滤框、滤板及滤布，滤板应当用刷子刷洗。

（2）测定洗涤速率

若需测定洗涤速率和过滤最终速率的关系，则可通入洗涤水（记住要将旁路阀关闭），并记录洗涤水量和时间；若需吹干滤饼，则通入压缩空气。实验结束后，停止空气压缩机，关闭供料泵，拆开过滤机，取出滤饼，并将滤布洗净。如长期停机，则可在配料桶搅拌及供料泵起动情况下，打开放净阀，将剩余浆料排除，并通入部分清水，清洗釜、供料泵及管道。

4.3.5　实验数据记录与处理

（1）实验数据的记录与处理

过滤实验数据记录及处理，见表 4-6。

附计算举例：以 $p=50$kPa 时的一组数据为例。

过滤面积 $A=0.0216\text{m}^2$；

$\Delta q=\Delta V/A=637\times10^{-6}/0.0216=0.0295\text{m}^3/\text{m}^2$；

$\Delta\tau/\Delta q=31.98/0.0295=1084.068\ \text{sm}^2/\text{m}^3$；

$q_1=0.0132\text{m}^3/\text{m}^2$　$q_2=q_1+\Delta q=0.0427\text{m}^3/\text{m}^2$；……依此算出多组 $\Delta\tau/\Delta q$ 及 $\bar{q}$。

表 4-6　过滤实验数据记录及处理表

实验日期_______实验人员_______学号_______装置号_______

离心泵型号_______空压机型号_______过滤压力 p _______料液温度 t _______

过滤面积_______滤浆质量分率%_______滤板厚度_______

序号	原始数据		处理数据					
	时间 $\Delta\tau$/s	滤液质量 w/g	滤液量 V/m^3	累积时间 τ/s	$\Delta q/(\mathrm{m}^3/\mathrm{m}^2)$	$\Delta\tau/\Delta q$/(s/m)	$\overline{q}/(\mathrm{m}^3/\mathrm{m}^2)$
1～10							

在直角坐标系中绘制 $\Delta\tau/\Delta q\sim\overline{q}$ 的关系曲线，如图 4-8 所示，从该图中读出斜率可求得 K。不同压力下的 K 值列于表 4-7 中。

表 4-7　不同压力下的 K 值

Δp/kPa	过滤常数 $K/(\mathrm{m}^2/\mathrm{s})$
50	
100	
150	

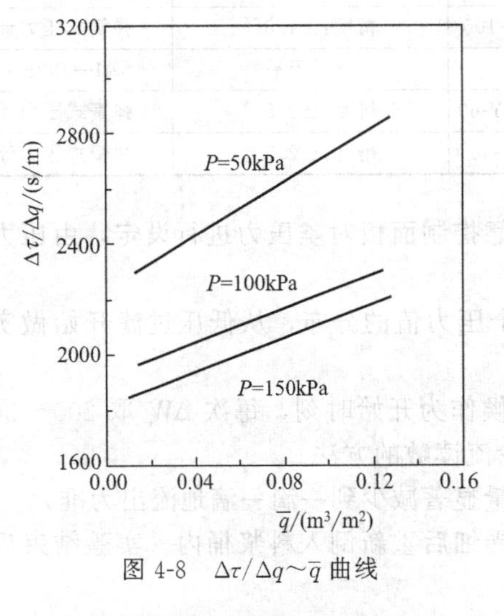

图 4-8　$\Delta\tau/\Delta q\sim\overline{q}$ 曲线

图 4-9　$\lg K\sim\lg\Delta p$ 曲线

(2) 滤饼压缩性指数 s 的求取

计算举例：在压力 $p=150\mathrm{kPa}$ 时的 $\Delta\tau/\Delta q\sim\overline{q}$ 直线上，拟合得直线方程，根据斜率为 $2/K_3$，则 $K_3=0.0006766$。

将不同压力下测得的 K 值作 $\lg K\sim\lg\Delta p$ 曲线，如图 4-9 所示，也拟合得直线方程，根据斜率为 $(1-s)$，可计算得 $s=0.2321$。

4.3.6　实验报告

ⅰ. 由恒压过滤实验数据求过滤常数 K、q_e、τ_e。

ⅱ. 比较几种压差下的 K、q_e、τ_e 值，讨论压差变化对以上参数数值的影响。

ⅲ. 在直角坐标纸上绘制 $\lg K\sim\lg\Delta p$ 关系曲线，求出 s 及 k。

ⅳ. 写出完整的过滤方程式，弄清其中各参数的符号及意义。

ⅴ. 列出过滤最终速率与洗涤速率的比值。

4.3.7　思考题

ⅰ. 为什么过滤开始时，滤液常常有点混浊，而过段时间后才变清？

ⅱ. 实验数据中第一点有无偏低或偏高现象？怎样解释？如何对待第一点数据？

ⅲ. Δq 取大些好还是取小些好？同一次实验，Δq 值不同，所得出的 K 值、q_e 值会不会不同？作直线求 K 及 q_e 时，直线为什么要通过矩形顶边的中点？

ⅳ. 当操作压强增加一倍，其 K 值是否也增加一倍？要得到同样重量的过滤液，其过滤时间是否缩短了一半？

ⅴ. 滤浆浓度和过滤压强对 K 值有何影响？

ⅵ. 影响过滤速率的主要因素有哪些？

ⅶ. 若要实现计算机在线测控，应如何选用测试传感器及仪表？画出装置带控制点工艺流程图。

4.4 传热膜系数的测定

4.4.1 实验目的及任务

ⅰ. 通过实验掌握传热膜系数 α 的测定方法，并分析影响 α 的因素；

ⅱ. 掌握确定传热膜系数特征数关联式中的系数 A 和指数 m、n 的方法；用图解法和线性回归法对 α_i 的实验数据进行处理，求关联式 $Nu=ARe^mPr^{0.4}$ 中常数 A、m 的值。

ⅲ. 通过对管程内部插有螺旋形麻花铁的空气—水蒸气强化套管换热器的实验研究，测定其特征数关联式 $Nu'=BRe^m$ 中常数 B、m 的值和强化比 Nu'/Nu，了解强化传热的基本理论和基本方式。

ⅳ. 测定 5～6 个不同流速下套管换热器的管内压降 Δp。并在同一坐标系下绘制普通管 Δp_1～Nu 与强化管 Δp_2～Nu 的关系曲线。比较实验结果。

ⅴ. 学会测温热电偶的工作原理、使用方法。

4.4.2 基本原理

(1) 套管式传热膜系数的测定

对流传热的核心问题是求算传热膜系数 α，当流体无相变化时对流传热特征数关联式一般形式为：

$$Nu=ARe^mPr^nGr^p \tag{4-28}$$

对强制湍流，Gr 数可以忽略，$Nu=ARe^mPr^n$。

本实验中，可用图解法和最小二乘法两种方法计算特征数关联式中的指数 m、n 和系数 A。

用图解法对多变量方程进行关联时，要对不同变量 Re 和 Pr 分别回归。为了便于掌握这类方程的关联方法，可取 $n=0.4$（实验中流体被加热）。这样就简化成单变量方程。两边取对数，得到直线方程：

$$\lg\frac{Nu}{Pr^{0.4}}=\lg A+m\lg Re \tag{4-29}$$

在双对数坐标系中作图，找出直线斜率，即为方程的指数 m。在直线上任取一点的函数值代入方程中得到系数 A，即

$$A=\frac{Nu}{Pr^{0.4}Re^m} \tag{4-30}$$

用图解法，根据实验点确定直线位置，有一定的人为性。而用最小二乘法回归，可以得到最佳关联结果。应用计算机对多变量方程进行一次回归，就能同时得到 A、m、n（见第 2 章）。

可以看出对方程的关联，首先要有 Nu、Re、Pr 的数据组。

雷诺数：$Re=\frac{du\rho}{\mu}$；　　努塞尔数：$Nu=\frac{\alpha_1 d}{\lambda}$；　　普兰特数：$Pr=\frac{\bar{c}_p\mu}{\lambda}$；

式中　d——换热器内管内径，m；

α_1——空气传热膜系数，W/m^2·℃；

ρ——空气密度，kg/m^3；

λ——空气的热导率，W/m·℃；

$\bar{c}_p$——空气定压比热容，J/kg·℃；

μ——空气的黏度，Pa·s。

实验中改变空气的流量以改变 Re 之值。根据定性温度计算对应的 Pr 数值。同时由牛顿冷却定律，求出不同流速下的传热膜系数 α 值，进而算得 Nu。

因为空气传热膜系数 α_1 远小于蒸汽传热膜系数 α_2，所以传热管内的对流传热系数 α_1 约等于冷热流体间的总传热系数 K，即 $\alpha_1\approx K$，则有

牛顿冷却定律：
$$Q=\alpha_1 A\Delta t_m=\pi\alpha_1 dl\Delta t_m \tag{4-31}$$

式中　A——总传热面积，m^2（内管内表面积）；

Δt_m——管内外流体的平均温差，℃；

$$\Delta t_m=\frac{t_2-t_1}{\ln\frac{\Delta t_1}{\Delta t_2}} \tag{4-32}$$

其中：
$$\Delta t_1=T-t_1,\ \Delta t_2=T-t_2 \tag{4-33}$$

T——蒸汽侧的温度，可近似用传热管的外壁面平均温度 T_w(℃）表示。

传热量 Q 可由下式求得：

$$Q=Wc_p(t_2-t_1)/3600=\rho V_s c_p(t_2-t_1)/3600 \tag{4-34}$$

式中　W——空气质量流量，kg/h；

c_p——空气定压比热容，J/kg·℃；

t_1，t_2——空气进、出口温度，℃；

ρ——定性温度下空气密度，kg/m^3；

V_s——流体体积流量，m^3/h。

空气体积流量由孔板流量计测得，其流量 V_s 与孔板流量计压降 Δp 的关系为：

$$V_s=26.2\Delta p^{0.54} \tag{4-35}$$

式中　Δp——孔板流量计压降，kPa。

（2）管内强化传热系数的测定

强化传热被学术界称为第二代传热技术，它能减小设计的传热面积，以减小换热器的体积和重量；提高现有换热器的换热能力；使换热器能在较低温差下工作；并且能够减少换热器的阻力以减少换热器的动力消耗，更有效地利用能源和资金。强化传热的方法有多种，本实验装置是采用在换热器内管插入螺旋形麻花铁的方法来强化传热的。在近壁区域，流体一面由于螺旋形麻花铁的作用而发生旋转，一面还周期性地受到螺旋形金属的扰动，因而可以使传热强化。

强化传热时 $Nu'=BRe^m$，其中 B、m 的值因螺旋形麻花铁的尺寸不同而不同。同样可用线性回归方法确定 B 和 m 的值。单纯研究强化手段的强化效果（不考虑阻力的影响），可以用强化比的概念作为评判准则，即强化管的努塞尔数 Nu' 与普通管的努塞尔数 Nu 的比。显然，强化比 $Nu'/Nu>1$，而且它的值越大，强化效果越好。

4.4.3 实验装置与流程

（1）实验装置

传热综合实验装置如图 4-10。虚线框内为加麻花铁后的强化传热过程。

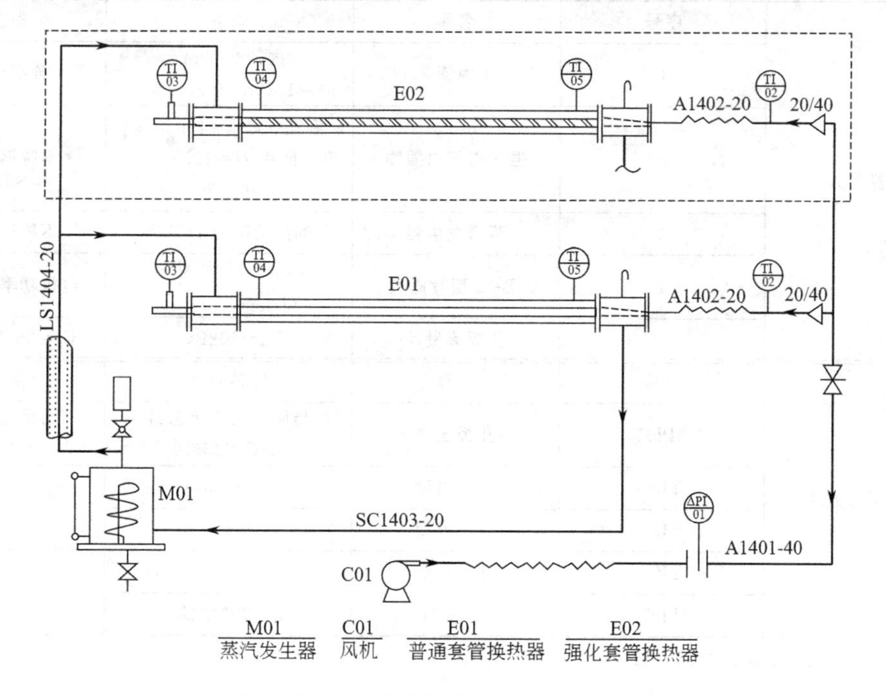

图 4-10　空气-水蒸气传热实验装置流程图

(2) 流程说明

本装置流程如图 4-10 所示。空气走内管，蒸汽走环隙（玻璃管）。内管为黄铜管，冷空气由风机输送，经孔板流量计计量后，进入换热器 E01(E02) 内管，并与套管环隙中蒸汽换热。空气被加热后，排入大气。空气的流量由空气流量调节阀调节。蒸汽由蒸汽发生器 M01 上升进入套管环隙，与内管中冷空气换热后冷凝，再由回流管返回蒸汽发生器。放空阀门用于排放不凝性气体。在铜管之前设有一定长度的稳定段，是为消除端效应。铜管两端用塑料管与管路相连，用于消除热效应。

(3) 装置及控制点参数

装置及控制点参数见表 4-8。

4.4.4　操作步骤

ⅰ. 实验开始前，先弄清配电箱上各按钮与设备的对应关系，以便正确开启按钮。

ⅱ. 检查蒸汽发生器中水位，务必使蒸汽发生器液位保持在 (1/2)～(2/3) 的高度，液位过高，则水会溢入蒸汽套管；过低，则可能烧毁加热器。

ⅲ. 打开总电源开关（红色按钮熄灭，绿色按钮亮，以下同）。

ⅳ. 实验开始时，关闭蒸汽发生器补水阀，接通蒸汽发生器的加热电源，约 10min 后，启动风机，并打开放气阀。

ⅴ. 调节空气流量时，要做到心中有数，为保证湍流状态，孔板压差读数不应从 0 开始，最低不应小于 0.1kPa。实验中要合理取点，以保证数据点均匀。

ⅵ. 将空气流量控制在某一值。待仪表数值稳定后，记录数据；切记每改变一个流量后，应等到读数稳定后再测取数据，改变空气流量 (8～10 次)，重复实验，记录数据（注意：第一个数据点必须稳定足够长的时间）。

ⅶ. 最小、最大流量值一定要做。

ⅷ. 转换内容，进行强化套管换热器的实验，测定 8～10 组实验数据。

表 4-8 传热装置及控制点参数

	序号	名称	规格	备注
装置参数	1	内管	内径 0.02m，l=1.25m(有效长度)	黄铜材质
	2	强化内管内插物	麻花铁厚 δ=4(mm)；麻花间距 H=12.5(mm)(共 6 节)	不锈钢材质
	3	蒸汽发生器	加热功率为 1.5kW	不锈钢材质
	4	XGB-12 型旋涡气泵	P_{max}=17.50kPa，Q_{max}=100m^3/h	电机功率：500W
	5	孔板流量计	0～20kPa	$V_s=26.2\Delta p^{0.54}$
	序号	名称	传感元件	备注
控制参数	ΔPI01	孔板压差	压阻式压力传感器 ASCOM5320	测量范围为 0～20kPa
	TI02	入口温度	Pt100	置于进、出管的中心
	TI03	出口温度	Pt100	
	TI04	1# 壁温	Pt100	
	TI05	2# 壁温	K 型热电偶	

注：控制点的显示仪表均采用 AI-708ES。

ⅸ. 实验结束后，先停蒸汽发生器电源，过 5min 后关闭风机，并将旁路阀全开，清理现场。

ⅹ. 切断总电源。

4.4.5 实验数据记录与处理

测定 α 的实验数据记录与处理见表 4-9。

表 4-9 测定 α 的数据记录与处理表

实验日期________实验人员________学号________装置号________

管内径________mm 管长________m 流量系数________室温________

序号	实验记录数据					实验处理数据				
	空气入口温度 t_1/℃	空气出口温度 t_2/℃	壁温 T_{w1}/℃	壁温 T_{w2}/℃	孔板压降/(kPa)	Q	α	Re	Nu	Pr
普通传热 1～10										
强化传热 1～10										

4.4.6 实验报告

ⅰ. 实验的原始数据表、数据结果表（换热量、传热系数、各特征数和强化比 Nu'/Nu 以及重要的中间计算结果）、特征数关联式的回归过程、结果与具体的回归方差分析，并以其中一组数据的计算举例。

ⅱ. 以 Re 为横坐标，$Nu/Pr^{0.4}$ 为纵坐标，标绘在双对数坐标上，确定出 A、m 以及 B、m 值。再写出流体在圆管内做强制湍流流动时的传热膜系数半经验关联式。

ⅲ. 在同一坐标系下绘制普通管 $\Delta p_1 \sim Nu$ 与强化管 $\Delta p_2 \sim Nu$ 的关系曲线，比较实验结果。

4.4.7 思考题

ⅰ. 将实验得到的半经验特征数关联式和公认式进行比较，分析造成偏差的原因。

ⅱ. 本实验中管壁温度应接近加热蒸汽温度还是空气温度？为什么？

ⅲ. 管内空气流动速度对传热膜系数有何影响？当空气流速增大时，空气离开热交换器时的温度将升高还是降低？为什么？

ⅳ. 冷凝下来的蒸汽为何要及时排出？否则会导致什么后果？

ⅴ. 试估算实验近似取 $\alpha_1=K$ 对 K 造成的误差。（可取 $\alpha_2=8000\mathrm{W/m^2\cdot℃}$）

ⅵ. 如果采用不同压强的蒸汽进行实验，对 α 式的关联有无影响？

ⅶ. 强化传热要以什么为代价？

ⅷ. 强化传热的效果一般如何评价？采用什么作为评价的指标？

ⅸ. 以空气为介质的传热实验，其雷诺数 Re 最好应如何计算？

4.5　板式精馏塔性能的测定

4.5.1　实验目的及任务

ⅰ. 熟悉精馏工艺流程，了解筛板精馏塔及其附属设备的基本结构，掌握精馏过程的基本操作方法。

ⅱ. 观察塔板上气液接触状况，学会识别精馏塔内出现的几种操作状态，并分析这些操作状态对塔性能的影响。

ⅲ. 学习测定精馏塔全塔效率和单板效率的实验方法，研究回流比对精馏塔分离效率的影响，掌握测定塔内溶液浓度的实验方法。

ⅳ. 学会测定部分回流时的理论板数，全塔效率。

ⅴ. 测定全塔的浓度（或温度）分布。

ⅵ. 测定塔釜再沸器的沸腾传热系数。

4.5.2　基本原理

（1）全塔效率 E_T

全塔效率又称总板效率，是指达到指定分离效果所需理论板数与实际板数的比值，即

$$E_T=\frac{N_T-1}{N_P} \tag{4-36}$$

式中　N_T——完成一定分离任务所需的理论塔板数，包括蒸馏釜；

N_P——完成一定分离任务所需的实际塔板数，本装置 $N_P=8$。

全塔效率简单地反映了整个塔内塔板的平均效率，说明了塔板结构、物性系数、操作状况对塔分离能力的影响。对于塔内所需理论塔板数 N_T，可由已知的双组分物系平衡关系，以及实验中测得的塔顶、塔釜液的组成，回流比 R 和进料热状况 q 等，用图解法求得。

（2）单板效率 E_M

单板效率又称莫弗里板效率，如图 4-11 所示，是指气相或液相经过一层实际塔板前后的组成变化值与经过一层理论板前后的组成变化值之比。

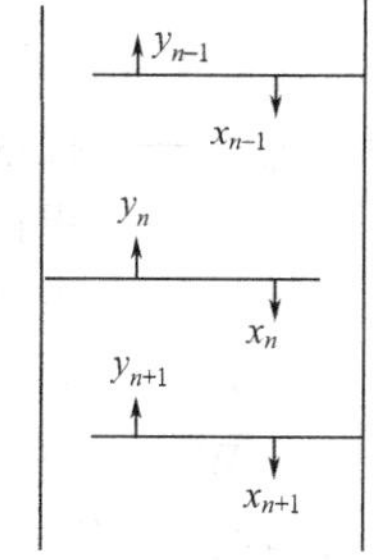

图 4-11　塔板气液流向示意

按气相组成变化表示的单板效率为

$$E_{MV}=\frac{y_n-y_{n+1}}{y_n^*-y_{n+1}} \tag{4-37}$$

按液相组成变化表示的单板效率为

$$E_{ML}=\frac{x_{n-1}-x_n}{x_{n-1}-x_n^*} \tag{4-38}$$

式中 y_n、y_{n+1}——离开第 n、$n+1$ 块塔板的气相平均组成，摩尔分数；

x_{n-1}、x_n——离开第 $n-1$、n 块塔板的液相平均组成，摩尔分数；

y_n^*——与 x_n 成平衡的气相组成，摩尔分数；

x_n^*——与 y_n 成平衡的液相组成，摩尔分数。

(3) 测定塔釜再沸器的沸腾传热系数

若改变塔釜再沸器中电加热器的电压，塔内上升蒸汽量将会改变，同时，塔釜再沸器电热器表面的温度将发生变化，其沸腾传热系数也将发生变化，从而可以得到沸腾传热系数与加热量的关系。由牛顿冷却定律，可知：

$$Q=\alpha A\Delta t_m \tag{4-39}$$

式中 Q——加热量，kW；

α——沸腾传热系数，$kW/m^2 \cdot K$；

A——传热面积，m^2；

Δt_m——加热器表面与温度主体温度之差，℃。

若加热器的壁面温度为 t_S，塔釜内液体的主体温度为 t_W，则上式可改写为：

$$Q=\alpha A(t_S-t_W) \tag{4-40}$$

由于塔釜再沸器为直接电加热，则其加热量为：

$$Q=\frac{U^2}{R} \tag{4-41}$$

式中 U——电加热器的加热电压，V；

R——电热器的电阻，Ω。

(4) 图解法求理论塔板数 N_T

图解法又称麦卡勃－蒂列（McCabe-Thiele）法，简称 M－T 法，其原理与逐板计算法完全相同，只是将逐板计算过程在 y-x 图上直观地表示出来。

精馏段的操作线方程为：

$$y_{n+1}=\frac{R}{R+1}x_n+\frac{x_D}{R+1} \tag{4-42}$$

式中 y_{n+1}——精馏段第 $n+1$ 块塔板上升的蒸汽组成，摩尔分数；

x_n——精馏段第 n 块塔板下流的液体组成，摩尔分数；

x_D——塔顶溜出液的液体组成，摩尔分数；

R——泡点回流下的回流比。

提馏段的操作线方程为：

$$y_{m+1}=\frac{L'}{L'-W}x_m-\frac{Wx_W}{L'-W} \tag{4-43}$$

式中 y_{m+1}——提馏段第 $m+1$ 块塔板上升的蒸汽组成，摩尔分数；

x_m——提馏段第 m 块塔板下流的液体组成，摩尔分数；

x_W——塔底釜液的液体组成，摩尔分数；

L'——提馏段内下流的液体量，kmol/s；

W——釜液流量，kmol/s。

加料线（q 线）方程可表示为：

$$y=\frac{q}{q-1}x-\frac{x_F}{q-1} \tag{4-44}$$

其中
$$q=1+\frac{c_{pF}(t_S-t_F)}{r_F} \tag{4-45}$$

式中 q——进料热状况参数；

r_F——进料液组成下的汽化潜热，kJ/kmol；

t_S——进料液的泡点温度，℃；

t_F——进料液温度，℃；

c_{pF}——进料液在平均温度 $(t_S-t_F)/2$ 下的定压比热容，kJ/(kmol℃)；

x_F——进料液组成，摩尔分数。

回流比 R 的确定：

$$R=\frac{L}{D} \tag{4-46}$$

式中 L——回流液量，kmol/s；

D——馏出液量，kmol/s。

式(4-46) 只适用于泡点下回流时的情况，而实际操作时为了保证上升气流能完全冷凝，冷却水量一般都比较大，回流液温度往往低于泡点温度，即冷液回流。

如图 4-12 所示，从全凝器出来的温度为 t_R、流量为 L 的液体回流进入塔顶第一块板，由于回流温度低于第一块塔板上的液相温度，离开第一块塔板的一部分上升蒸汽将被冷凝成液体，这样，塔内的实际流量将大于塔外回流量。

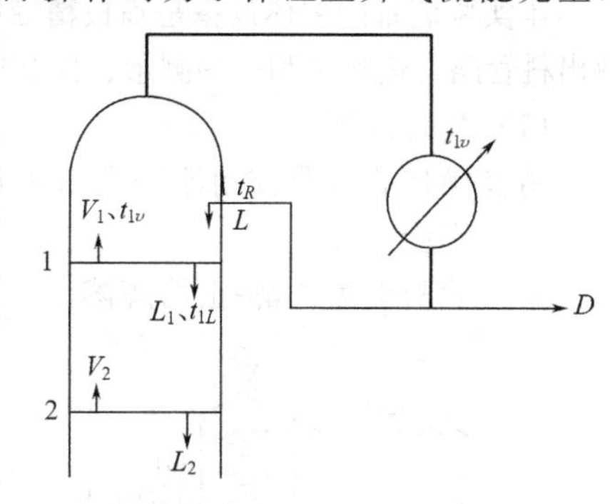

图 4-12 塔顶回流示意图

对第一块板作物料、热量衡算：

$$V_1+L_1=V_2+L \tag{4-47}$$

$$V_1I_{V1}+L_1I_{L1}=V_2I_{V2}+LI_L \tag{4-48}$$

对式(4-47)、式(4-48) 整理、化简后，近似可得：

$$L_1\approx L\left[1+\frac{c_p(t_{1L}-t_R)}{r}\right] \tag{4-49}$$

即实际回流比：

$$R_1=\frac{L_1}{D}=\frac{L\left[1+\frac{c_p(t_{1L}-t_R)}{r}\right]}{D} \tag{4-50}$$

式中 V_1、V_2——离开第 1、2 块板的气相摩尔流量，kmol/s；

L_1——塔内实际液流量，kmol/s；

I_{V1}、I_{V2}、I_{L1}、I_L——指对应 V_1、V_2、L_1、L 下的焓值，kJ/kmol；

r——回流液组成下的汽化潜热，kJ/kmol；

c_p——回流液在 t_{1L} 与 t_R 平均温度下的平均比热容，kJ/(kmol℃)。

(5) 全回流操作

在精馏全回流操作时，操作线在 y-x 图上为对角线，如图 4-13 所示，根据塔顶、塔釜的组成在操作线和平衡线间作梯级，即可得到理论塔板数。

(6) 部分回流操作

部分回流操作时，图解法的主要步骤为：

ⅰ. 根据物系和操作压力在 y-x 图上作出相平衡曲线，并画出对角线作为辅助线；

ⅱ. 在 x 轴上定出 $x=x_D$、x_F、x_W 三点，依次通过这三点作垂线分别交对角线于点 a、f、b；

ⅲ. 在 y 轴上定出 $y_C = x_D/(R+1)$ 的点 c，连接 a、c 作出精馏段操作线；

ⅳ. 由进料热状况求出 q 线的斜率 $q/(q-1)$，过点 f 作出 q 线交精馏段操作线于点 d；

ⅴ. 连接点 d、b 作出提馏段操作线；

ⅵ. 从点 a 开始在平衡线和精馏段操作线之间画阶梯，当梯级跨过点 d 时，就改在平衡线和提馏段操作线之间画阶梯，直至梯级跨过点 b 为止；

ⅶ. 所画的总阶梯数就是全塔所需的理论塔板数（包含再沸器），跨过点 d 的那块板就是加料板，其上的阶梯数为精馏段的理论塔板数。

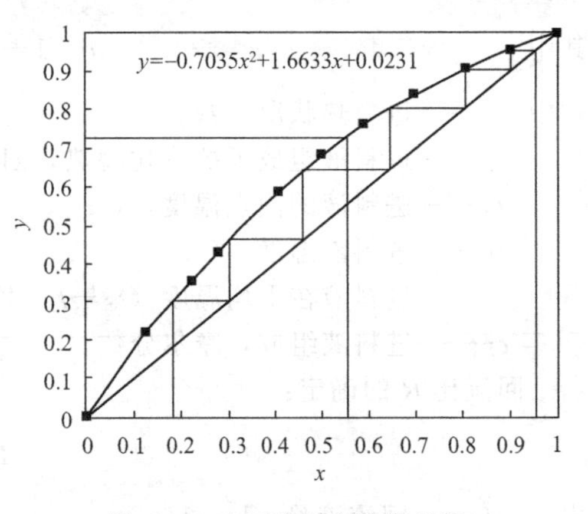

图 4-13　全回流时理论塔板数

4.5.3　实验装置与流程

本实验装置的主体设备是筛板精馏塔，配套的有加料系统、回流系统、产品出料管路、残液出料管路、进料泵和一些测量、控制仪表。

(1) 装置流程

精馏操作装置及控制流程见图 4-14。

(2) 实验流程

本实验料液为乙醇-正丙醇溶液，从原料液罐用泵打入缓冲罐，由缓冲罐经泵打入塔

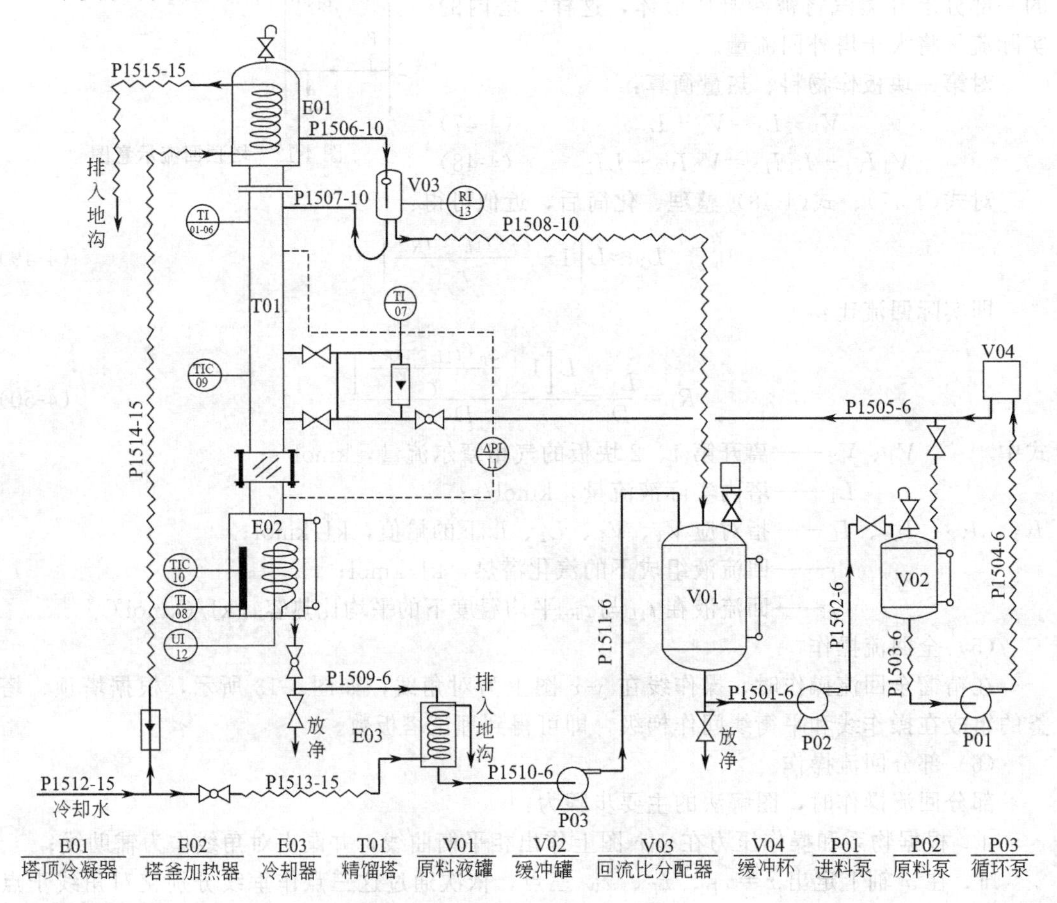

图 4-14　精馏操作装置及控制流程图

内。釜内液体由电加热器产生蒸汽逐板上升，经与各板上的液体热质传递后，进入塔顶盘管式换热器壳程，管层走冷却水，再从回流比分配器流出，一部分作为回流液从塔顶流入塔内，另一部分作为产品馏出，进入原料液罐贮罐。

在本实验中，利用人工智能仪表分别测定塔顶温度、塔釜温度、塔身伴热温度、塔釜加热温度、全塔压降、加热电压、进料温度及回流比等参数，该系统的引入，不仅使实验更为简便、快捷，又可实现计算机在线数据采集与控制。

（3）装置参数

装置设备及控制参数如表 4-10 所示。

表 4-10 装置设备及控制参数

	序号	名称	规格		参数	备注
装置参数	1	精馏塔	塔径		ϕ57×3.5mm	筛板塔，塔身有一节玻璃视盅，第 1～6 块塔板设液相取样口
	2		实际塔板数，块		8	
	3		板间距，mm		80	
	4		塔板液流型式		单流型	
	5		进料板位置		从上向下 3、5 块板之间	进料槽数量 2
	6		溢流装置	溢流管型式	圆形	
	7			堰流管截面积/mm^2	78.5	
	8			堰高/mm	12	
	9			底隙高度/mm	6	
	10		板上开孔	孔径/mm	1.5	
	11			孔数/个	43	正三角形排列
	12			孔间距/mm	6	
	13	塔釜	Φ108mm×4mm×400mm		电加热器 1.5kW，电阻：32Ω；控温电加热器 200W，电阻：242Ω	含液位计、测压口、取样口
	14	塔顶冷凝器	蛇形管式		A=0.06m^2	管外走蒸汽，管内走冷却水
	15	进料泵	EC-101-50A		扬程：2m，流量：1.0L/min	
	16	原料泵	磁力驱动泵 10CQ-3		流量：19L/min，扬程：3m 功率：0.025kW，转速：2800r/min	上海凯达自动化给水设备有限公司
	17	转子流量计	LZB-3		10～100ml/min	进料流量
	18	原料液罐	Φ0.25m×0.30m			不锈钢
	19	缓冲罐	Φ0.15m×0.45m			不锈钢
	序号	名称	传感元件		显示仪表	备注
控制参数	TI01～06	塔板温度	Pt100		AI—708ES	
	TI07	进料温度	Pt100		AI—708ES	
	TI08	塔釜温度	Pt100		AI—708ES	
	TIC09	伴热温度控制	Pt100		AI—708EGS	
	TIC10	加热器壁面温度控制	K 型热电偶		AI—708EGLS	
	ΔPI11	全塔压降	压阻式压力传感器		AI—708ES	
	UI12	加热电压			AI—708ES	
	RI13	回流比	电磁线圈		回流比控制器	

(4) 物料浓度分析

本实验所选用的体系为乙醇—正丙醇，由于这两种物质的折光率存在差异，且其混合物的质量分率与折光率有良好的线性关系，故可通过阿贝折光仪（其使用方法详见第3章）分析料液的折光率，从而得到浓度。这种测定方法的特点是方便快捷，操作简单，但精度稍低；若要实现高精度的测量，可利用气相色谱进行浓度的分析。

混合料液的折光率与质量分率（以乙醇计）的关系如下：

$$25℃ \quad m=58.214-42.194n_D$$

$$30℃ \quad m=58.405-42.194n_D$$

$$40℃ \quad m=58.542-42.373n_D$$

式中 m——料液的质量分率；

n_D——料液的折光率（以上数据为由实验测得）。

4.5.4 实验步骤与注意事项

本实验的主要操作步骤如下。

(1) 实验前准备工作

将阿贝折光仪配套的超级恒温水浴调整运行到所需的温度（30℃），并记下这个温度。配制浓度20%～25%（摩尔分数）左右的乙醇-正丙醇的料液加入釜中，启动进料泵，向塔中供料至塔釜容积的2/3处。

(2) 测定全回流情况下的单板效率及全塔效率

向塔顶冷凝器通入冷却水，接通塔釜加热器电源，设定加热功率进行加热。当塔釜中液体开始沸腾时，注意观察塔内气液接触状况，当塔顶有液体回流后，适当调整加热功率，使塔内维持正常的操作状态。进行全回流操作至塔顶温度保持恒定5min后，在塔顶、塔釜及相邻两块塔板上分别取样，用阿贝折光仪测量样品浓度。测取数据（重复2～3次），并记录各操作参数。

(3) 部分回流

待全回流操作稳定后，根据进料板上的浓度，调整进料液的浓度，开启进料泵，设定进料量及回流比，测定部分回流条件下的全塔效率，建议进料量维持在30～50mL/min，回流比为3～5，塔釜液面维持恒定（调整釜液排出量）。切记在排釜液前，一定要打开釜液冷却器的冷却水控制阀。待塔操作稳定后，在塔顶、塔釜取样，分析测取数据。

(4) 测定塔釜再沸器的沸腾传热系数

调节塔釜加热器的加热电压，待稳定后，记录塔釜温度及加热器壁温，然后改变加热电压，测取8～10组数据；

(5) 取样与分析

进料、塔顶、塔釜从各相应的取样阀放出；塔板取样用注射器从所测定的塔板中缓缓抽出，取1mL左右，各个样品尽可能同时取样。将样品用阿贝折光仪测量分析。

(6) 注意事项

ⅰ. 塔顶放空阀一定要打开，否则容易因塔内压力过大导致危险发生。

ⅱ. 料液一定要加到设定液位2/3处方可打开加热管电源，否则塔釜液位过低会使电加热丝露出干烧致坏。

ⅲ. 实验完毕后，停止加料，关闭塔釜加热及塔身伴热，待一段时间后（视镜内无料液时），切断塔顶冷凝器及釜液冷却器的供水，切断电源，清理现场。

ⅳ. 使用阿贝折光仪测浓度时，一定要按给出的质量百分浓度——折光率关系曲线的要求控制折光仪的测量温度，在读取折光率时，一定要同时记录其测量温度。

4.5.5 实验数据记录与处理

略。

4.5.6 实验报告

ⅰ. 将塔顶、塔底温度和组成，以及流量计、塔压降、加热电压等实验数据和数据整理结果列在表格中，并以其中一组数据为例写出计算过程。

ⅱ. 按全回流和部分回流分别用图解法计算理论板数。

ⅲ. 计算全塔效率和单板效率。

ⅳ. 绘制沸腾传热系数与加热量的关系曲线；

ⅴ. 分析并讨论实验过程中观察到的现象。

4.5.7 思考题

ⅰ. 在精馏操作过程中，回流温度发生波动，对操作会产生什么影响？

ⅱ. 若测得单板效率超过100%，作何解释？

ⅲ. 塔釜加热对精馏的操作参数有什么影响？你认为塔釜加热量主要消耗在何处？与回流量有无关系？

ⅳ. 什么叫"灵敏板"？塔板上的温度（或浓度）受哪些因素影响？试从相平衡和操作因素两方面分别予以讨论。

ⅴ. 当回流比$R<R_{min}$时，精馏塔是否还能进行操作？如何确定精馏塔的操作回流比？

ⅵ. 冷液进料对精馏塔操作有什么影响？进料口位置如何确定？

ⅶ. 塔板效率受哪些因素影响？

ⅷ. 精馏塔的常压操作是怎样实现的？如果要改为加压或减压操作，又怎样实现？试画出其工艺控制图。

ⅸ. 为什么要控制塔釜液面？它与物料、热量和相平衡有什么关系？

ⅹ. 若欲实现计算机在线测控，应如何选用传感器及仪表？

附：常压下乙醇—正丙醇气液平衡数据见表4-11。

表4-11 常压下乙醇—正丙醇气液平衡数据

x/摩尔分率	0	0.126	0.188	0.210	0.358	0.461	0.546	0.600	0.663	0.884	1.000
y/摩尔分率	0	0.240	0.318	0.349	0.550	0.650	0.711	0.760	0.799	0.914	1.000

4.6 干燥曲线与干燥速率曲线的测定

4.6.1 实验目的及任务

ⅰ. 了解洞道式干燥装置的基本结构、工艺流程和操作方法。

ⅱ. 学习测定物料在恒定干燥条件下干燥特性的实验方法。

ⅲ. 掌握根据实验干燥曲线求取干燥速率曲线以及恒速阶段干燥速率、临界含水量、平衡含水量的实验分析方法。

ⅳ. 学会实验研究干燥条件对于干燥过程特性的影响；加深对物料临界含水量X_c的概念及其影响因素的理解。

ⅴ. 学习恒速干燥阶段物料与空气之间对流传热系数的测定方法。

ⅵ. 学习用误差分析方法对实验结果进行误差估算。

4.6.2 基本原理

当湿物料与干燥介质相接触时，物料表面的水分开始气化，并向周围介质传递。根据干燥过程中不同期间的特点，干燥过程可分为两个阶段。

第一个阶段为恒速干燥阶段。在过程开始时，由于整个物料的湿含量较大，其内部的水分能迅速地达到物料表面。因此，干燥速率为物料表面上水分的汽化速率所控制，故此阶段亦称为表面汽化控制阶段。在此阶段，干燥介质传给物料的热量全部用于水分的汽化，物料表面的温度维持恒定（等于热空气湿球温度），物料表面处的水蒸气分压也维持恒定，故干燥速率恒定不变。

第二个阶段为降速干燥阶段，当物料被干燥达到临界湿含量后，便进入降速干燥阶段。此时，物料中所含水分较少，水分自物料内部向表面传递的速率低于物料表面水分的汽化速率，干燥速率为水分在物料内部的传递速率所控制。故此阶段亦称为内部迁移控制阶段。随着物料湿含量逐渐减少，物料内部水分的迁移速率也逐渐减少，故干燥速率不断下降。

恒速段的干燥速率和临界含水量的影响因素主要有：固体物料的种类和性质；固体物料层的厚度或颗粒大小；空气的温度、湿度和流速；空气与固体物料间的相对运动方式。

恒速段的干燥速率和临界含水量是干燥过程研究和干燥器设计的重要数据。本实验在恒定干燥条件下对工业呢物料进行干燥，测定干燥曲线和干燥速率曲线，目的是掌握恒速段干燥速率和临界含水量的测定方法及其影响因素。

（1）干燥速率的测定

$$U=\frac{dW}{A\,d\tau}\approx\frac{\Delta W}{A\,\Delta\tau} \tag{4-51}$$

式中　U——干燥速率，$kg/(m^2 \cdot h)$；

A——干燥面积，m^2，（实验室现场提供）；

$\Delta\tau$——时间间隔，h；

ΔW——$\Delta\tau$ 时间间隔内干燥汽化的水分质量，kg。

（2）物料干基含水量

$$X=\frac{G-G_c}{G_c} \tag{4-52}$$

式中　X——物料干基含水量，kg 水/kg 绝干物料；

G——固体湿物料的量，kg；

G_c——绝干物料量，kg。

（3）恒速干燥阶段，物料表面与空气之间对流传热系数的测定

$$U_c=\frac{dW}{A\,d\tau}=\frac{dQ}{r_{tw}A\,d\tau}=\frac{\alpha(t-t_w)}{r_{tw}} \tag{4-53}$$

$$\alpha=\frac{U_c \cdot r_{tw}}{t-t_w} \tag{4-54}$$

式中　α——恒速干燥阶段物料表面与空气之间的对流传热系数，$W/(m^2 \cdot ℃)$；

U_c——恒速干燥阶段的干燥速率，$kg/(m^2 \cdot s)$；

t_w——干燥器内空气的湿球温度，℃；

t——干燥器内空气的干球温度，℃；

r_{tw}——t_w℃下水的汽化热，J/kg。

（4）干燥器内空气实际体积流量的计算

由节流式流量计的流量公式和理想气体的状态方程式可推导出：

$$V_t=V_{t_0}\times\frac{273+t}{273+t_0} \tag{4-55}$$

式中　V_t——干燥器内空气实际流量，m^3/s；

t_0——流量计处空气的温度，℃；

V_{t_0}——常压下 t_0℃时空气的流量，m^3/s；

t——干燥器内空气的温度，℃。

$$V_{t_0}=C_0\times A_0\times\sqrt{\frac{2\times\Delta p}{\rho}} \tag{4-56}$$

$$A_0=\frac{\pi}{4}d_0^2 \tag{4-57}$$

式中 C_0——流量计流量系数，$C_0=0.65$；

A_0——节流孔开孔面积，m^2；

d_0——节流孔开孔直径，$d_0=0.040m$；

Δp——节流孔上下游两侧压力差，Pa；

ρ——孔板流量计处 t_0 时空气的密度，kg/m^3。

4.6.3 实验装置与流程

(1) 实验装置

本装置流程如图 4-15 所示。

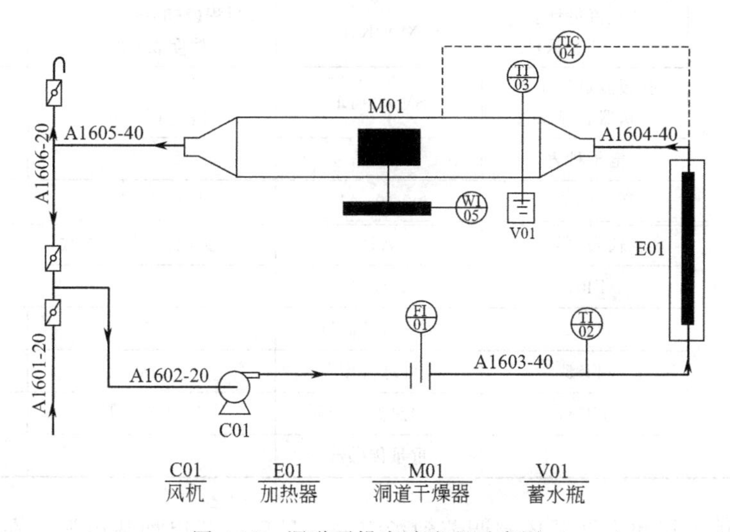

图 4-15 洞道干燥实验流程示意图

(2) 装置流程

将润湿的工业呢，悬挂于干燥室内的料盘，干燥室其侧面及底面均外包绝热材料，防止导热影响。空气由鼓风机送入电加热器，经加热的空气流入干燥室，加热干燥室料盘中的湿物料后，经排出管道通入大气中。随着干燥过程的进行，物料失去的水分量由重量传感器转化为电信号，并由智能数显仪表记录下来（或通过固定间隔时间，读取该时刻的湿物料重量）。

(3) 装置参数

本装置设备及控制参数见表 4-12。

4.6.4 实验步骤与注意事项

(1) 实验步骤

ⅰ. 将干燥物料（工业呢）放入水中浸湿。

ⅱ. 向湿球温度计的附加蓄水瓶内，补充适量的水，使瓶内水面上升至适当位置。

ⅲ. 调节送风机吸入口的碟阀到全开的位置后启动风机。

表 4-12 洞道干燥装置设备及控制参数

	名称	规格	参数	备注
装置参数	鼓风机	BYF7132	0.55kW;最大出口风压为1.7[kPa], 空气流量:1～5m³/min;	
	加热器		加热功率:450W×3 (三个并联), 额定电压为220V;	干燥温度:40～120℃
	干燥室/m	1.100m×0.130m×0.170m		不锈钢
	干燥物料		面积A: 0.142×0.088×2 =0.024992(m²)	湿毛毡或工业呢
	称重传感器	SH-18型	0～200g,精度0.1级	
	干球温度计、湿球温度计显示仪	X512K4P	量程(-50～150℃), 精度0.5级;	
	孔板流量计处温度计显示仪	X512K4P	量程(-50～100℃), 精度0.5级;	
	孔板流量计压差变送器和显示仪	SM9320DP	量程(0～10kPa), 精度0.5级;	
	电子秒表			绝对误差0.5秒
	变频调节器	N2-401-M3	440V,0.75kW	
装置控制	仪表序号	名称	传感元件及仪表参数	显示仪表
	FI01	孔板流量计		$c_0=0.65, d_0=0.040\text{m}$
	TI02	空气进口温度	Cu50	AI-708ES
	TI03	湿球温度	Cu50	AI-708ES
	TIC04	电加热温度控制	K型热电偶	AI-708ES
	WI05	重量传感器		AI-708ES

ⅳ. 废气排出阀和废气循环阀调节到指定的流量后，开启加热电源。在智能仪表中设定干球温度，仪表自动调节到指定的温度。

ⅴ. 在空气温度、流量稳定的条件下，用重量传感器测定支架的重量并记录下来。

ⅵ. 把充分浸湿的干燥物料（工业呢）固定在重量传感器上并与气流平行放置。

ⅶ. 在稳定的条件下，记录干燥时间每隔 2min 干燥物料减轻的重量。直至干燥物料的重量不再明显减轻为止。

ⅷ. 改变空气流量或温度，重复上述实验。

ⅸ. 关闭加热电源，待干球温度降至常温后关闭风机电源和总电源。

ⅹ. 实验完毕，一切复原。

(2) 注意事项

ⅰ. 重量传感器的量程为（0～200g），精度较高。在放置干燥物料时务必要轻拿轻放，以免损坏仪表。

ⅱ. 干燥器内必须有空气流过才能开启加热，防止干烧损坏加热器，出现事故。

ⅲ. 干燥物料要充分浸湿，但不能有水滴自由滴下，否则将影响实验数据的正确性。

ⅳ. 实验中不要改变智能仪表的设置。

4.6.5 实验数据记录与处理

干燥实验原始记录及整理实验数据，见表 4-13。

表 4-13 干燥实验装置实验原始及整理实验数据表

空气孔板流量计压差________kPa 流量计处的空气温度 t_0 ________℃

干球温度 t ________℃ 湿球温度 t_w ________℃ 框架质量 G_D ________g

绝干物料量 G_C ________g 干燥面积 A ________m^2 洞道截面积________m^2

序号	累计时间 τ/min	总质量 G_T /g	干基含水量 X /(kg/kg)	平均含水量 X_{AV} /(kg/kg)	干燥速率 $U\times10^4$ /[kg/(s·m^2)]

4.6.6 实验报告

ⅰ. 根据实验结果绘制出干燥曲线、干燥速率曲线，并得出恒定干燥速率、临界含水量、平衡含水量。

ⅱ. 计算出恒速干燥阶段物料与空气之间对流传热系数。

ⅲ. 利用误差分析法估算出 α 的误差。

ⅳ. 试分析空气流量或温度对恒定干燥速率、临界含水量的影响。

4.6.7 思考题

ⅰ. 什么是恒定干燥条件？本实验装置中采用了哪些措施来保持干燥过程在恒定干燥条件下进行？

ⅱ. 为什么要先启动风机，再启动加热器？实验过程中干、湿球温度计是否变化？为什么？如何判断实验已经结束？

ⅲ. 若加大热空气流量，干燥速率曲线有何变化？恒速干燥速率、临界湿含量又如何变化？为什么？

ⅳ. 在 70～80℃的空气流中干燥湿物料，经过相当长的时间，能否得到绝干物料？为什么？通常要获得绝干物料采用什么办法？

ⅴ. 测定干燥速率曲线有何意义？它对于设计干燥器及指导生产有些什么帮助？

ⅵ. 使用废气循环对干燥作业有什么好处？干燥热敏性物料或易变形、开裂的物料为什么多使用废气循环？怎样调节新鲜空气和废气的比例？

ⅶ. 如何提高干燥速率？就两个阶段分别说明理由。

ⅷ. 在等速阶段和降速阶段中分别除去的是什么性质的水分？

ⅸ. 如果改变气流温度（或改变气流速率、物料厚度），干燥速率曲线有何变化？

ⅹ. 为什么说同一物料如干燥速率增加，则临界含水量增大？在一定干燥速率下物料越薄，则临界含水量越小？为什么同一湿度的空气，温度较高有利于干燥操作的进行？

4.7 图例说明

本章管道及管道附件图例见表 4-14；管道及仪表流程图上的物料代号见表 4-15；被测变量和仪表功能代号见表 4-16；管道标注见图 4-16。

管道、仪表代号及图例全书同。

表 4-14 管道及管道附件图例

名称	图例	名称	图例
物料管道		截止阀	
软管		闸阀	
保温管		球阀	
异径管		碟阀	
玻璃管		减压阀	
放空		孔板流量计	
		涡轮流量计	
安全阀		转子流量计	
就地安装仪表		集中安装仪表	

表 4-15 管道及仪表流程图上的物料代号

代号	A	CW	LS	$\overline{O}$	P	SC	W	Y
名称	空气	石灰水	低压蒸汽	氧	正丙醇	蒸汽冷凝水	清水	油相

表 4-16 被测变量和仪表功能代号

代号	A	C	F	H	I	N
名称	分析、报警	控制	流量	高度	指示	功率、转速
代号	P	ΔP	R	T	U	W
名称	压力	压降	回流比	温度	电压	重量

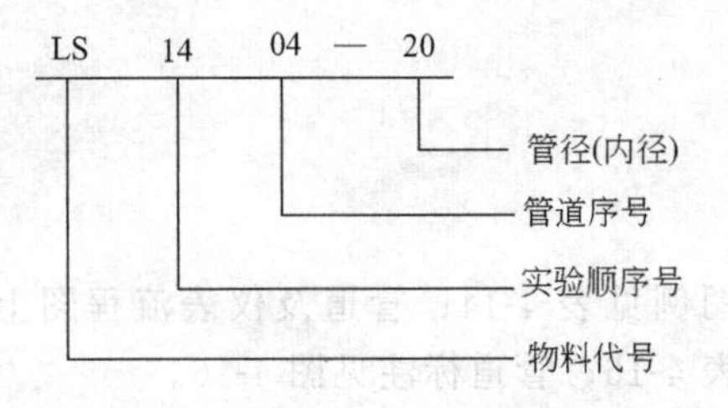

图 4-16 管道标注

本章主要符号

英文

A 面积，m^2

C_0 孔流系数

c_p 定压比热容，J/（kg·℃）

d 直管内径，m

D 馏出液量，kmol/s

E_M 单板效率

E_T 总板效率

g 重力加速度，m/s^2

G 固体湿物料的量，kg；
空气质量流速，kg/（m^2·s）；

G_C 绝干物料质量，kg

h_f 单位质量流体的机械能损失，J/kg

H 扬程，m；空气湿度，kg 水/kg 干空气

k 电机传动效率；物料特性常数

K 过滤常数；总传热系数

l 直管长度，m

L 回流液流量，kmol/s；

n 离心泵转速

n_D 料液折光率

N 泵轴功率，W；跨膜通量，g/m^2·s

N_e 有效功率，W

N_T 理论塔板数

N_U 努塞尔数

p，P 压强，Pa

Pr 普朗特数

q 进料热状况
单位过滤面积的滤液量，m^3/m^2

q_e 单位过滤面积的虚拟滤液量，m^3/m^2

q_v 体积流量，m^3/s（m^3/h）

Q 传热量，W

r 汽化热，kJ/kmol

r' 滤饼的比阻，$1/m^2$

R U 形管水柱高度，m；电阻，Ω；
回流比；通用气体常数，8.314kJ/mol·K

Re 雷诺数

s 滤饼压缩性指数

t、T 温度，℃

u 流速，m/s

U 加热电压，V；干燥速率，kg/（m^2·h）

V 空气流量，m^3/s；塔内上升蒸汽量，kmol/s

V_e 虚拟滤液体积，m^3

W 釜液流量，kmol/s；水分气化量，kg

X 物料干基含水量，kg 水/kg 绝干物料

y 气相摩尔分数

Z 填料层高度，m

希文

α 传热膜系数，W/（m^2·℃）

ε 管壁粗糙度

η 效率

λ 摩擦阻力系数；热导率，W/（m·℃）

ν 滤饼体积与相应滤液体积之比

ρ 密度，kg/m^3

τ 时间，s

τ_e 虚拟过滤时间

ζ 局部阻力系数

Ω 塔截面积，m^2

5 化工原理综合、设计实验

5.1 流体流动过程综合实验

5.1.1 实验目的

ⅰ. 学习直管摩擦阻力 Δp_f、直管摩擦系数 λ 的测定方法。掌握直管摩擦系数 λ 与 Re、ε/d 之间关系的测定方法及其变化规律。

ⅱ. 学习局部摩擦阻力 Δp_f、局部阻力系数 ζ 的测定方法。

ⅲ. 熟悉离心泵的结构与操作方法。

ⅳ. 掌握离心泵特性曲线的测定方法、表示方法，加深对离心泵性能的了解。

ⅴ. 掌握管路特性曲线的测量方法。

ⅵ. 了解几种常用流量计的构造、工作原理和主要特点；掌握流量计的标定方法。

ⅶ. 测量孔板流量计的孔流系数 C 随雷诺数 Re 变化的规律。

ⅷ. 学习压强差和流量的几种测量方法以及提高其测量精确度的一些技巧。

ⅸ. 掌握坐标系的选用方法和使用方法。

ⅹ. 学习对实验数据进行误差估算的方法。

5.1.2 实验内容

ⅰ. 测定实验管路内流体流动的阻力和直管摩擦系数 λ。

ⅱ. 测定实验管路内流体流动的直管摩擦系数 λ 与 Re、ε/d 之间关系曲线和关系式。

ⅲ. 利用最小二乘法确定突缩管在不同管径比时局部阻力系数经验公式的方法。

ⅳ. 练习离心泵的操作，测定某型号离心泵在一定转速下，H（扬程）、N（轴功率）、η（效率）与 Q（流量）之间的特性曲线。

ⅴ. 通过调节离心泵的转速测定管路特性曲线。

ⅵ. 讨论离心泵串、并联优化组合操作及组合离心泵运转工况分析。

ⅶ. 通过实验室的实物和图像，了解孔板、1/4 圆喷嘴、文丘里及涡轮流量计的构造及工作原理。

ⅷ. 测定节流式流量计（孔板或 1/4 圆喷嘴或文丘里）和涡轮流量计的流量标定曲线（流量与仪表读数的关系曲线）。

ⅸ. 测定节流式流量计的临界雷诺数 Re_c 和流量系数 C_0，或测定涡轮流量计的仪表常数 K。

ⅹ. 对间接测量值（直管摩擦系数 λ）及有关的直接测量值进行误差估算和分析。

实验装置与流程见图 5-1。

工作原理及操作步骤同前，略，下同。

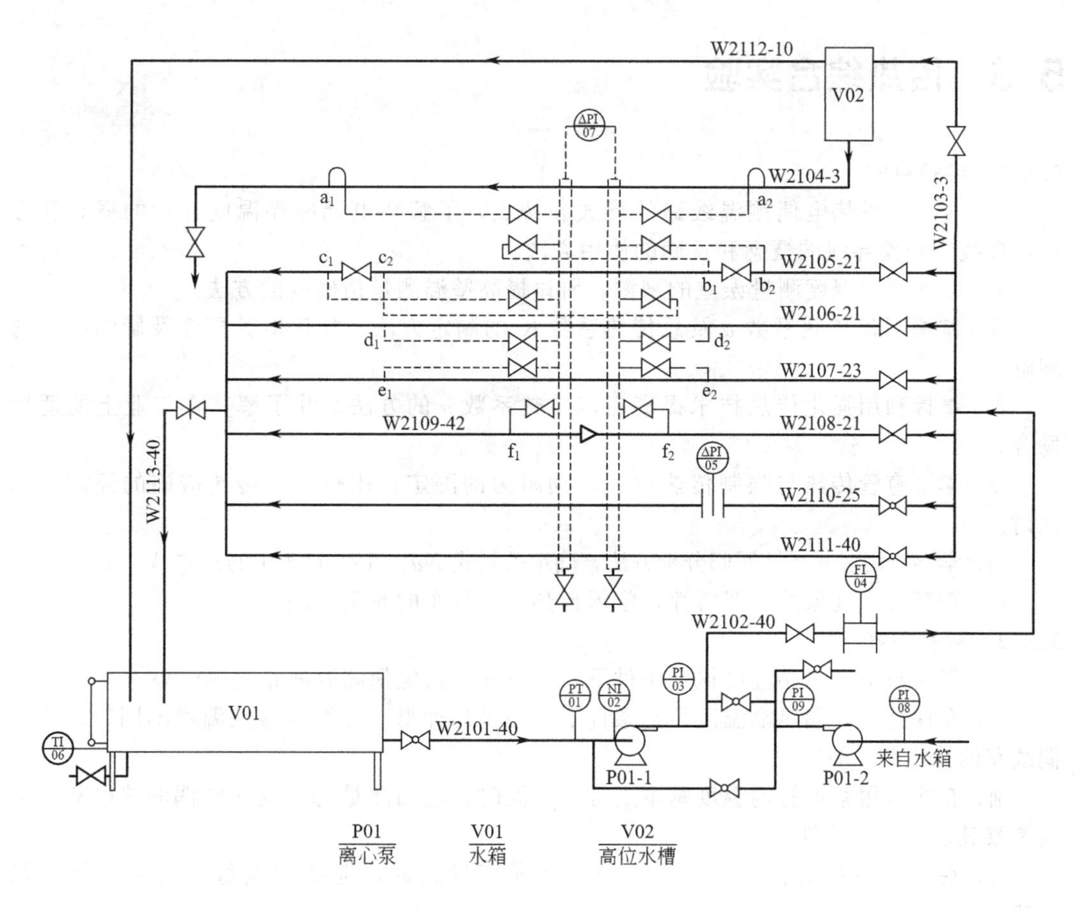

图 5-1 流体流动过程综合实验工艺流程图

5.2 正交试验法在过滤研究实验中的应用

5.2.1 实验目的

ⅰ. 掌握恒压过滤常数 K、q_e、τ_e 的测定方法。

ⅱ. 学习滤饼的压缩性指数 s 和过滤特性常数 k 的测定方法。

ⅲ. 学习用正交试验法来安排实验，达到减小实验工作量的目的。

ⅳ. 学习对正交试验法的实验结果进行科学的分析，分出每个因素重要性的大小，指出试验指标随各因素变化的趋势，了解适宜操作条件的确定方法。

5.2.2 实验内容

ⅰ. 为了培养团队精神，本实验分四个小组共同完成，故统一设定试验指标、因素及其水平，统一选择合适的正交表，并进行表头设计。分小组进行实验，测定每个实验条件下的过滤常数 K、q_e、τ_e。

ⅱ. 对试验指标进行极差分析、方差分析；指出各个因素（过滤压差、过滤介质、过滤温度、滤浆浓度）重要性的大小；讨论试验指标随其影响因素的变化趋势，以提高过滤速度为目标，确定适宜的操作条件。

实验装置与流程见图 4-7。

5.3 传热综合实验

5.3.1 实验目的

ⅰ. 了解几种热电偶测温线路的形式和特点，了解热电偶冷端温度补偿的概念和方法，导线、补偿导线的概念和正确的使用方法。

ⅱ. 了解壁面温度测量误差的来源，研讨提高壁温测量精确度的方法。

ⅲ. 掌握对流传热系数 α 及总传热系数 K 的测定方法；加深对其概念及影响因素的理解。

ⅳ. 掌握利用强化传热技术提高对流传热系数 α 的方法，并了解其在工业上的适用场合。

ⅴ. 学会直管传热与强制传热过程流动阻力的测定；比较不同传热措施的经济性的探讨。

ⅵ. 学会应用多元线性回归分析方法，确定关联式 $Nu=ARe^mPr^n$ 中的常数 A、m、n。

ⅶ. 理解传递现象的相似特性，学习传热系数分布的测定方法。

5.3.2 实验内容

ⅰ. 保持热电偶热端温度恒定条件下，测量几种热电偶测温线路的热电势。

ⅱ. 在保持热电偶热端温度恒定条件下，测量几种第三导线两接点温度不同时，热电偶线路的热电势。

ⅲ. 在实验用紫铜管内温度基本上等于室温时，巡回测量每一支热电偶的热电势，粗略考察其性能的一致性。

ⅳ. 在实验用紫铜管内一直被上升的水蒸气冲刷时，巡回测量每一支热电偶的热电势。

ⅴ. 测定不同流速下，非强化传热套管换热器的压降 Δp_f、总传热系数 K_o、对流传热系数 α_0 和 α_i。

ⅵ. 测定不同流速下，强化传热套管换热器的压降 Δp_f、总传热系数 K_o、对流传热系数 α_0 和 α_i。并和同样操作条件下非强化传热的实验结果进行比较。

ⅶ. 对测得实验数据进行多元线性回归，确定对流传热系数的特征数关联式 $Nu=ARe^mPr^n$ 中常数 A、m、n。

实验装置与流程见图 4-10。

5.4 精馏塔计算机数据采集及过程控制研究实验

5.4.1 实验目的

ⅰ. 引入自动控制系统的基本概念，了解被控过程的动态特性。通过实验对精馏过程进行控制，并在操作异常或出现危险时及时报警。

ⅱ. 充分利用计算机采集和控制系统具有的快速、大容量和实时处理的特点，进行多实验方案的设计，并进行实验验证，得出实验结论。

5.4.2 实验内容

ⅰ. 测定精馏塔在全回流条件下，塔顶温度等参数随时间的变化情况。

ⅱ. 测定精馏塔在全回流、稳定操作条件下，塔体内温度和物料含量沿塔高的分布，确定灵敏板的位置。

ⅲ. 测定精馏塔在全回流和某一回流比条件下，稳定操作后的全塔理论塔板数、总板效率和单板效率。

ⅳ. 在全回流、稳定操作条件下，测定塔的塔顶物料含量、全塔理论塔板数、压强降等随塔釜蒸发量的变化情况。

ⅴ. 在部分回流、稳定操作条件下，测定塔的塔顶和塔底物料含量、全塔效率、单板效率、等速回流比、进料位置、进料组成、进料流量、进料的热状态等的变化情况。

ⅵ. 测定全回流、稳定操作条件下，温度传感器从室温状态插入塔顶测温孔后，温度传感器输出的动态响应曲线。

ⅶ. 测定间歇精馏操作过程中在保证塔顶馏出液物料含量不低于给定值的条件下，各操作自变量和因变量随时间的变化过程。

ⅷ. 测定间歇精馏操作过程中，固定回流比情况下，各操作自变量和因变量的变化。

ⅸ. 测定全塔的浓度（或温度）分布及塔釜再沸器的沸腾传热系数。

实验装置与流程见图 4-14。

5.5 氧吸收与解吸综合实验

5.5.1 实验目的及任务

ⅰ. 熟悉填料塔的构造与操作，认识不同填料塔的特性；

ⅱ. 观察填料塔流体力学状况，测定填料层压强降与操作气速的关系（$\Delta p/z \sim u$），确定填料塔在某液体喷淋量下的液泛气速；

ⅲ. 掌握总传质系数 $K_x a$ 的测定方法并分析影响因素；

ⅳ. 学习气液连续接触式填料塔，利用传质速率方程处理传质问题的方法。

ⅴ. 研究流体的流动对传质阻力的影响、吸收剂用量对传质系数的影响和传质阻力较小侧流体的流量变化对吸收过程的影响，学会吸收过程的调节；

ⅵ. 学会氧气钢瓶减压阀的操作，测氧仪的标定及使用。

5.5.2 基本原理

本装置采用水作吸收剂，纯氧作吸收质，在吸收塔内并流吸收，形成富氧水后，送入解吸塔顶，再用空气进行逆流解吸，每个解吸塔均采用不同的填料。实验需测定不同液量和气量下的解吸总传质系数 $K_x a$，并进行关联，得到 $K_x a = AL^a V^b$ 的关联式，同时对各种不同填料的传质效果及流体力学性能进行比较。本实验引入了计算机在线数据采集技术，加快了数据记录与处理的速度。

（1）填料塔流体力学特性

气体通过干填料层时，流体流动引起的压降和湍流流动引起的压降规律相一致，见图 5-2。在双对数坐标系中 $\Delta p/z$ 对 u 作图得到一条斜率为 1.8～2 的直线（图 5-2 中的 aa 线）。而有喷淋量时，在低气速时（c_i 点以前）压降也正比于气速的 1.8～2 次幂，但大于同一气速下干填料的压降（图中 $b_i c_i$ 段）。随气速增加，出现载点（图中 c_i 点），持液量开始增大。图中不难看出载点的位置不是十分明确，说明气

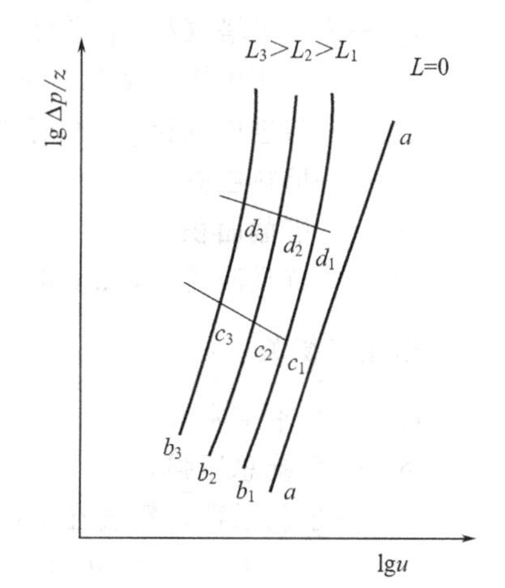

图 5-2 填料层压降～空塔气速关系图

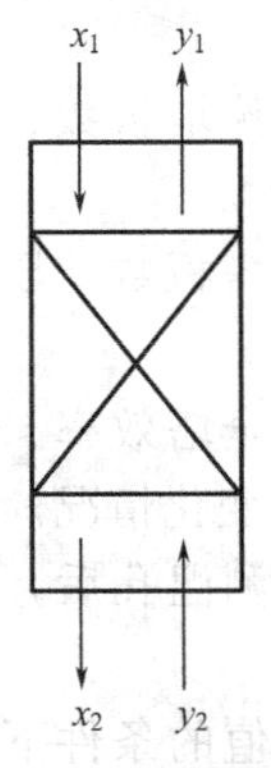

图 5-3 富氧水解吸实验

液两相流动的相互影响开始出现。压降—气速线向上弯曲，斜率变陡（图中 c_id_i 段）。当气体增至液泛点（图中 d_i 点，实验中可以目测出）后，气速稍有增加，压降便急剧上升，此时液相完全转为连续相，气相完全转为分散相，塔内液体返混和气体的液沫夹带现象严重，传质效果极差。

测定填料塔的压降和液泛气速是为了计算填料塔所需动力消耗和确定填料塔的适宜操作范围，选择合适的气液负荷。实验在各种喷淋量下，逐步增大气速，记录数据，直至出现液泛时为止。注意，不要使气速过分超过泛点，避免冲跑和冲破填料。

（2）传质实验

在填料塔中，两相传质在填料有效润湿表面上进行，需要计算完成一定吸收任务所需填料高度，其计算方法有：传质系数法、传质单元法和等板高度法。

本实验是对富氧水进行解吸，如图 5-3。由于富氧水浓度很小，可认为气液两相的平衡关系服从亨利定律，即平衡线为直线，操作线也是直线，因此可以用对数平均浓度差计算填料层传质平均推动力。整理得到相应的传质速率方程为：

$$G_A = K_x a V_p \Delta x_m \tag{5-1}$$

即

$$K_x a = G_A / V_p \Delta x_m \tag{5-2}$$

$$G_A = L(x_1 - x_2) \tag{5-3}$$

$$V_p = Z \cdot \Omega \tag{5-4}$$

$$\Delta x_m = \frac{(x_1 - x_{e1}) - (x_2 - x_{e2})}{\ln \dfrac{x_1 - x_{e1}}{x_2 - x_{e2}}} \tag{5-5}$$

其中 $x_{e1} = \dfrac{y_1}{m}$，$x_{e2} = \dfrac{y_2}{m}$

式中 G_A——单位时间内氧的解吸量，kmol/m² · h；

$K_x a$——液相体积总传质系数，kmol/m³ · h · Δx；

V_p——填料层体积，m³；

Δx_m——液相对数平均浓度差；

x_1——液相进塔时的摩尔分率（塔顶）；

x_{e1}——与出塔气相 y_1 平衡的液相摩尔分率（塔顶）；

x_2——液相出塔的摩尔分率（塔底）；

x_{e2}——与进塔气相 y_2 平衡的液相摩尔分率（塔底）；

Z——填料层高度，m；

Ω——塔截面积，m²；

L——解吸液流量，kmol/m² · h；

依据相平衡关系：

$$m = \frac{E}{p} \tag{5-6}$$

式中 m——相平衡常数；

p——系统总压强，p=大气压+1/2(填料层压差)，kPa；

E——亨利系数，氧气在不同温度下的 E 可用式(5-7) 求取：

$$E = (-8.5694 \times 10^{-5} t^2 + 0.07714 t + 2.56) \times 10^6 \text{ kPa}; \tag{5-7}$$

式中 t——溶液温度，℃。

空气的进、出塔气相浓度为 y_1，y_2；其中，$y_1=y_2=0.21$。相关的填料层高度的基本计算式为：

$$Z=\frac{L}{K_x a\Omega}\int_{x_2}^{x_1}\frac{\mathrm{d}x}{x_e-x}=H_{OL}N_{OL}\ \text{即}\quad H_{OL}=Z/N_{OL} \tag{5-8}$$

其中

$$N_{OL}=\int_{x_2}^{x_1}\frac{\mathrm{d}x}{x_e-x}=\frac{x_1-x_2}{\Delta x_m}, \tag{5-9}$$

$$H_{OL}=\frac{L}{K_x a\Omega} \tag{5-10}$$

式中　H_{OL}——以液相为推动力的传质单元高度，m；

　　　N_{OL}——以液相为推动力的传质单元数。

由于氧气为难溶气体，在水中的溶解度很小，因此传质阻力几乎全部集中于液膜中，即 $K_x=k_x$，由于属液膜控制过程，所以要提高总传质系数 $K_x a$，应增大液相的湍动程度即增大喷淋量。

在 $y\sim x$ 图中，解吸过程的操作线在平衡线下方，本实验中还是一条几乎平行于横坐标的水平线（因氧在水中浓度很小）。

备注：本实验在计算时，气液相浓度的单位用摩尔分率而不用摩尔比，这是因为在 y-x 图中，平衡线为直线，操作线也是直线，计算比较简单。

5.5.3　实验装置与流程

（1）实验装置

氧吸收-解吸工艺实验装置流程，见图 5-4。

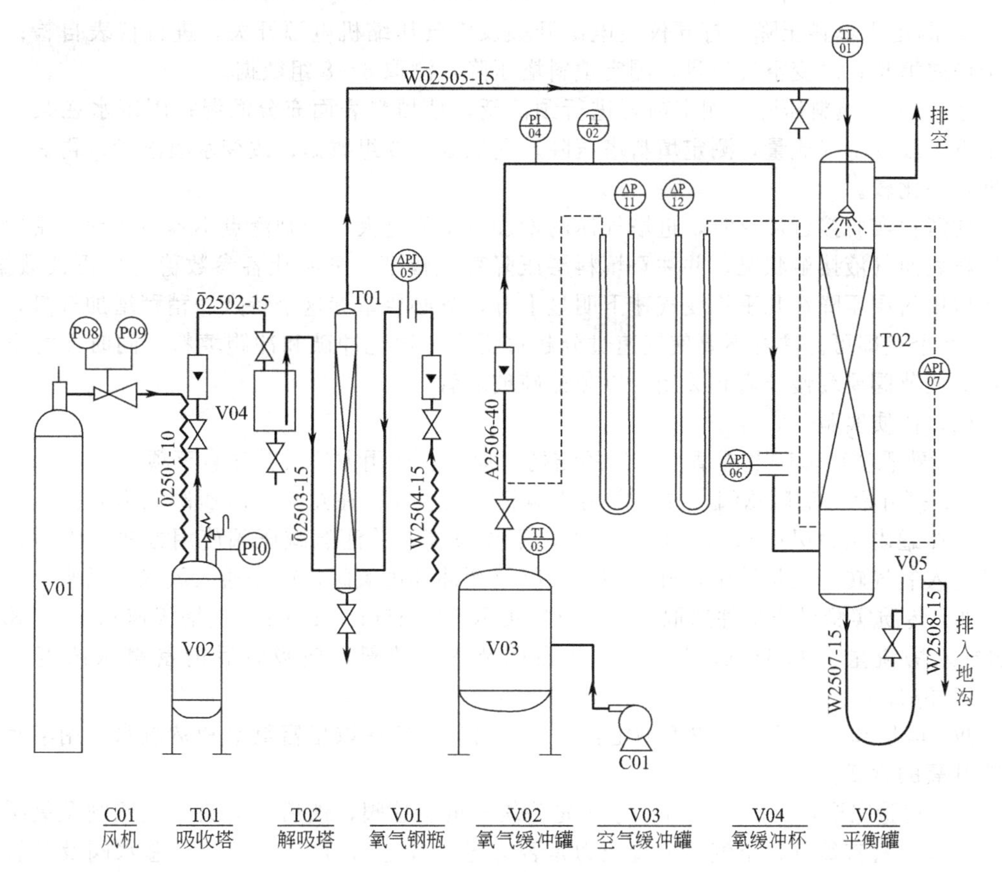

图 5-4　氧吸收-解吸实验工艺流程图

(2) 实验流程

本实验装置流程：氧气由氧气钢瓶 V01 经减压阀进入氧气缓冲罐 V02，控制缓冲罐压力 0.04～0.05MPa。为安全起见，当缓冲罐压力达到 0.08MPa 时，安全阀会自动开启（需扣实验安全 10 分）。调节氧气流量，经转子流量计计量，进入吸收塔 T01 中。自来水经阀门调节流量，由水转子流量计计量后进入吸收塔 T01。在吸收塔内氧气与水并流接触，形成富氧水，富氧水经管道在解吸塔的顶部喷淋。空气由风机 C01 供给，经空气缓冲罐 V03，由阀门调节流量经转子流量计计量，通入解吸塔底部，在塔内与塔顶喷淋的富氧水接触，解吸富氧水，解吸后的尾气从塔顶排出，贫氧水从塔底经平衡罐排出。由于本实验为低浓度气体的吸收，所以热量交换可忽略，整个实验过程看成是等温操作。

由于气体流量与气体状态有关，所以每个气体流量计前均有表压计和温度计。空气流量计前装有计前表压计 ΔP11。为了测量填料层压降，解吸塔装有压差计 ΔP12。

在解吸塔入口设有入口采样阀，用于采集入口水样，出口水样在塔底排液平衡罐上取样。

两水样液相氧浓度由 YSI-550A 型溶氧仪测得（YSI-550A 型溶氧仪的使用见 3.6 节）。

(3) 装置参数

吸收-解吸实验主要设备及控制参数见表 5-1。

5.5.4 实验步骤与注意事项

(1) 流体力学性能测定

① 测定干填料压降　打开仪表电源开关及空气压缩机电源开关，进行仪表自检；先吹干塔内填料；改变空气流量，测定填料塔压降，测取 6～8 组数据。

② 测定湿填料压降　测定前要进行预液泛，使填料表面充分润湿；固定水在某一喷淋量下，改变空气流量，测定填料塔压降，测取 8～10 组数据；改变水喷淋量，再做两组数据，并比较。

注意：实验接近液泛时，进塔气体的增加量不要过大，否则泛点不容易找到。密切观察填料表面气液接触状况，并注意填料层压降变化幅度，务必让各参数稳定后再读数据，液泛后填料层压降在几乎不变气速下明显上升，务必要掌握这个特点。稍稍增加气量，再取 1～2 个点即可。注意不要使气速过分超过泛点，避免冲破和冲跑填料。同时注意空气流量的调节阀要缓慢开启和关闭，以免撞破玻璃管。

(2) 传质实验

ⅰ. 熟悉实验流程及弄清溶氧仪的结构、原理、使用方法及其注意事项。

ⅱ. 打开氧气钢瓶总阀，并缓慢调节钢瓶的减压阀；注意氧气减压阀压力表读数，使氧气缓冲罐内压力保持 0.04～0.05MPa，不要过高，并注意减压阀使用方法。为防止水倒灌进入氧气转子流量计中，开水前要关闭氧缓冲杯进氧阀，或先通入氧气后通水。

ⅲ. 传质实验操作条件选取：水喷淋密度取 $10\sim15\mathrm{m^3/m^2\cdot h}$，空塔气速 0.5～0.8m/s 氧气入塔流量为 0.3～0.8L/min，适当调节氧气流量，使吸收后的富氧水浓度控制在≤19.9μL/L。

ⅳ. 塔顶和塔底液相氧浓度测定：分别从塔顶与塔底取出富氧水和贫氧水，用溶氧仪分析其氧的含量。

ⅴ. 实验完毕，关闭氧气时，务必先关氧气钢瓶总阀，然后才能关闭减压阀及氧缓冲杯调节阀。检查氧气、空气缓冲罐压力是否为零（放空），检查总电源、总水阀及各管路阀门，确实安全后方可离开。

表 5-1　吸收-解吸实验主要设备及控制参数

	序号	设备名称	规格	主要参数	备注
装置参数	1	吸收塔	Φ0.032×0.8（填料高度）	10mm×10mm×0.1mm；a_t—540m²/m³；ε—0.97	金属θ环散装填料
	2	解吸塔 a～d	Φ0.1×0.8（填料高度）	10mm×10mm×0.1mm；a_t—540m²/m³；ε—0.97	金属θ环散装填料
	3			12mm×12mm×1.3mm；a_t=403(m²/m³)；ε=0.764(m³/m³)；a_t/ε=903(m²/m³)	瓷拉西环
	4			15mm×8.5mm×0.3mm；a_t=850(m²/m³)	星形填料(塑料)
	5			CY 型；a_t—700(m²/m³)；ε—0.85	金属波纹丝网
	6	转子流量计 a～c	LZB-40	4～40m³/h 最小刻度：1	空气
	7		LZB-15	25～250L/h 最小刻度：0.5	水
	8		LZB-3	0.1～1L/min 最小刻度：0.02	氧气
	9	空气风机	旋涡式气泵 XGB-12	P_{max}=17.5kPa，Q_{max}=100m³/h	
	10	氧气缓冲缸	Φ0.15×0.45	操作压力：0.04～0.05MPa	安全阀(A21W-16H)开启压力：0.08MPa
	11	空气缓冲缸	Φ0.36×048	0～100℃	
	12	氧气钢瓶	6m³	≥12.5MPa	安全阀开启压力：15MPa；使用压力：0.01～0.1MPa
	13	溶氧仪	YSI-550A 型		
控制参数	序号	名称	显示仪表	传感元件	备注
	TI01	水温度	AI—708ES	Pt100	
	TI02	空气温度	AI—708ES	Pt100	
	TI03	空气温度	AI—708E	Pt100	
	PI04	空气压力	AI—708ES	压阻式压力传感器	
	ΔPI 05	水孔板压差	AI—708ES	ADS-800 传感器	
	ΔPI 06	空气孔板压差	AI—708ES	压阻式压力传感器	$V=26.2\Delta p^{0.54}$
	ΔPI 07	全塔压降	AI—708ES	压阻式压力传感器	
	P08、P09	减压阀压力	Y-40		弹簧式压力计
	P10	氧缓冲罐压力	Y-100		弹簧式压力计
	ΔP11	空气缓冲罐 U 管压差			
	ΔP12	解吸塔 U 管压差			

（3）注意事项

ⅰ．转子流量计读数以转子最大截面处对应刻度为准；

ⅱ．转子流量计刻度校正如下：$V_2=V_1\dfrac{p_1T_2}{p_2T_1}$

式中　V_2——使用状态下的空气流量；

V_1——空气转子流量计示值，若用孔板流量计，则为 $V_2=26.2\Delta p^{0.54}$，m³/h；

T_1、p_1——标定状态下空气的温度和压强（$T_1=293$K；$p_1=101.3$kPa；p_2 为绝压，kPa）；

T_2、p_2——使用状态下空气的温度和压强。

ⅲ. 溶氧仪先标定，再测量；

ⅳ. 实验中测出质量浓度，需换算成摩尔分率再计算；

5.5.5　实验数据记录与处理

解吸塔流体力学性能实验数据记录与处理见表 5-2。

解吸塔传质实验数据记录与处理见表 5-3。

表 5-2　解吸塔流体力学性能实验数据记录与处理

实验日期______　实验人员______　学号______　装置号______

塔内径______mm　填料高度______m　填料名称______　室温______℃

序号	数据记录					数据处理		
	L_i /(l/h)	$V_{S,1}$ /(m^3/h)	空气温度 t_2/℃	空气压力 p_2'/kPa	全塔压降 Δp/kPa	$V_{S,2}$ /(m^3/h)	空塔气速 u/(m/s)	$\Delta p/z$ /(kPa/m 填料)
1～10								

表 5-3　解吸塔传质实验数据记录与处理

实验日期______　实验人员______　学号______　装置号______

塔截面积______m^2　填料高度______m　填料名称______　室温______℃

序号	数据记录							数据处理	
	水流量 L/(L/h)	空气流量 /(m^3/h)	全塔压降 /kPa	空气压力 /kPa	富氧水 w_1/(mg/L)	贫氧水 w_2/(mg/L)	水温 $t_水$/℃	K_x, a/ (kmol/m^3h)	H_{OL}/m
1～10									

5.5.6　实验报告

ⅰ. 将实验数据整理在数据表中，并用其中一组数据写出计算过程。

ⅱ. 计算并确定干填料及一定喷淋量下的湿填料在不同空塔气速 u 下，与其相应单位填料高度压降 $\Delta p/z$ 的关系曲线，并在双对数坐标系中做图，找出泛点与载点，并注意观察不同填料塔的液泛现象。

ⅲ. 计算实验条件下（一定喷淋量、一定空塔气速）的液相总体积传质系数 K_xa 值及液相总传质单元高度 H_{OL} 值，并对实验结果进行分析、讨论。

5.5.7　思考题

ⅰ. 为什么易溶气体的吸收和解吸属于气膜控制过程，难溶气体的吸收和解吸属于液膜控制过程？

ⅱ. 测定 K_xa 有什么工程意义？为什么氧气吸收过程属于液膜控制？

ⅲ. 当气体温度和液体温度不同时，应用什么温度计算亨利系数？

ⅳ. 液泛的特征是什么？本装置的液泛现象是从塔顶部开始，还是塔底部开始？如何确定液泛气速？

ⅴ. 填料塔底部的出口管为什么要液封？液封高度如何确定？

ⅵ. 何谓持液量？持液量的大小对传质性能有什么影响？在喷淋密度达到一定数值后，气体流量如何影响持液量？

ⅶ. 比较液泛时单位填料高度压降和 Eckert 关系图中液泛压降值是否相符，一般乱堆填料液泛时单位填料高度压降为多少？

ⅷ. 工业上，吸收是在低温、加压下进行，而解吸是在高温、常压下进行，为什么？

ⅸ. 填料塔结构有什么特点？比较波纹填料与散装填料的优缺点。

ⅹ. 若要实现计算机在线采集和控制，应如何选用测试传感器及仪表？如何设置控制点？

附：不同温度下氧在水中的浓度见表 5-4。

表 5-4 不同温度氧在水中的浓度

温度/℃	浓度/mg/L	温度/℃	浓度/mg/L	温度/℃	浓度/mg/L
0.00	14.6400	12.00	10.9305	24.00	8.6583
1.00	14.2453	13.00	10.7027	25.00	8.5109
2.00	13.8687	14.00	10.4838	26.00	8.3693
3.00	13.5094	15.00	10.2713	27.00	8.2335
4.00	13.1668	16.00	10.0699	28.00	8.1034
5.00	12.8399	17.00	9.8733	29.00	7.9790
6.00	12.5280	18.00	9.6827	30.00	7.8602
7.00	12.2305	19.00	9.4917	31.00	7.7470
8.00	11.9465	20.00	9.3160	32.00	7.6394
9.00	11.6752	21.00	9.1357	33.00	7.5373
10.00	11.4160	22.00	8.9707	34.00	7.4406
11.00	11.1680	23.00	8.8116	35.00	7.3495

5.6 流化床干燥过程综合实验

5.6.1 实验目的及任务

ⅰ. 了解流化床干燥器的基本流程及操作方法；理解干燥过程的热、质传递特点。

ⅱ. 掌握流化床流化曲线的测定方法，测定流化床床层压降与气速的关系曲线；

ⅲ. 测定物料含水量及床层温度随时间的变化关系曲线；

ⅳ. 掌握物料干燥曲线和干燥速率曲线的测定方法，测定干燥速率曲线，并确定临界含水量 X_C、恒速阶段的传质系数 k_H 及降速阶段的比例系数 K_X。

ⅴ. 计算干燥系统的热损失率和干燥系统的热效率。

ⅵ. 学会利用误差分析的方法改进实验装置。

5.6.2 基本原理

（1）流化曲线

在实验中，可以通过测量不同空气流量下的床层压降，得到流化床床层压降与气速的关系曲线（如图 5-5）。

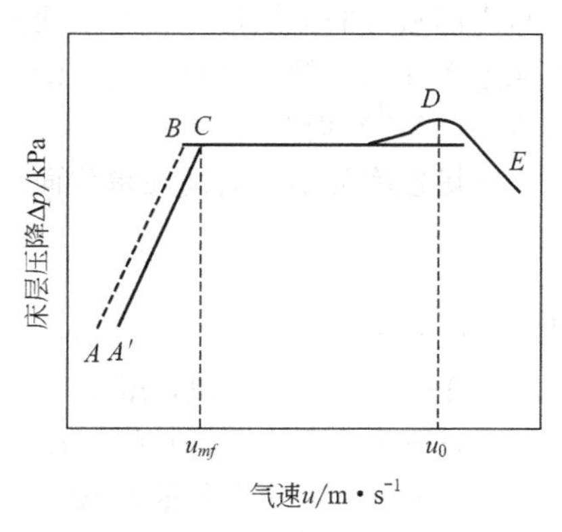

图 5-5 流化曲线

当气速较小时，操作过程处于固定床阶段（即 AB 段），床层基本静止不动，气体只能从床层空隙中流过，压降与流速成正比，斜率约为 1（在双对数坐标系中）。当气速逐渐增加（进入 BC 段），床层开始膨胀，空隙率增大，压降与气速的关系将不再成比例。

当气速继续增大，进入流化阶段（即 CD 段），固体颗粒随气体流动而悬浮运动，随着气速的增加，床层的高度逐渐增加，但床层压降基本保持不变，等于单位面积的床层净重。当气速增大至某一值后（D 点）后，床层压降将减小，颗粒逐渐被气体带走，此时，便进入了气流输送阶段。D 点处的流速即被称为带出速度（u_0）。

在流化状态下降低气速，压降与气速的关系线将沿图 5-5 的 DC 线返回至 C 点。若气速继续降低，曲线将无法按 CBA 继续变化，而是沿 CA' 变化。C 点处的流速即被称为起始流化速度（u_{mf}）。

在生产操作中，气速应介于起始流化速度与带出速度之间，此时床层压降保持恒定，这是流化床的重要特点。据此，可以通过测定床层压降来判断床层流化的优劣。

(2) 干燥特性曲线

将湿物料置于一定的干燥条件下，测定被干燥物料的质量和温度随时间的变化关系，可得到物料含水量（X）与时间（τ）的关系曲线及物料温度（θ）与时间（τ）的关系曲线（如图 5-6）。物料含水量与时间关系线的斜率即为干燥速率（U）。将干燥速率对物料含水量作图，即为干燥速率曲线（如图 5-7）。干燥过程可分三个阶段。

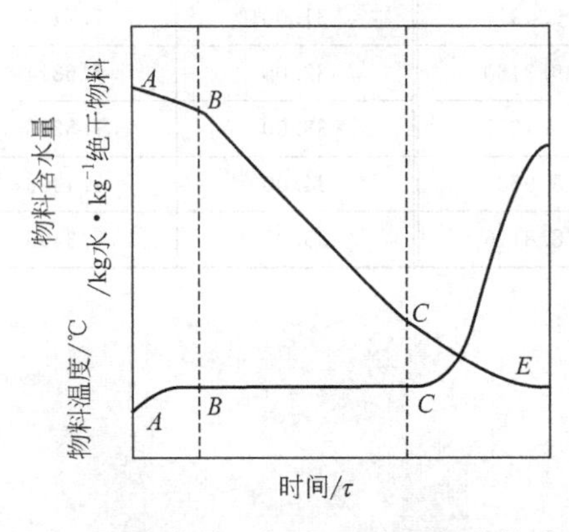

图 5-6　含水量、床层温度与时间的关系

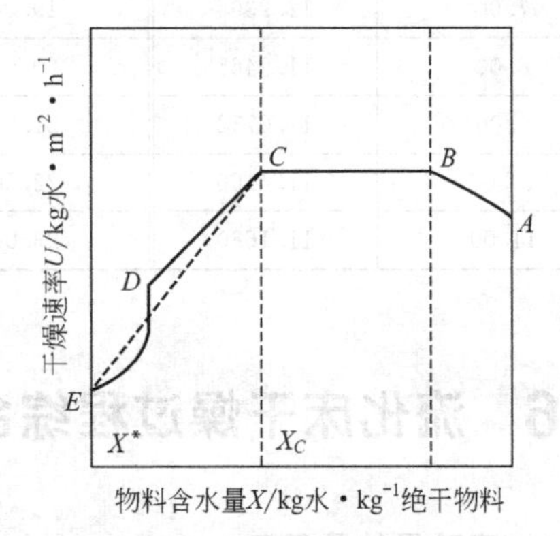

图 5-7　干燥速率曲线

① 物料预热阶段（即 AB 段）在开始干燥时，有一较短的预热阶段，空气中部分热量用来加热物料，物料含水量随时间变化不大。

② 恒速干燥阶段（即 BC 段）由于物料表面存在有自由水分，物料表面温度等于空气的湿球温度，传入的热量只用来蒸发物料表面的水分，物料含水量随时间成比例减少，干燥速率恒定且最大。

③ 降速干燥阶段（即 CDE 段）物料中含水量减少到某一临界含水量（X_C），由于物料内部水分的扩散慢于物料表面的蒸发，不足以维持物料表面保持湿润，而形成干区，干燥速率开始降低，物料温度逐渐上升。物料含水量越小，干燥速率越慢，直至达到平衡含水量（X^*）而终止。

干燥速率为单位时间在单位面积上汽化的水分量，用微分式表示为

$$U=\frac{dW}{A\cdot d\tau} \tag{5-11}$$

式中　U——干燥速率，kg 水/m² · s；

A——干燥表面积，m²；

$d\tau$——相应的干燥时间，s；

dW——汽化的水分量，kg。

图 5-7 中的横坐标 X 为对应于某干燥速率下的物料的平均含水量。

$$\overline{X}=\frac{X_i+X_{i+1}}{2} \tag{5-12}$$

式中 $\overline{X}$——某一干燥速率下湿物料的平均含水量；

X_i、X_{i+1}——分别为 $\Delta\tau$ 时间间隔内开始和终了时的含水量，kg 水/kg 绝干物料。

$$X_i=\frac{G_{si}-G_{ci}}{G_{ci}} \tag{5-13}$$

式中 G_{si}——第 i 时刻取出的湿物料的质量，kg；

G_{ci}——第 i 时刻取出的物料的绝干质量，kg。

干燥速率曲线只能通过实验测定，因为干燥速率不仅取决于空气的性质和操作条件，而且还受物料性质结构及含水分性质的影响。本实验装置为间歇操作的沸腾床干燥器，可测定欲达到一定干燥要求所需的时间，为工业上连续操作的流化床干燥器提供相应的设计参数。

（3）传质系数 k_H

因干燥过程既是传热过程也是一个传质过程，则干燥速率可表示为

$$\frac{\mathrm{d}W}{A\,\mathrm{d}\tau}=\frac{\mathrm{d}Q}{r_W A\cdot\mathrm{d}\tau}=k_H(H_W-H)=\frac{\alpha}{r_W}(t-t_W) \tag{5-14}$$

式中 α——空气与湿物料表面的对流传热系数，kW/(m^2·℃)；

H——空气湿度，kg 水/kg 干空气；

H_W——t_W 时空气的饱和湿度，kg 水/kg 干空气；

k_H——传质系数，kg/(m^2·s)；

r_W——t_W 时水的汽化潜热，kJ/kg；

t——热空气温度，℃；

t_W——湿物料表面的温度（即空气的湿球温度），℃。

因在恒定干燥条件下空气的温度、湿度以及空气与物料的接触方式均保持不变，故随空气条件而定的 α 和 k_H 亦保持恒定。

$$\alpha=0.0143G^{0.8} \tag{5-15}$$

其中

$$G=\frac{\rho V_0}{A} \tag{5-16}$$

式中 G——空气的质量流速，kg/(m^2·s)；

V_0——预热前空气的体积流量，m^3/s；

ρ——预热前空气的密度，kg/m^3；

A——干燥室的流通截面积，m^2。

5.6.3 实验装置与流程

（1）实验装置

流化床装置流程见图 5-8。

（2）实验流程

湿物料从加料口送入流化床中。空气由风机送入电加热器，加热后的空气调节流量，送入流化床。流化床顶出来的废热空气经旋风分离器，孔板流量计，通入大气中；经气流带出的物料进入旋风分离器底部分离。随着干燥过程的进行，湿物料在气流的作用下，失去水分，由取样口取样分析物料含水量，同时记录床层温度、空气干、湿球温度等。

本实验引入了计算机在线数据采集和控制技术，加快了数据记录和处理速度。

（3）装置设备及控制参数

本装置的所有设备，除床身筒体一部分采用高温硬质玻璃外，其余均采用不锈钢制造。流化床装置参数及控制参数见表 5-5。

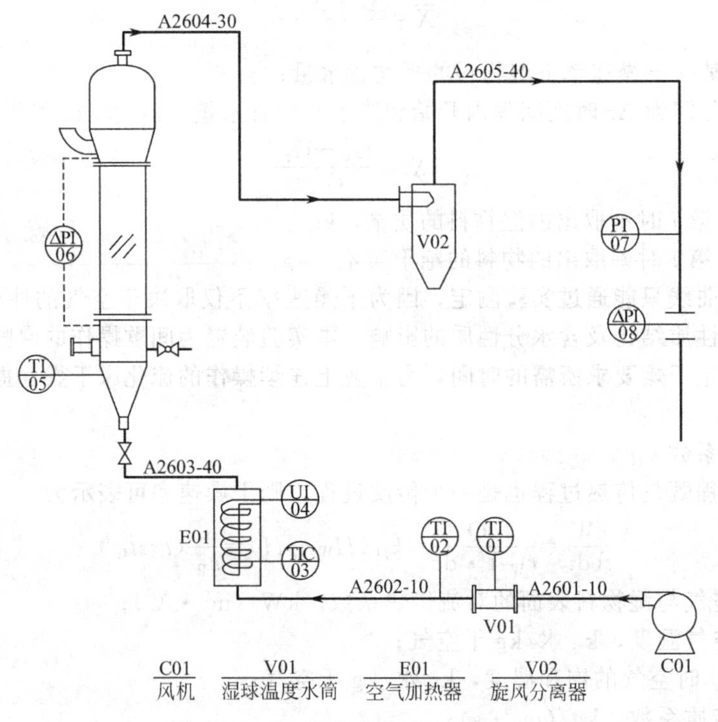

图 5-8 流化床装置流程图

表 5-5 流化床装置参数及控制参数

<table>
<tr><td rowspan="10">装置参数</td><td>序号</td><td>名称</td><td colspan="2">规格</td><td>参数</td><td>备注</td></tr>
<tr><td>1</td><td rowspan="6">流化床</td><td colspan="2">床筒体内径/mm</td><td>Φ100</td><td rowspan="2">不锈钢段，设有物料取样器、放净口、温度计接口</td></tr>
<tr><td>2</td><td colspan="2">床筒体高/mm</td><td>100</td></tr>
<tr><td>3</td><td colspan="2">床筒体内径/mm</td><td>Φ100</td><td rowspan="2">硬质玻璃段</td></tr>
<tr><td>4</td><td colspan="2">床筒体高/mm</td><td>400</td></tr>
<tr><td>5</td><td rowspan="2">顶部</td><td>气固分离段内径/mm</td><td>Φ150</td><td rowspan="2">设有加料口、测压口</td></tr>
<tr><td>6</td><td>气固分离段高/mm</td><td>250</td></tr>
<tr><td>7</td><td>加热器</td><td colspan="2">蛇形管式</td><td>$A=0.06\text{m}^2$，电加热器 1.5kW；控温电加热器 200W</td><td>不锈钢，加热管外壁设有 1mm 铠装热电偶</td></tr>
<tr><td>8</td><td>风机</td><td colspan="2">旋涡式气泵 XGB-11</td><td>$Q_{\max}=135\text{m}^3/\text{h}$，$P_{\max}=18\text{kPa}$</td><td>电机功率：1.1kW</td></tr>
<tr><td>9</td><td>旋风分离器</td><td colspan="2">$D=\phi75\text{mm}$</td><td></td><td></td></tr>
<tr><td rowspan="9">控制参数</td><td>序号</td><td>名称</td><td colspan="2">传感元件</td><td>显示仪表</td><td>备注</td></tr>
<tr><td>TI01</td><td>湿球温度</td><td colspan="2">Pt100</td><td>AI—708ES</td><td></td></tr>
<tr><td>TI02</td><td>干球温度</td><td colspan="2">Pt100</td><td>AI—708ES</td><td></td></tr>
<tr><td>TIC03</td><td>加热器壁面温度控制</td><td colspan="2">K 型热电偶</td><td>AI—708EGLS</td><td></td></tr>
<tr><td>UI04</td><td>加热电压</td><td colspan="2"></td><td>AI—708ES</td><td></td></tr>
<tr><td>TI05</td><td>床身温度</td><td colspan="2">Pt100</td><td>AI—708ES</td><td></td></tr>
<tr><td>ΔPI06</td><td>床层压降</td><td colspan="2">压阻式压力传感器</td><td>AI—708ES</td><td></td></tr>
<tr><td>PI07</td><td>空气压力</td><td colspan="2">压阻式压力传感器</td><td>AI—708ES</td><td></td></tr>
<tr><td>ΔPI08</td><td>孔板压差</td><td colspan="2">压阻式压力传感器</td><td>AI—708ES</td><td>$V=26.8\Delta p^{0.54}$</td></tr>
</table>

5.6.4 实验步骤与注意事项

(1) 流化床实验

ⅰ. 加入固体物料至玻璃段底部;

ⅱ. 调节空气流量,测定不同空气流量下的床层压降。

(2) 干燥实验

① 实验准备 将电子天平开启,并处于待用状态;将快速水分测定仪开启,并处于待用状态;准备一定量的被干燥物料,如硅胶、小麦、绿豆等。(以绿豆为例)取0.5kg左右放入热水(60～70℃)中泡20～30分钟,取出,并用干毛巾吸干表面水分,待用;湿球温度计水筒中补水,但液面不得超过警示值。

② 床身预热阶段 启动风机及加热器,将空气控制在某一流量下(孔板流量计的压差为一定值,3kPa左右),控制加热器表面温度(80～100℃)或空气温度(50～70℃)稳定,打开进料口,将待干燥物料徐徐倒入,关闭进料口。

③ 测定干燥速率曲线 步骤如下。

ⅰ. 取样:用取样管(推入或拉出)取样,每隔2～3min一次,取出的样品放入小器皿中,并记上编号和取样时间,待分析用。共做8～10组数据,做完后,关闭加热器和风机的电源;

ⅱ. 记录数据,在每次取样的同时,要记录床层温度、空气干球、湿球温度、流量和床层压降等。

(3) 结果分析

① 快速水分测定仪分析法 将每次取出的样品,在电子天平上称量9～10g,利用快速水分测定仪进行分析;

② 烘箱分析法 将每次取出的样品,在电子天平上称量9～10g,放入烘箱内烘干,烘箱温度设定为120℃,1h后取出,在电子天平称取其质量,此质量即可视为样品的绝干物料质量。

(4) 注意事项

ⅰ. 取样时,取样管推拉要快,管槽口要用布覆盖,以免物料喷出;

ⅱ. 湿球温度计补水筒液面不得超过警示值;

ⅲ. 电子天平和快速水分测定仪要按使用说明操作。

5.6.5 实验数据记录与处理

(1) 流化曲线测定

流化曲线测定数据记录与处理见表5-6。

表5-6 流化曲线测定数据记录与处理表

序号	实验测量数据		实验处理数据
	床层压降/kPa	孔板压降/kPa	空气流速/(m/s)
1～10			

(2) 干燥速率曲线测定

干燥速率曲线测定数据记录与处理见表5-7。

表5-7 干燥速率曲线测定数据记录与处理表

空气温度________ 孔板压降________ 干球温度________ 湿球温度________

序号	实验测量数据			实验处理数据		
	时间 $\Delta\tau$/s	湿物料质量 $G_{湿}$/g	干物料质量 $G_{干}$/g	含水率 X	平均含水率	干燥速率 $U_{水}$/kg·m^{-2}·s^{-1}
1～10						

5.6.6 实验报告

ⅰ. 在双对数坐标纸上绘出流化床的 $\Delta p \sim u$ 图；

ⅱ. 绘出干燥速率与物料含水量关系图，并注明干燥操作条件；

ⅲ. 确定临界含水量 X_C，并根据实验结果计算恒速干燥阶段的传质系数 k_H。

ⅳ. 计算干燥系统的热损失率和干燥系统的热效率。

5.6.7 思考题

ⅰ. 本实验所得的流化床压降与气速曲线有何特征？

ⅱ. 流化床操作中，存在腾涌和沟流两种不正常现象，如何利用床层压降对其进行判断？怎样避免它们的发生？

ⅲ. 为什么同一湿度的空气，温度较高有利于干燥操作的进行？

ⅳ. 本装置在加热器入口处装有干、湿球温度计，假设干燥过程为绝热增湿过程，如何求得干燥器内空气的平均湿度 H。

ⅴ. 若要实现计算机在线采集和控制，应如何选用测试传感器及仪表？画出其流程图。

5.7 转盘萃取综合实验

5.7.1 实验目的及任务

ⅰ. 了解转盘萃取塔的结构和特点；

ⅱ. 掌握液-液萃取塔的操作；

ⅲ. 掌握传质单元高度的测定方法，并分析外加能量对液液萃取塔传质单元高度和通量的影响。

ⅳ. 测定固定转速和水相流量，不同油相流量下以萃余相为基准的总传质系数 $K_x a$；

ⅴ. 测定固定两相流量，不同转速下的以萃余相为基准的总传质系数 $K_x a$；

5.7.2 实验基本原理

萃取是利用原料液中各组分在两个液相中的溶解度不同而使液相混合物得以分离的化工单元操作。

将一定量萃取剂加入原料液中，使原料液与萃取剂充分混合，溶质则通过相界面由原料液向萃取剂中扩散以达到分离的目的，所以萃取操作与精馏、吸收等过程一样，属于两相间的传质过程。但这两类传质过程既有相似之处，又有明显差别。在液液系统中，两相间的密度差较小，界面张力也不大，所以从过程进行的流体力学条件看，在液液接触过程中，能用于强化过程的惯性力不大，同时已分散的两相，分层分离能力也不高。因此，对于气-液相分离效率较高的设备，用于液-液传质就显得效率不高。为了提高液-液传质设备的效率，常常需要采用搅拌、脉动、振动等措施来补加能量。为使两相分离，需要分层段，以保证有足够的停留时间，让分散的液相凝聚。

与精馏、吸收过程类似，萃取过程也被分解为理论级和级效率；或传质单元数和传质单元高度。对于转盘塔、振动塔这类微分接触的萃取塔，一般采用传质单元数和传质单元高度来处理。对于稀溶液，传质单元数可近似用式(5-17) 表示

$$N_{OR} = \int_{x_2}^{x_1} \frac{\mathrm{d}x}{x - x^*} \tag{5-17}$$

式中 N_{OR}——萃余相为基准的总传质单元数；

x——萃余相中的溶质的浓度；

x_1、x_2——分别表示两相进塔和出塔的萃余相浓度；

x^*——与相应萃取浓度成平衡的萃余相中溶质的浓度。

传质单元高度表示设备传质性能的好坏，可由式(5-18) 表示

$$H_{OR}=\frac{H}{N_{OR}} \tag{5-18}$$

$$K_xa=\frac{L}{H_{OR}\Omega} \tag{5-19}$$

式中 H_{OR}——以萃余相为基准的传质单元高度，m；

H——萃取塔的有效接触高度，m；

K_xa——萃余相为基准的总传质系数，kg/(m^3·h)；

L——萃余相的质量流量，kg/h；

Ω——塔的截面积，m^2。

如已知塔高 H 和传质单元数 N_{OR}，则可由上式取得 H_{OR} 的数值。由 H_{OR} 根据式(5-19) 可计算以萃余相为基准的总传质系数 K_xa。

5.7.3 实验装置与流程

(1) 装置流程

转盘萃取塔流程见图 5-9。

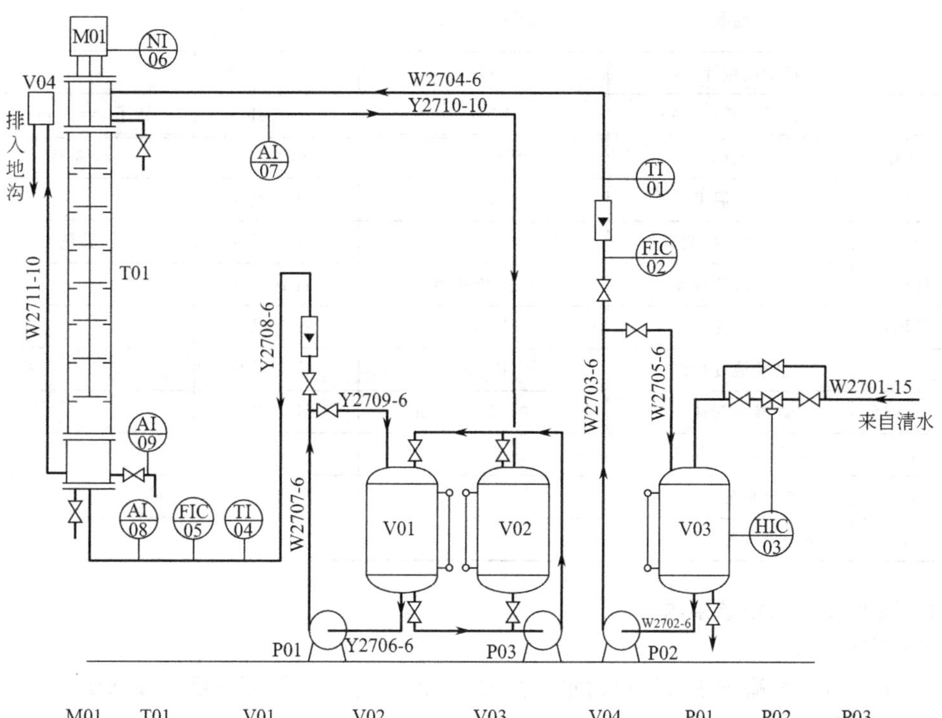

图 5-9 转盘萃取塔流程

(2) 实验流程

本实验以水为萃取剂，从煤油中萃取苯甲酸。水为连续相（萃取相），煤油相为分散相（萃余相），从塔底进，向上流动从塔顶出。水从水相贮罐经水泵泵出，调节计量，从塔顶流入，向下流动至塔底经液位调节罐出，油从油相贮罐经油泵泵出，调节计量，从塔底流入，向上流动至塔顶回油相采出罐，水相与油相在塔内借助转盘的转动进行传质。水

相和油相中的苯甲酸在各相中的浓度采用以酚酞为指示剂，标准 NaOH 溶液滴定的方法确定。由于水与煤油可认为是完全不互溶的，而且苯甲酸在两相中的浓度都非常低，可以近似认为萃取过程中两相的体积流量保持恒定。

(3) 装置参数及控制参数

装置参数及控制参数见表 5-8。

表 5-8 萃取装置参数及控制参数

	序号	名称	规格	参数	备注
装置参数	1	转盘萃取塔	塔内径,mm	ϕ50	13 组转盘,塔身为硬质硼硅酸盐玻璃管
	2		有效塔高,mm	700	
	3		环形隔板,块	13	硬质玻璃段
	4		相邻隔板的间距为,mm	40	
	5		分离段 轻相分离段高,mm	200	轻重两相的入口管
	6		分离段 重相分离段高,mm	200	
	7		调压变压器		无级变速
	8	水泵	EC-101-50A	扬程:2m 流量:1.0L/min	
	9	油泵	EC-101-50A	扬程:2m 流量:1.0L/min	
	10	转子流量计(水)	LZB-4	1.6～16L/h	
	11	转子流量计(油)	LZB-4	1.6～16L/h	转子 ρ=7900kg/m^3
控制参数	序号	名称	传感元件	显示仪表	备注
	TI01	水相温度	Pt100	AI-708ES	
	FIC02	水流量控制		AI-708ES	计量泵
	HIC03	水箱液位控制	压差传感器	AI-708ES	
	TI04	油相温度	Pt100	AI-708ES	
	FIC05	油相温度控制	Pt100	AI-708ES	
	NI06	转盘转速	200～500r/min	AI-708ES	
	AI07	萃取液分析取样口			
	AI08	煤油进料分析取样口			
	AI09	萃余取液分析取样口			

5.7.4 实验步骤与注意事项

(1) 实验步骤

ⅰ. 在水相原料罐中注入适量的水，在油相原料罐中放入配好浓度（如 0.002kg 苯甲酸/kg 煤油）的煤油溶液。

ⅱ. 首先开启连续相（水）的转子流量计（阀门）向塔中灌水后，再开启分散相（煤油）的转子流量计，并按照相比 1∶1 的要求将两相的流量计读数调节至重相入口和轻相出口中点附近时，将水流量调至某一指定值（如 4L/h），并缓慢调节液面调节罐使液面保持稳定。

ⅲ. 将转盘速度旋钮调至零位，然后缓慢调节转速至设定值。

ⅳ. 将油相流量调至设定值（如 6L/h）送入塔内，注意并及时调整，使液面保持稳定在油相入口和轻相出口中点附近。

ⅴ. 操作稳定半小时后，用锥形瓶收集油相进出口样品各 40mL 左右，水相出口样品 50mL 左右分析浓度。用移液管分别取煤油溶液 10mL，水溶液 25mL，以酚酞为指示剂，用 0.01mol/L 左右的 NaOH 标准溶液滴定样品中苯甲酸的含量。滴定油相样品时，需加入数滴非离子表面活性剂的稀溶液并激烈摇动至滴定终点。

ⅵ. 取样后，可改变两相流量或转盘转速，进行下一个实验点的测定。

(2) 注意事项

ⅰ. 在操作过程中，要绝对避免塔顶的两相界面在轻相出口以上。因为这样会导致水相混入油相贮槽。

ⅱ. 由于分散相和连续相在塔顶、底滞留很大，改变操作条件后，稳定时间一定要足够长，大约要用半小时，否则误差极大。

ⅲ. 煤油的实际体积流量并不等于流量计的读数。需用煤油的实际流量数值时，必须用流量修正公式对流量计的读数进行修正后方可使用。

5.7.5　实验数据记录与处理

固定转速（r/min）和水相流量（L/h），改变油相流量，数据记录及处理见表 5-9。

表 5-9　数据记录及处理表

塔型_____　塔内径_____　塔有效高度_____　塔内温度_____　溶质 A _____

稀释剂 B _____　萃取剂 S _____　重相密度_____　轻相密度_____

流量计转子密度_____　NaOH 溶液浓度_____　水相流量_____　转速_____

序号	油流量 L_1/L·h^{-1}	m_0	m_1	m_2	V_0	V_1	V_2	$W_{t0}\times10^3$	$W_{t1}\times10^3$	$W_{t2}\times10^4$	N_{OR}	H_{OR}	K_xa
1	1.05	1.93	2.83	3.43	2.80	2.40	0.25	1.87	1.09	0.94	0.94	0.745	564.00

注：油流量 L_1 已转换为煤油实际流量，其中流量计转子密度 ρ_f：7900kg/m^3。
m_0—油相入口取样量，g；
m_1—油相出口取样量，g；
m_2—水相出口取样量，g；
V_0—油相入口样品滴定用 NaOH 体积，mL；
V_1—油相出口样品滴定用 NaOH 体积，mL；
V_2—水相出口样品滴定用 NaOH 体积，mL；
Wt_0—油入口溶液中苯甲酸的质量分率；
Wt_1—油出口溶液中苯甲酸的质量分率；
Wt_2—水出口溶液中苯甲酸的质量分率。

固定油相流量（L/h）和水相流量（L/h），改变转速，实验数据记录及处理见表 5-10。

表 5-10　实验数据记录及处理表

转速 n/r·min^{-1}	m_0	m_1	m_2	V_0	V_1	V_2	$W_{t0}\times10^3$	$W_{t1}\times10^3$	$W_{t2}\times10^4$	N_{OR}	H_{OR}	K_xa

变量符号说明同上，略。

计算示例　以表 5-9 固定转速（400r/min）和水相流量（4L/h），改变油相流量，数据记录中第一行为例说明计算过程

$$W_{t0}=\frac{C\cdot V_0\cdot M}{m_0}=\frac{0.01057\times2.80\times10^{-3}\times122.12}{1.93}=1.87\times10^{-3}$$

同理　$W_{t1}=1.09\times10^{-3}$；$W_{t2}=9.4\times10^{-5}$；

$$N_{OR}=\int_{1.09\times10^{-3}}^{1.87\times10^{-3}}\frac{1}{W_t^*-W_t}\mathrm{d}(W_t)$$

利用实测的苯甲酸在两相中的相平衡数据和操作线方程，采用 Simpson 数值积分求解得到，上式的结果为 0.94。（相平衡数据见表 5-11）

则
$$H_{OR}=\frac{H}{N_{OR}}=\frac{0.7}{0.94}=0.745 \quad \text{m}$$

$$K_{x}a=\frac{L\rho}{H_{OR}\Omega}=\frac{1.05\times10^{-3}\times800}{0.745\times0.002}=563.76 \quad \text{kg/(m}^3\cdot\text{h)}$$

式中 N_{OR}——萃余相为基准的总传质单元数；

H_{OR}——以萃余相为基准的传质单元高度，m；

C——滴定用 NaOH 浓度，mol/L；

$K_{x}a$——以萃余相为基准的总传质系数，kg/(m³·h)；

Ω——塔的截面积，0.002m^2；

ρ——油相密度，800kg/m^3；

ρ_f——流量计转子密度，7900kg/m^3。

另：实验中用水作萃取剂萃取煤油中的苯甲酸，操作相比（质量比）为 1∶1。在实验操作范围内，相平衡关系可近似为

$$Y=2.2X \tag{5-20}$$

Y 与 X 间的关系可由系统的物料衡算方程确定：

$$G_R(X_1-X_2)=G_E(Y_1-Y_2) \tag{5-21}$$

对于稀溶液，N_{OR} 可用对数平均推动力法计算

$$N_{OR}=\frac{(X_1-X_1^*)-(X_2-X_2^*)}{\ln[(X_1-X_1^*)/(X_2-X_2^*)]} \tag{5-22}$$

式中 G_R、G_E——分散相中和连续相中稀释剂的质量流量，$\text{kg}\cdot\text{s}^{-1}$；

X_1、X_2——分散相进、出萃取塔的质量比浓度，kg/kg，本实验中，$X_1=X_F$；

Y_1、Y_2——连续相进、出萃取塔的质量比浓度，kg/kg，本实验中，$Y_1=0$；

X^*——与连续相浓度 Y 呈平衡的分散相浓度，kg/kg。

实验中，通过改变煤油的流量和转盘转速，测取一系列相应的分散相（油相）中苯甲酸的含量，并通过物料衡算求得连续相（水相）的出口浓度 Y_1，即可由相平衡方程（5-20）和物料衡算方程（5-21）计算得到一系列的 N_{OR} 和 H_{OR}。最后，将相应的 $K_{x}a$ 对 L 作图，就得到 $K_{x}a$ 与外加能量之间的关系。

5.7.6 实验报告

ⅰ. 测定固定转速和水相流量，以萃余相为基准的总传质系数 $K_{x}a$ 在不同油相流量下的变化关系，即 $L\sim K_{x}a$ 关系图；并讨论其变化关系。

ⅱ. 测定固定两相流量不同转速下，以萃余相为基准的总传质系数 $K_{x}a$ 随转盘转速变化关系，即 $n\sim K_{x}a$ 关系图；

ⅲ. 比较 $L\sim K_{x}a$，与 $n\sim K_{x}a$ 关系曲线，分析要增加 $K_{x}a$，增加油相流量与增加转盘转速哪个更为有效。

5.7.7 思考题

ⅰ. 萃取过程中选择连续相、分散相的原则是什么？

ⅱ. 转盘塔的主要结构特点是什么？

ⅲ. 本实验中为什么不宜用水做分散相？倘若用水作为分散相，操作步骤又是怎样的？两相分层分离段应设在塔的哪一端？

ⅳ. 萃取相出口为什么要采用 Л 形管？Л 形管的高度是怎样确定的？

ⅴ. 在液-液萃取操作过程中，外加能量是否越大越有利？

附录：苯甲酸在水和煤油中的平衡浓度

苯甲酸在水和煤油中的平衡浓度见表 5-11～表 5-13。

X_R：苯甲酸在油中的平衡浓度，kg 苯甲酸/kg 煤油

Y_E：对应的苯甲酸在水中的平衡浓度，kg 苯甲酸/kg 水

表 5-11　15℃苯甲酸在水和煤油中的平衡浓度

$X_R\times10^3$	1.304	1.369	1.436	1.502	1.568	1.634	1.699	1.766	1.832
$Y_E\times10^3$	1.036	1.059	1.077	1.090	1.113	1.131	.1036	1.159	1.171

表 5-12　20℃苯甲酸在水和煤油中的平衡浓度

$X_R\times10^3$	13.93	12.52	12.01	11.75	10.82	9.721	8.276	7.220	6.384
$Y_E\times10^3$	2.75	2.685	2.676	2.579	2.455	2.359	2.191	2.055	1.890
$X_R\times10^3$	1.897	5.279	3.994	3.072	2.048	1.175			
$Y_E\times10^3$	1.179	1.697	1.539	1.323	1.059	0.769			

表 5-13　25℃苯甲酸在水和煤油中的平衡浓度

$X_R\times10^3$	12.513	11.607	10.546	10.318	7.749	6.520	5.093	4.577	3.516	1.961
$Y_E\times10^3$	2.943	2.851	2.600	2.747	2.302	2.126	1.816	1.690	1.407	1.139

本章主要符号

英文

A　面积，m^2

C_0　孔流系数

c_p　定压比热容，J/(kg·℃)

d　直管内径，m

D　馏出液量，kmol/s

E　亨利系数

E_M　单板效率

E_T　总板效率

g　重力加速度，m/s^2

G　固体湿物料的量，kg；

　空气质量流速，$kg/(m^2 \cdot s)$

G_A　单位时间内氧的解吸量，$kmol/(m^2 \cdot h)$

G_C　绝干物料质量，kg

h_f　单位质量流体的机械能损失，J/kg

H　扬程，m；空气湿度，kg 水/kg 干空气

H_{OL}　以液相为推动力的传质单元高度，m

H_{OR}　以萃余相为基准的传质单元高度，m

k　电机传动效率；物料特性常数

K　过滤常数；总传热系数

k_H　传质系数，$kg/(m^2 \cdot s)$

N_e　有效功率，W

N_p　实际塔板数

N_T　理论塔板数

N_U　努塞尔数

N_{OL}　以液相为推动力的传质单元数

N_{OR}　以萃余相为基准的总传质单元数

p，P　压强，Pa

p_r　普朗特数

q　进料热状况；

　单位过滤面积的滤液量，m^3/m^2

q_e　单位过滤面积的虚拟滤液量，m^3/m^2

q_V　体积流量，$m^3/s(m^3/h)$

Q　传热量，W

r　汽化热，kJ/kmol

r'　滤饼的比阻，$1/m^2$

R　U 形管水柱高度，m；电阻，Ω

　回流比；通用气体常数，8.314kJ/mol·K

Re　雷诺数

s　滤饼压缩性指数

t、T　温度，℃

K_xa	液相体积总传质系数，kmol/(m^3·s)	u	流速，m/s
	萃余相为基准的总传质系数，kg/(m^3·h)	U	加热电压，V；干燥速率，kg/(m^2·h)
l	直管长度，m	V	空气流量，m^3/s；塔内上升蒸汽量，kmol/s
L	回流液流量，kmol/s；	V_e	虚拟滤液体积，m^3
	解吸液流量，kmol/(m^2·h)；	v_p	填料层体积，m^3
	萃余相质量流量，kg/h	W	釜液流量，kmol/s；水分气化量，kg
m	相平衡常数	x	液相摩尔分数；萃余相中溶质浓度
n	离心泵转速	X	物料干基含水量，kg水/kg绝干物料
n_D	料液折光率	y	气相摩尔分数
N	泵轴功率，W；	Z	填料层高度，m

希文

α	传热膜系数，W/(m^2·℃)	τ	时间，s
ε	管壁粗糙度	τ_e	虚拟过滤时间
η	效率	ζ	局部阻力系数
λ	摩擦阻力系数；热导率，W/(m·℃)	δ	膜的厚度，m
υ	滤饼体积与相应滤液体积之比	Ω	塔截面积，m^2
ρ	密度，kg/m^3		

6 化工原理创新与研究实验

6.1 膜蒸馏实验

6.1.1 实验目的及任务

ⅰ. 认识和理解膜蒸馏的工作原理。

ⅱ. 测定直接接触式膜蒸馏（DCMD，direct contact membrane distillation）的跨膜通量和膜蒸馏系数，并认识其随温度的变化规律。

ⅲ. 测定真空膜蒸馏（VMD，vacuum membrane ditillation）的跨膜通量和传热系数，并认识其随流量的变化规律。

ⅳ. 学会物性数据的查阅、计算方法，了解制冷系统工作原理。

6.1.2 基本原理

本装置采用疏水膜，在平面膜组件中进行 DCMD 和 VMD 实验。在 DCMD 实验中，于不同温度下测定跨膜通量，并根据测量结果计算膜蒸馏系数；在 VMD 实验中，于不同流量下测定跨膜通量，并根据测量结果计算膜组件的传热系数。本实验引入了计算机在线数据采集技术和数据处理技术，加快了数据记录与处理的速度。

（1）直接接触式膜蒸馏的实验原理

膜蒸馏技术是膜技术与常规蒸馏技术结合的产物，它是利用挥发性组分在膜两侧的蒸汽压差实现该组分的跨膜传质。

直接接触式膜蒸馏原理如图 6-1 所示。温度不同的两股水流分别与膜两侧直接接触，形成膜表面的热侧和冷侧。热侧表面的水蒸气分压高于其在冷侧膜表面之值，在此压差的作用下，水蒸气分子发生跨膜传质现象，到达冷侧膜表面，并在此冷凝。这样，可通过测定一定时间内热侧料液质量的变化量得到 DCMD 的跨膜传质速率 N（跨膜通量）。

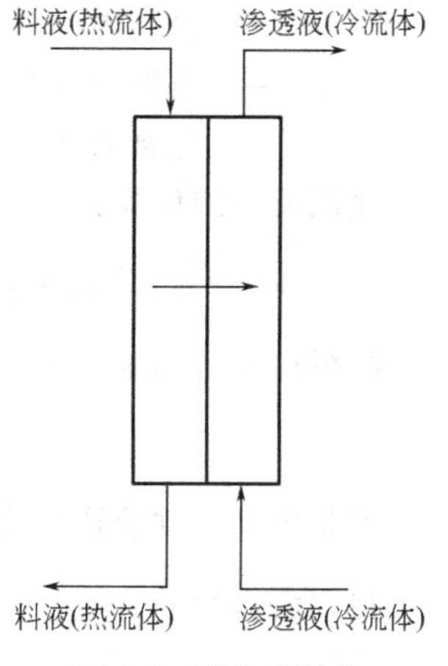

图 6-1 直接接触式膜蒸馏原理

膜通量是指膜蒸馏过程中单位时间内通过单位膜面积蒸发掉的水的质量。膜蒸馏实验过程中，由于水透过膜的蒸发作用，热水槽中的贮水量随时间减少（实验装置中是将热水槽位于电子天平上的），即电子天平的示数减小。实验中，当温度稳定一段时间后，启动秒表，同时读取并记录此时天平示数 m_1（单位：g）；经过 3～5min，停秒表，同时读取并记录此时天平示数 m_2 和秒表走过的时间 τ。

膜通量的计算方法如下：

$$N=\frac{m_1-m_2}{\tau A} \tag{6-1}$$

其中 A 为实验所用膜的有效面积，此装置 $A=0.005\text{m}^2$；膜通量 N 的单位为 $\text{g}/(\text{m}^2\cdot\text{s})$。

一般认为跨膜通量与膜两表面处的蒸汽压差成正比：

$$N=C(p_{fm}-p_{pm}) \tag{6-2}$$

其中 C 称为膜蒸馏系数，它随着温度的升高略有升高。p_{fm} 和 p_{pm} 分别为热侧和冷侧膜表面处的蒸汽压，其值可根据该处的温度用安托因方程计算。

流体流过固体表面时，如果两者的温度不同，会在流体主体与固体表面之间形成温度边界层。DCMD 过程中同样存在这种现象，即热侧膜表面处流体温度低于热侧主体温度、冷侧膜表面处流体温度高于冷侧主体温度，这种现象称为“温度极化”。显然，温度极化现象的存在使膜两侧的实际蒸汽压差低于按主体温度计算的蒸汽压差，这种现象越严重，则跨膜传质的推动力越小，传质速率越低。温度极化现象的严重程度用温度极化系数（TPC）的大小衡量，其定义式如下：

$$TPC=\frac{t_{fm}-t_{pm}}{t_f-t_p} \tag{6-3}$$

其中 t_{fm} 和 t_{pm} 分别为流体在热侧和冷侧膜表面的温度，而 t_f 和 t_p 分别为两种流体主体的温度。因此 TPC 的物理意义可以理解为：两流体的温差中被直接用于作为膜蒸馏传质推动力的那一部分。

由 TPC 的定义式可以看出，欲计算 TPC 需要先求出 t_{fm} 和 t_{pm}。可以导出定态时 DCMD 的膜表面温度计算式如下：

$$t_{fm}=\frac{\dfrac{k_m}{\delta}(t_p+t_f\alpha_f/\alpha_p)+\alpha_f t_f-N\Delta H}{\dfrac{k_m}{\delta}+\alpha_f\left(1+\dfrac{k_m}{\alpha_p\delta}\right)} \tag{6-4a}$$

$$t_{pm}=\frac{\dfrac{k_m}{\delta}(t_f+t_p\alpha_p/\alpha_f)+\alpha_p t_p+N\cdot\Delta H}{\dfrac{k_m}{\delta}+\alpha_p\left(1+\dfrac{k_m}{\alpha_f\delta}\right)} \tag{6-4b}$$

式中 ΔH——热侧流体的相变焓；

δ——膜的厚度；

k_m——膜的混合热导率，即膜材料与空气的平均热导率，本装置 k_m/δ 之值取 $1100\text{W}/\text{m}^2\cdot℃$；

α_f、α_p——分别为膜两侧对流传热系数，本实验中其值采用如下经验关联式（以热侧计算为例）。

热侧流速的计算：

$$u_f=\frac{\text{热侧流量}}{\text{组件流道宽度}(a)\times\text{组件流道高度}(b)}\quad \text{m/s} \tag{6-5}$$

膜组件流道当量直径的计算：

$$d_e=\frac{2ab}{a+b}\quad \text{m} \tag{6-6}$$

本装置膜组件流道高度为 $a=0.002\text{m}$，膜组件流道宽度为 $b=0.06\text{m}$。

热侧雷诺数：

$$Re_f=\frac{d_e u\rho}{\mu} \tag{6-7}$$

热侧普朗特数：

$$Pr_f=\frac{c_p\mu}{\lambda} \tag{6-8}$$

热侧努塞尔数：　　$Nu=0.19Re^{0.678}Pr^{0.33}$　　(6-9)

热侧对流传热系数：　　$\alpha_f=\dfrac{Nu \cdot \lambda}{d_e}$　W/m^2 · K　　(6-10)

冷侧流速的计算（方法与热侧相同）：略。

(2) 真空膜蒸馏的实验原理

真空膜蒸馏的工作原理如图 6-2 所示。VMD 中，在料液（热侧）一侧发生的物理过程与 DCMD 过程类似，水在热侧膜表面处也能表现出较高的蒸汽压；在冷侧，不像 DCMD 那样采用低温液体的循环将跨膜蒸汽冷凝，而是利用真空设备在该侧建立一定的真空度，透过膜的蒸汽被真空泵抽到冷凝器中冷凝。由于膜冷侧压力很低，VMD 可以获得较大的跨膜通量。

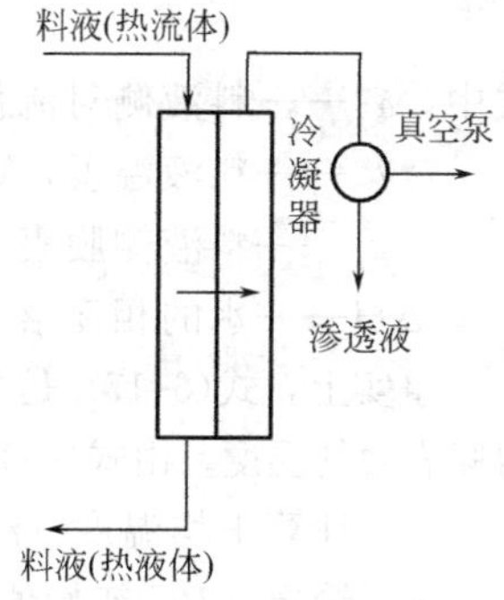

图 6-2　真空膜蒸馏原理

真空膜蒸馏跨膜传质通量可以用如下的方程描述：

$$N=1.064\frac{r\varepsilon}{\theta\delta}\left(\frac{M}{RT_m}\right)^{0.5}\Delta p_i+0.125\frac{r^2\varepsilon}{\theta\delta}\left(\frac{Mp_m}{\mu RT_m}\right)\Delta p \tag{6-11}$$

式中　r——膜平均孔半径，m；

θ——膜孔的曲折因子；

ε——膜的孔隙率；

δ——膜的厚度，m；

Δp_i——挥发性组分在膜两侧的蒸汽压差，Pa；

M——水的摩尔质量，kg/kmol；

R——通用气体常数，8.314kJ/kmol · K；

T_m——膜内平均温度，℃；

p_m——膜内平均压力，Pa；

μ——挥发性组分在膜孔内的黏度，Pa · s；

Δp——膜两侧的总压差，Pa。

该方程是膜蒸馏的跨膜传质速率方程，实验中采用平均孔径为 0.1μm 的聚四氟乙烯（PTFE）疏水微孔膜，有效膜面积 A 为 0.005m^2。其中膜结构参数已通过气体渗透实验测定，结果为：

$$\frac{\varepsilon r}{\theta\delta}=1.1\times10^{-3}\qquad \frac{\varepsilon r^2}{\theta\delta}=1.28\times10^{-10}\,\text{m}$$

另外，上式中：

$$T_m=273.15+\frac{t_{fm}+t_{pm}}{2} \tag{6-12}$$

$$\Delta p_i=p_{fm}-p_{pm} \tag{6-13}$$

$$p_{fm}=\exp\left(23.231-\frac{3843}{t_{fm}+273.15-45}\right)$$

$$p_{pm}=\exp\left(23.231-\frac{3843}{t_{pm}+273.15-45}\right) \tag{6-14}$$

$$p_m=0.5(p_{fm}+p_{pm}) \tag{6-15}$$

VMD 温度极化系数：

$$TPC=\frac{t_f-t_{fm}}{t_f-t_{\text{sat}}} \tag{6-16}$$

其中 t_{sat} 指真空侧压力对应的饱和温度。

由于 Antoine 方程(6-14) 的非线性，造成传质速率方程(6-11) 的非线性，求解时需要迭代。

对真空膜蒸馏而言，在真空度较高的情况下，跨膜导热速率可认为近似为零。在此假定下，通过料液侧温度边界层传递的热量全部用于膜表面处水分的汽化。据此，可以写出如下的传热速率方程：

$$\alpha_f(t_f-t_{fm})=\Delta H\cdot N \tag{6-17}$$

式中　α_f——料液侧对流传热系数，$W/m^2\cdot K$；

t_f——料液温度，℃；

t_{fm}——料液侧膜表面处的温度，℃；

ΔH——水的相变焓，kJ/kg。

事实上，式(6-17) 是关于膜表面温度 t_{fm} 的非线性方程，采用割线法迭代求解此方程，可得膜表面的温度。由式(6-17) 可直接计算膜组件对流传热系数。具体试差过程如下：

ⅰ. 计算平均温度 (t_f)；

ⅱ. 给定 TPC 初始值 $TPC_1=0.5$，并据此生成 $TPC_2=1.1TPC_1$；

ⅲ. 由式(6-16) 求出两个 t_{fm}：t_{fm1} 和 t_{fm2}；

ⅳ. 代入式(6-11) 求两个 N：N_1 和 N_2；

ⅴ. 检验 N_2 与 $N_{实验}$ 是否足够接近?，如果“是”，则计算结束，当前的 t_{fm2} 为所求，否则，进行下一步；

ⅵ. $TPC_{新}=TPC_2-\dfrac{(TPC_2-TPC_1)}{N_2-N_1}(N_2-N_{实验})$；

ⅶ. 由 $TPC_{新}$ 求 $t_{fm新}$，进而由式(6-11) 求 $N_{新}$；

ⅷ. 令 $N_1=N_2$，$TPC_1=TPC_2$；$N_2=N_{新}$，$TPC_2=TPC_{新}$，返回ⅴ。

将由上述迭代过程求得的热侧膜表面温度 t_{fm} 代入式(6-17)，可求得热侧对流传热系数；代入式(6-16) 可求得温度极化系数。

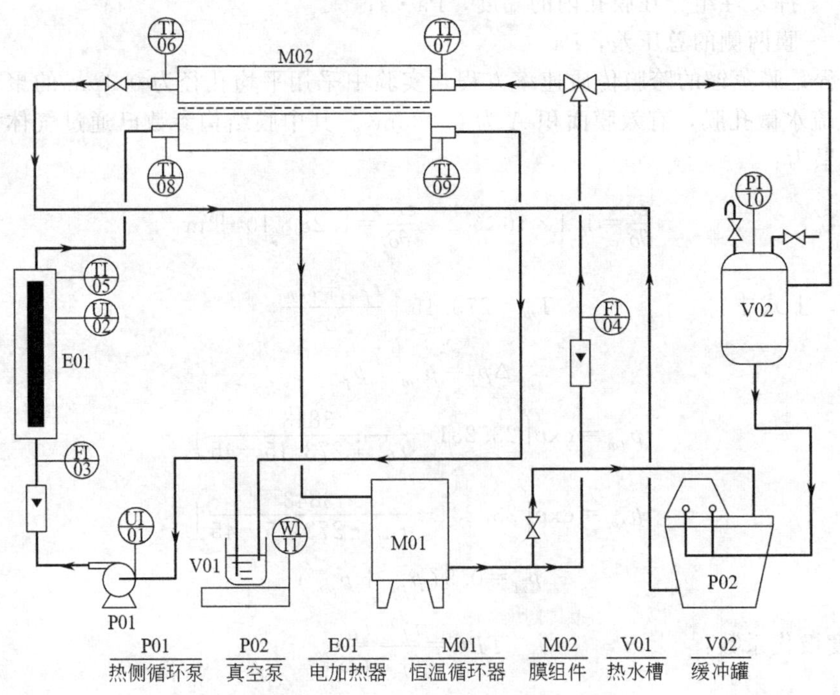

图 6-3　膜蒸馏实验装置流程

6.1.3 实验装置与流程

(1) 实验装置

膜蒸馏实验装置流程见图 6-3。

(2) 实验流程

热水槽 V01 中的纯净水由热侧循环泵 P01 抽出，经转子流量计 FI03，送往电加热器 E01，被加热后进入膜组件 M02 的热侧，在膜组件中发生膜蒸馏过程，少部分水以水蒸气的形式进行跨膜传质，到达冷侧，其余的热水经膜组件的热侧出口流回水槽 V01。

在 DCMD 实验中，制冷机 M01 水箱中的低温纯净水被制冷机自带循环泵抽出，经转子流量计 FI04 和三通切换阀进入膜组件 M02 的冷侧，在此低温水将来自热侧的跨膜蒸汽冷凝，然后流出膜组件 M02，返回制冷机水箱 M01。

在 VMD 实验中，来自膜组件 M02 热侧的跨膜蒸汽到达冷侧后被真空泵 P02 抽出，进入真空泵水箱并冷凝。制冷机水箱中的水由本机循环泵抽出，送往真空泵水箱中的盘管，以冷却真空泵水箱中的水，然后又返回制冷机水箱。

(3) 装置参数及控制参数

膜蒸馏装置参数及控制参数见表 6-1。

表 6-1 膜蒸馏装置参数及控制参数

	名称		规格	参数	备注
装置参数	恒温循环器	热侧循环泵	隔膜泵		
		制冷机	DTY-8A	1500W，±1℃	
	真空泵		SHB-B95	180W，极限真空度：98kPa	
	电加热器		自制	1000W	
	膜组件		聚四氟乙烯疏水微孔膜	流道：170mm×60mm×2mm	
	热水槽		塑料桶	Φ0.15×0.15	
	电子天平		ARD110	最大称量：4100g，分度值：0.1g	
	缓冲罐		自制	Φ0.11m×0.19m	不锈钢
控制参数	仪表序号		名称	传感元件及仪表参数	显示仪表
	UI01		热侧循环泵电压	24V	AI-708ES
	UI02		电加热器电压	220V	AI-708ES
	FI03		热侧流量	0～100L/h	
	FI04		冷侧流量	0～100L/h	
	TI05		电加热器温度	Pt100	AI-708ES
	TI06		冷侧出口温度	Pt100	AI-708ES
	TI07		冷侧进口温度	Pt100	AI-708ES
	TI08		热侧进口温度	Pt100	AI-708ES
	TI09		热侧出口温度	Pt100	AI-708ES
	PI10		缓冲罐压力	压力变送器	
	WI11		电子天平		

6.1.4 实验步骤与注意事项

(1) 准备工作

ⅰ. 向热水槽 V01 中加入纯净水，要求其液位达到 90%以上。

ⅱ. 向制冷机 M01 的水箱中加入纯净水，要求其液位达到水箱上沿以下 1～2cm 处。

ⅲ. 向真空泵 P02 的水箱中加入自来水，要求其液位达到溢流口以上。(DCMD 实验无需此步)

ⅳ. 将实验用膜安放于膜组件中，并将装配好的膜组件置于小平台上，接好进、出口管线。

ⅴ. 确认放空阀 V02 关闭。

ⅵ. 确认热侧转子流量计 FI03 入口阀完全开启。

(2) 直接接触式膜蒸馏实验

切换——将三通切换阀转向至“DCMD”一侧。

打开与切断——打开 M02 切断阀；将 M01 至 P02 的切断阀转向 DCMD 一侧。

供电——打开仪表柜上的总电源开关、热侧循环泵开关。

建立热侧循环——顺时针方向缓慢地旋转热侧循环泵的旋钮以增大流量，水槽中的水将被抽出，经加热器和膜组件后又返回，这样就建立了热侧循环。

启动制冷机——启动制冷机（使用方法见“制冷机说明书”)，设定水温为 20℃，确认制冷功能启动，并启动本机循环泵。

建立冷侧循环——将冷侧转子流量计 FI04 的入口阀完全打开，启动制冷机自带循环泵，制冷机水箱槽中的水将被抽出，经膜组件后又返回水箱，这样就建立了冷侧循环。

排气——在热、冷侧流量都为 1.0L/min 的条件下，利用膜组件顶部的排气阀将膜组件冷侧的气泡排净。膜组件热侧的气泡可通过晃动膜组件、脉冲水流等方式排出。观察电子天平读数，当其值基本不变或很缓慢地变化时，可进行下一步。

升温——确认热侧循环建立，打开电加热开关，顺时针方向旋转调压旋钮以增加加热电压，热侧开始升温。升温过程中注意观察热侧温度的变化趋势。也可以利用自动控制壁温的功能进行加热升温。

调整与数据记录——将冷、热侧流量均调整到所需值；手动调整加热电压值或采用设定加热器壁温自动控制温度，以使热侧进、出口平均温度值维持在所需值；观察膜组件热侧，如有气泡，要及时排气。在计算机屏幕观察热侧、冷侧温度和跨膜通量的变化趋势，这些数据稳定后，通过按数据采集软件的保存数据按钮，将当前数据保存至计算机文件中，也可手工记录热水槽中的贮水量随时间的减少量（实验装置中是将热水槽位于电子天平上的)，即电子天平的示数减小。

实验在膜两侧流量均为 1.0L/min 的条件下进行；改变热侧温度（例如，可在热侧进、出口平均温度分为别为 43℃、47℃、51℃、55℃、59℃的条件下）进行跨膜通量的测定

停车——将加热电压值调至最小，按下电加热停止按钮；5 分钟后依次停热侧泵 P02、冷侧泵、制冷机、电子天平；

(3) 真空膜蒸馏实验

切换与关闭——将三通切换阀转至 VMD 一侧，关闭 M02 出口切断阀，将 M01 至 P02 的切断阀转向 VMD 一侧，关闭冷侧转子流量计 FI04 入口阀门。

供电——同 DCMD 实验。

建立热侧循环——同 DCMD 实验。

排气——同 DCMD 实验。

制冷——启动制冷机，并确认制冷功能启动。启动制冷机自带循环泵，制冷机水箱槽中的水将被抽出，经真空泵水箱内的盘管后又返回膜组件。

建立真空——在仪表柜上给定压力的设定值（如 7.1 kPa)；启动真空泵 P02，当真空

度达到设定值时，电磁阀开始工作，说明真空控制系统工作正常；观察膜组件热侧，如有气泡要及时排走；再次观察电子天平读数，当其值基本不变或很缓慢地变化时，可进行下一步。

升温——同 DCMD 实验。

调整与数据记录——同 DCMD 实验。实验在热侧平均温度为 50℃的条件下，测定热侧流量分别为 0.5、1.0、1.5、2.0、2.5L/min 时的跨膜通量。

停车——将加热电压值调至最小，按下电加热停止按钮；5 分钟后依次停热侧泵 P01、电子天平，打开 V02 放空阀，系统升压后停真空泵 P02。

(4) 日常维护注意事项

ⅰ. 制冷机水箱 M01 和热侧水槽 V01 要装入纯净水，以延长膜的使用寿命。

ⅱ. 以上水箱和水槽要经常清洗，水要经常更换。

ⅲ. 除非进行实验，否则电子天平不应承重。

6.1.5 实验数据记录与处理

DCMD 实验和 VMD 实验数据记录及数据处理表，见表 6-2～表 6-5。

表 6-2 DCMD 实验数据记录表

加热器壁温_____℃ 加热电压_____V 真空度_____kPa 冷泵电压_____

热侧泵电压_____ 热侧流量_____L/min 冷侧流量_____L/min

序号	热侧入口 T_1/℃	热侧出口 T_2/℃	冷侧入口 t_1/℃	冷侧出口 t_2/℃	贮水量 m_1/g	贮水量 m_2/g	时间 t/s
1～5							

表 6-3 DCMD 实验数据处理表

序号	热侧平均 t_f/℃	冷侧平均 t_p/℃	热侧流速 u_f/m·s^{-1}	冷侧流速 u_p/m·s^{-1}	跨膜通量 N/kg·m^{-2}·h^{-1}	温度极化系数 TPC	膜蒸馏系数 C /10^{-7}kg·m^{-2}·s^{-1}·Pa^{-1}
1～5							

表 6-4 VMD 实验数据记录表

序号	热侧入口 T_1/℃	热侧出口 T_2/℃	真空度 /kPa	热侧流量 /L·min^{-1}	跨膜通量 N/kg·m^{-2}·h^{-1}
1～5					

表 6-5 VMD 实验数据处理表

序号	热侧平均 t_f/℃	真空侧绝压 p_p/kPa	热侧流速 u_f/m·s^{-1}	跨膜通量 N/kg·m^{-2}·h^{-1}	温度极化系数 TPC	传热系数 h_f /W·m^{-2}·K^{-1}
1～5						

6.1.6 实验报告

ⅰ. 将实验数据和数据整理结果列在表格中，并以其中一组数据为例写出计算过程。

ⅱ. 测定直接接触式膜蒸馏（DCMD）的跨膜通量和膜蒸馏系数，绘制 $t_f \sim N$（跨膜通量），$t_f \sim C$（膜蒸馏系数）关系曲线，并认识其随温度的变化规律。

ⅲ. 测定真空膜蒸馏（VMD）的跨膜通量和传热系数，绘制 $u_f \sim N$（跨膜通量），$u_f \sim \alpha_f$（膜组件传热系数）关系曲线，并认识其随流量的变化规律。

6.2 动态过滤实验

6.2.1 实验目的及任务

ⅰ. 熟悉烛芯动态过滤器的结构与操作方法；

ⅱ. 测定不同压差、流速及悬浮液浓度对过滤速率的影响。

6.2.2 基本原理

传统过滤中，滤饼不受搅动并不断增厚，固体颗粒连同悬浮液都以过滤介质为其流动终端，垂直流向操作，故又称终端过滤。这种过滤的主要阻力来自滤饼，为了保持过滤初始阶段的高过滤速率，可采用诸如机械的、水力的或电场的人为干扰限制滤饼增长，这种有别于传统的过滤称为动态过滤。

本动态过滤实验是借助一个流速较高的主体流动平行流过过滤介质，通过抑止滤饼层的增长，从而实现稳定的高过滤速率。

动态过滤特别适用于下列情况：①将分批过滤操作改为动态过滤，这样，不仅操作可连续化，同时，最终浆料的固含量可提高；ⅱ难以过滤的物料，如可压缩性较大、分散性较高或稍许形成滤饼即形成很大过滤阻力的浆料及浆料黏度大的假塑性物料（流动状态下黏度会降低）等；ⅲ在操作极限浓度内滤渣呈流动状态流出，省去卸料装置带来的问题；ⅳ洗涤效率要求高的场合。

6.2.3 实验装置与流程

（1）实验装置

实验流程如图 6-4 所示。

（2）实验流程

碳酸钙悬浮液在原料罐中配制，搅拌均匀后，用旋涡泵送至烛芯过滤器过滤。滤液由

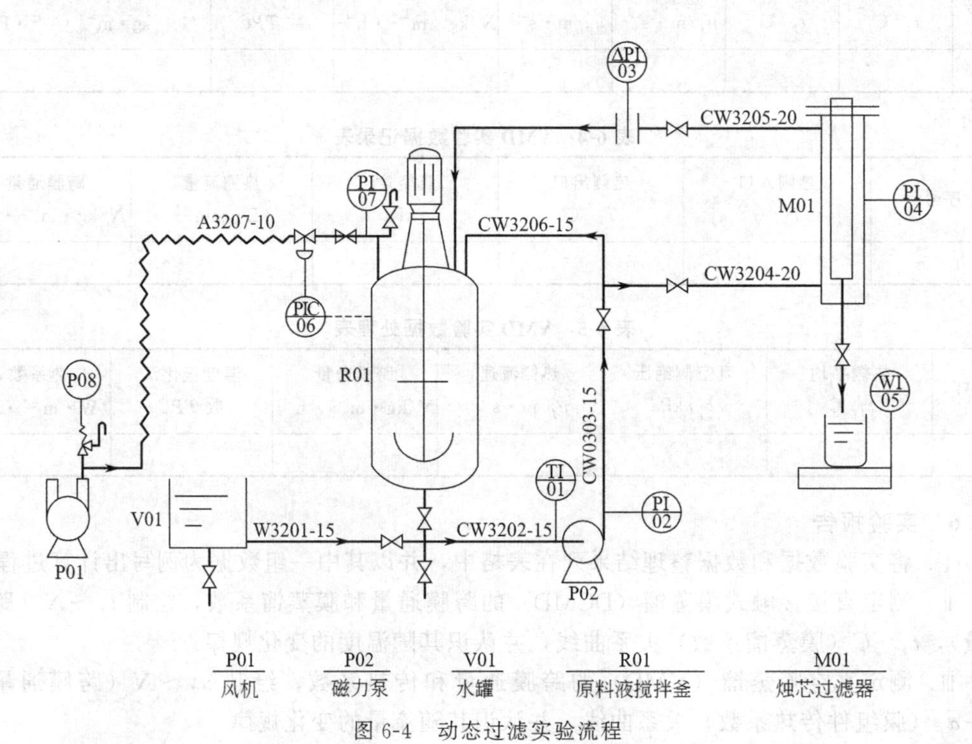

图 6-4 动态过滤实验流程

接受器收集，用电子天平计量后，再倒入小储罐，并用磁力泵送回原料罐，以保持浆料浓度不变。浆料的流量和压力通过进料调节阀来调节和控制，并用孔板流量计计量。

(3) 装置参数

本实验烛芯过滤器内管采用不锈钢烧结微孔过滤棒作为过滤元件，其外径为25mm，长300mm，微孔平均孔径为10μm。外管为Φ40mm×2.5mm不锈钢管。其它参数同表4-5板框过滤装置参数。

6.2.4　实验步骤

ⅰ. 悬浮液固体含量以1%～5%；压力以30～100kPa；流速以0.5～2.5m/s为宜。

ⅱ. 做正式实验前，建议先做出动态过滤速度趋势图（即滤液量与过滤时间的关系图），找到“拟稳态阶段”的起始时间，然后再开始测取数据，以保证数据的正确。

ⅲ. 每做完一轮数据（一般5～6点即可），可用压缩空气（由烛芯过滤器顶部进入）吹扫滤饼，并启动旋涡泵，用浆料将滤饼送返原料罐，再配制高浓度浆料后，开始下一轮实验。

ⅳ. 实验结束后，如长期停机，则可在原料罐、搅拌罐及旋涡泵工作情况下，打开放净阀，将浆料排出，存放，再通入部分清水，清洗罐、泵、过滤器。

6.2.5　实验数据记录与处理

略。

6.2.6　实验报告

ⅰ. 绘制动态过滤速度趋势图（滤液量与过滤时间的关系图）；

ⅱ. 绘制操作压力、流体速度、悬浮液含量对过滤速度的关系图。

6.2.7　思考题

ⅰ. 论述动态过滤速度趋势图。

ⅱ. 分析、讨论操作压力、流体速度、悬浮液含量对过滤速度的影响。

ⅲ. 操作过程中浆料温度有何变化？对实验数据有何影响？如何克服？

ⅳ. 若要实现计算机在线测控，应如何选用测试传感器和仪表？画出带控制点流程图。

本章主要符号

英文

A　面积，m^2

C　膜蒸馏系数

k_m　跨膜混合热导率

N　跨膜通量，$g/m^2 \cdot s$

希文

α　传热膜系数，$W/(m^2 \cdot ℃)$

ε　膜的孔隙率

λ　热导率，$W/(m \cdot ℃)$

θ　膜孔的曲折因子

δ　膜的厚度，m

7 计算机数据处理

随着计算机技术的飞速发展，计算机应用得到了广泛的普及。化学化工实验中经常要对实验数据进行处理，利用手工计算以及采用传统的坐标纸绘图方法来处理实验数据，运算量大、易出错，并且在许多场合无法完成任务。计算机技术的引入，则能避免这些问题。利用计算机能方便、快速、准确地对数据进行处理和分析，完全能满足化学化工工作者进行试验设计和数据处理的需要。本章将简要介绍 Excel 和 Origin 的基础知识，并在此基础上结合实例分别介绍用 Excel 和 Origin 处理实验数据的方法。

7.1 用 Excel 处理实验数据

Excel 是 Office 系列软件中的一员，具有强大的数据处理、分析、统计等功能。它最显著的特点是函数功能丰富、图表种类繁多。使用者能在表格中定义运算公式，利用软件提供的函数功能进行复杂的数学分析和统计，并利用图表来显示工作表中的数据点及数据变化趋势。

7.1.1 Excel 基础知识

(1) 使用公式

双击桌面图标或从【开始】菜单启动 Excel，程序将自动创建一个新的工作薄。启动界面如图 7-1 所示。在单元格中可以输入文字、数字、公式或时间。如已知圆的半径为 1.5，要计算圆的面积。则可建立如图 7-2 的工作表，选中 B2 单元格，输入公式“=3.14 * A2 * A2”（图 7-3），回车后得到计算结果 7.065。注意：公式必须以“=”或运算符号开头。

(2) 使用函数

在 Excel 中提供了丰富的函数：数量和三角函数、统计函数、查找和引用函数、数据库函数、逻辑函数和信息函数。处理化工原理实验时常用的函数有以下几个。

① 求和函数　SUM（单元格区域）。

② 求平均值函数　AVERAGE（单元格区域）。

③ 指数函数　POWER(number，power)，EXP(number)。

如上例中计算圆的面积的公式为“=3.14 * A2 * A2”，也可写成“=3.14 * POWER(A2,2)”，其中的“POWER(A2,2)”表示以 A2 单元格中的数字为底数，指数为 2 的函数，两种方式计算结果相同。EXP(number) 表示以 e 为底的指数函数，如 exp(1.5) 表示 $e^{1.5}$。注：函数名大小写通用，函数的括号要在英文状态下输入。

④ 平方根函数　SQRT(number)。

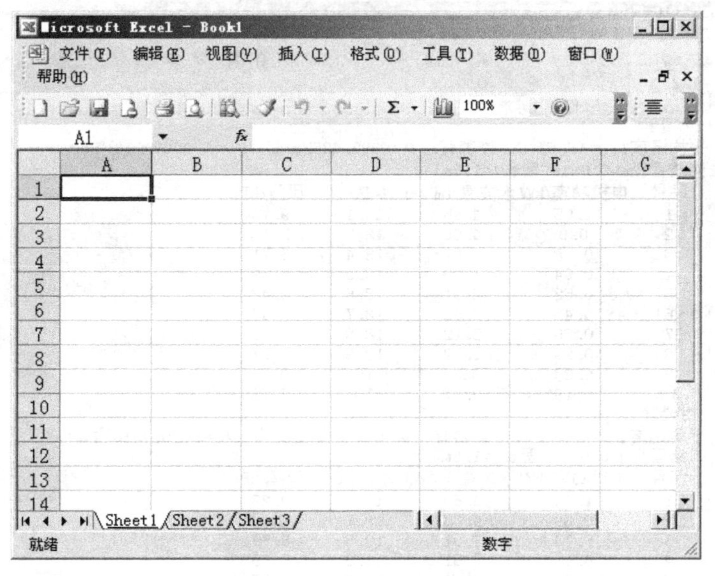

图 7-1　Excel 启动界面

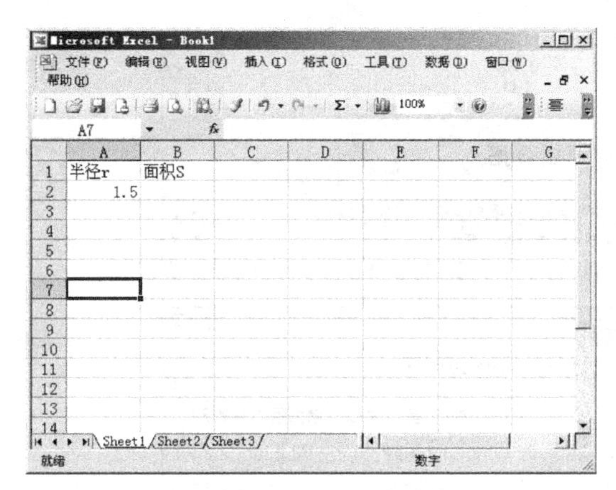

图 7-2　求圆的面积

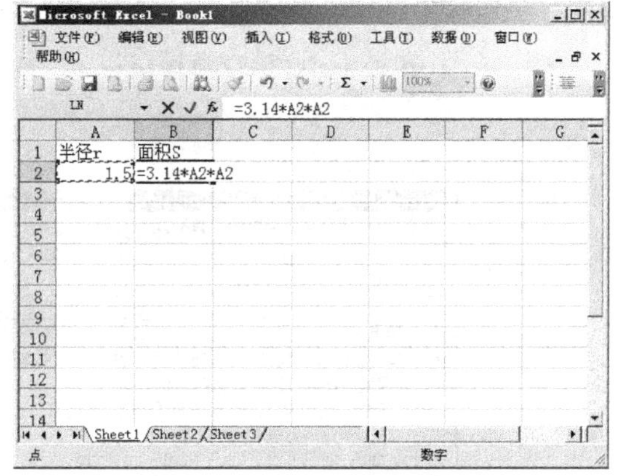

图 7-3　圆面积计算公式

求括号里面数的平方根，如在单元格中输入“＝SQRT(2)”表示计算$\sqrt{2}$。

⑤ 对数函数　LOG(number，base)，LN(number)，LOG10(number)。

LOG（number，base）表示按所指定的底数，计算一个数的对数，如：log(8,2) 表示 $\log_2 8$；LN(number) 表示以常数 e 为底的自然对数，如 IN(2) 表示 ln2；LOG10 (number) 表示以 10 为底的对数，如 LOG10(3) 表示 $\log_{10} 3$。

7.1.2　Excel 应用举例

(1) 双对数坐标图的绘制

以流体流动阻力的测定实验数据为例介绍双对数坐标图的绘制方法。

① 原始数据　实验原始数据如图 7-4 所示。

② 数据处理　以光滑管为例说明实验数据处理的步骤。

ⅰ. 选中 F4 单元格，输入“流速 u(m/s)”，再依次在 G4、H4 中输入“雷诺数 Re”、“摩擦阻力系数 λ”，如图 7-5 所示。

ⅱ. 计算流速：$u=4q_V/\pi d^2$，选中 F5 单元格，输入公式“＝4 * C5/(3600 * 3.14159 * 0.021 * 0.021)”，回车后得到计算结果 3.5689。拖动单元格右下方的填充柄至 F14 单元

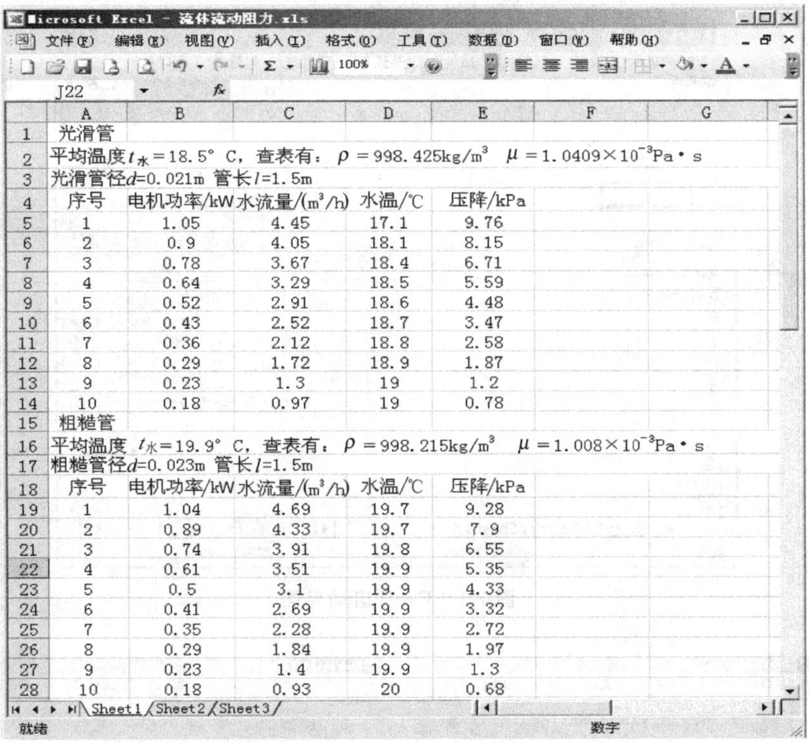

Microsoft Excel - 流体流动阻力.xls

	A	B	C	D	E	F	G
1	光滑管						
2	平均温度$t_水$=18.5° C，查表有：ρ=998.425kg/m³　μ=1.0409×10⁻³Pa·s						
3	光滑管径d=0.021m 管长l=1.5m						
4	序号	电机功率/kW	水流量/(m³/h)	水温/℃	压降/kPa		
5	1	1.05	4.45	17.1	9.76		
6	2	0.9	4.05	18.1	8.15		
7	3	0.78	3.67	18.4	6.71		
8	4	0.64	3.29	18.5	5.59		
9	5	0.52	2.91	18.6	4.48		
10	6	0.43	2.52	18.7	3.47		
11	7	0.36	2.12	18.8	2.58		
12	8	0.29	1.72	18.9	1.87		
13	9	0.23	1.3	19	1.2		
14	10	0.18	0.97	19	0.78		
15	粗糙管						
16	平均温度 $t_水$=19.9° C，查表有：ρ=998.215kg/m³　μ=1.008×10⁻³Pa·s						
17	粗糙管径d=0.023m 管长l=1.5m						
18	序号	电机功率/kW	水流量/(m³/h)	水温/℃	压降/kPa		
19	1	1.04	4.69	19.7	9.28		
20	2	0.89	4.33	19.7	7.9		
21	3	0.74	3.91	19.8	6.55		
22	4	0.61	3.51	19.9	5.35		
23	5	0.5	3.1	19.9	4.33		
24	6	0.41	2.69	19.9	3.32		
25	7	0.35	2.28	19.9	2.72		
26	8	0.29	1.84	19.9	1.97		
27	9	0.23	1.4	19.9	1.3		
28	10	0.18	0.93	20	0.68		

图 7-4　实验原始数据

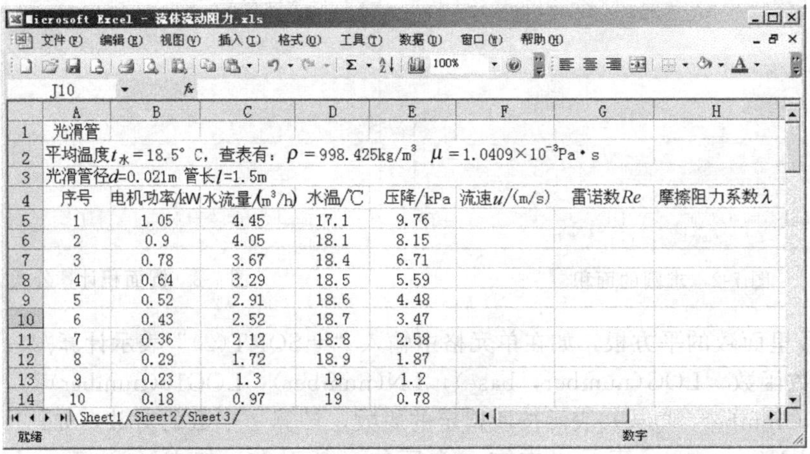

Microsoft Excel - 流体流动阻力.xls

	A	B	C	D	E	F	G	H
1	光滑管							
2	平均温度$t_水$=18.5° C，查表有：ρ=998.425kg/m³　μ=1.0409×10⁻³Pa·s							
3	光滑管径d=0.021m 管长l=1.5m							
4	序号	电机功率/kW	水流量/(m³/h)	水温/℃	压降/kPa	流速u/(m/s)	雷诺数Re	摩擦阻力系数λ
5	1	1.05	4.45	17.1	9.76			
6	2	0.9	4.05	18.1	8.15			
7	3	0.78	3.67	18.4	6.71			
8	4	0.64	3.29	18.5	5.59			
9	5	0.52	2.91	18.6	4.48			
10	6	0.43	2.52	18.7	3.47			
11	7	0.36	2.12	18.8	2.58			
12	8	0.29	1.72	18.9	1.87			
13	9	0.23	1.3	19	1.2			
14	10	0.18	0.97	19	0.78			

图 7-5　光滑管数据

格，即可得出其它各组结果，如图 7-6 所示。

ⅲ. 计算雷诺数：$Re=\rho du/\mu$，选中 G5 单元格，输入公式"=998.425 * 0.021 * F5/(1.0409/1000)"，回车后得到结果为 71887.7911。按上述拖动的方法把 G5 单元格的公式复制到 G6 至 G14 单元格可得其它各组雷诺数。

ⅳ. 计算摩擦阻力系数：$\lambda=2d\Delta p/lu^2\rho$，选中 H5 单元格，输入公式"=2 * 0.021 * E5 * 1000/(1.5 * F5 * F5 * 998.425)"，回车得到结果为 0.0215。再用同样的方法得到 H6 至 H14 单元格的数据。

ⅴ. 按上述步骤同样可得到粗糙管的流速 u、雷诺数 Re 和摩擦阻力系数 λ。数据处理结果如图 7-7 所示。

Microsoft Excel - 流体流动阻力.xls

F5 　f_x =4*C5/(3600*3.14159*0.021*0.021)

	A	B	C	D	E	F	G	H
1	光滑管							
2	平均温度$t_{水}$=18.5°C，查表有：ρ=998.425kg/m³ μ=1.0409×10⁻³Pa·s							
3	光滑管径d=0.021m 管长l=1.5m							
4	序号	电机功率/kw	水流量/(m³/h)	水温/℃	压降/kPa	流速u/(m/s)	雷诺数Re	摩擦阻力系数λ
5	1	1.05	4.45	17.1	9.76	3.5689		
6	2	0.9	4.05	18.1	8.15	3.2481		
7	3	0.78	3.67	18.4	6.71	2.9433		
8	4	0.64	3.29	18.5	5.59	2.6385		
9	5	0.52	2.91	18.6	4.48	2.3338		
10	6	0.43	2.52	18.7	3.47	2.0210		
11	7	0.36	2.12	18.8	2.58	1.7002		
12	8	0.29	1.72	18.9	1.87	1.3794		
13	9	0.23	1.3	19	1.2	1.0426		
14	10	0.18	0.97	19	0.78	0.7779		

Sheet1 / Sheet2 / Sheet3

就绪 　求和=21.6538 　数字

图 7-6　光滑管流速计算结果

Microsoft Excel - 流体流动阻力.xls

图表区

	A	B	C	D	E	F	G	H
1	光滑管							
2	平均温度$t_{水}$=18.5°C，查表有：ρ=998.425kg/m³ μ=1.0409×10⁻³Pa·s							
3	光滑管径d=0.021m管长l=1.5m							
4	序号	电机功率/kw	水流量/(m³/h)	水温/℃	压降/kPa	流速u/(m/s)	雷诺数Re	摩擦阻力系数λ
5	1	1.05	4.45	17.1	9.76	3.5689	71887.7911	0.0215
6	2	0.9	4.05	18.1	8.15	3.2481	65425.9672	0.0217
7	3	0.78	3.67	18.4	6.71	2.9433	59287.2345	0.0217
8	4	0.64	3.29	18.5	5.59	2.6385	53148.5018	0.0225
9	5	0.52	2.91	18.6	4.48	2.3338	47009.7690	0.0231
10	6	0.43	2.52	18.7	3.47	2.0210	40709.4907	0.0238
11	7	0.36	2.12	18.8	2.58	1.7002	34247.6668	0.0250
12	8	0.29	1.72	18.9	1.87	1.3794	27785.8429	0.0276
13	9	0.23	1.3	19	1.2	1.0426	21000.9277	0.0310
14	10	0.18	0.97	19	0.78	0.7779	15669.9230	0.0361
15	粗糙管							
16	平均温度$t_{水}$=19.9°C，查表有：ρ=998.215kg/m³ μ=1.008×10⁻³Pa·s							
17	粗糙管径d=0.023m 管长l=1.5m							
18	序号	电机功率/kw	水流量/(m³/h)	水温/℃	压降/kPa	流速u/(m/s)	雷诺数Re	摩擦阻力系数λ
19	1	1.04	4.69	19.7	9.28	3.1356	71419.4581	0.0290
20	2	0.89	4.33	19.7	7.9	2.8949	65937.3675	0.0290
21	3	0.74	3.91	19.8	6.55	2.6141	59541.5952	0.0294
22	4	0.61	3.51	19.9	5.35	2.3467	53450.3834	0.0298
23	5	0.5	3.1	19.9	4.33	2.0726	47206.8913	0.0310
24	6	0.41	2.69	19.9	3.32	1.7985	40963.3992	0.0328
25	7	0.35	2.28	19.9	2.72	1.5244	34719.9072	0.0360
26	8	0.29	1.84	19.9	1.97	1.2302	28019.5742	0.0400
27	9	0.23	1.4	19.9	1.3	0.9360	21319.2412	0.0456
28	10	0.18	0.93	20	0.68	0.6218	14162.0674	0.0540

Sheet1 / Sheet2 / Sheet3

就绪 　数字

图 7-7　数据处理结果

③ 数据结果的图形表示　绘制 λ-Re 双对数坐标

ⅰ. 选择菜单命令【插入】→【图表…】，或直接单击工具栏中的图表向导按钮，打开“图表向导—4 步骤之 1—图表类型”对话框（图 7-8）。

ⅱ. 选择“标准类型”中的“XY 散点图”，并在“子图表类型”中选择“平滑线散点图”，点击下一步，进入“图表向导—4 步骤之 2—图表源数据”对话框（图 7-9）。

ⅲ. 单击“系列”选项卡，点击“添加”按钮添加“系列 1”，在“名称”中输入“光滑管”，点击“X 值”选择按钮，打开“源数据—X 值”对话框（图 7-10），用鼠标选定 G5 至 G14 单元格，回车后回到“源数据”对话框（图 7-11），再用同样的方法选定 H5 至 H14 单元格为“Y 值”的数据，完成“光滑管”的源数据选择（图 7-12）。添加系列 2，在“名称”中输入“粗糙管”，“X 值”选定 G19 至 G28 单元格，“Y 值”选定 H19 至 H28 单元格（图 7-13）。

图 7-8　图表向导步骤 1

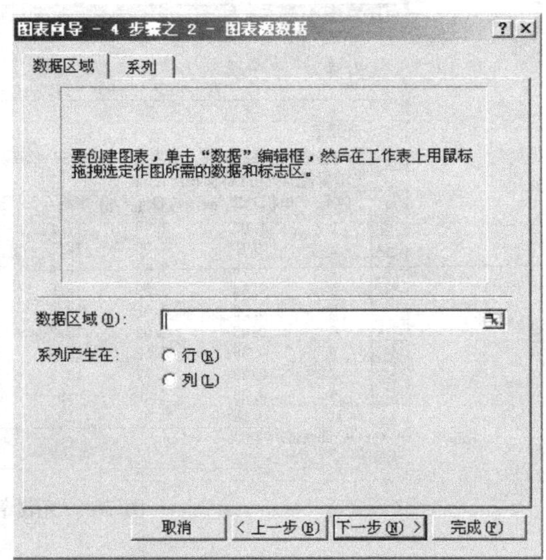

图 7-9　图表向导步骤 2

图 7-10　添加源数据—X 值

图 7-11　选取数据

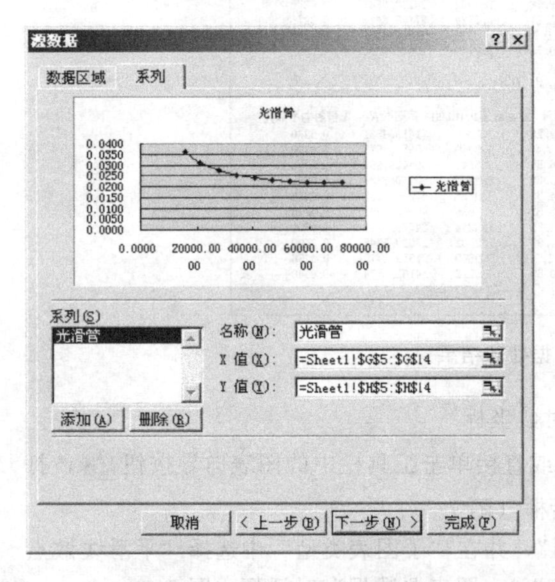

图 7-12　光滑管源数据

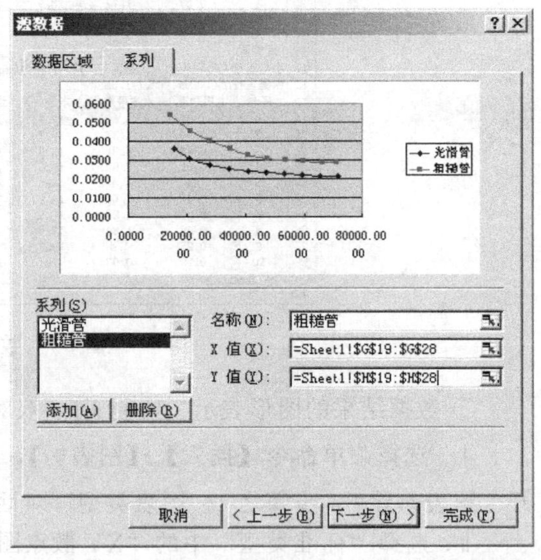

图 7-13　粗糙管源数据

ⅳ. 点击“下一步”，进入“图表向导—4 步骤之 3—图表选项”对话框。在“图表标题”中输入“摩擦系数与雷诺数关系图”，在“数值（X）轴”中输入“雷诺数 *Re*”，在“数值（Y）轴”中输入“摩擦阻力系数 λ”（图 7-14）。点击“网格线”选项卡，勾选“数值（X）轴”和“数值（Y）轴”的“主要网格线”以及“次要网格线”（图 7-15）。

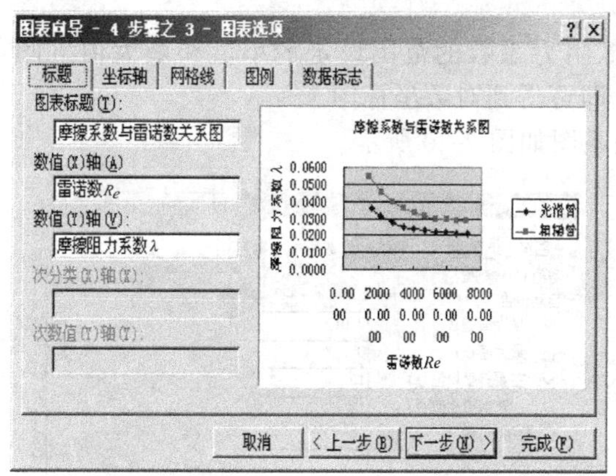

图 7-14 图表向导步骤 3

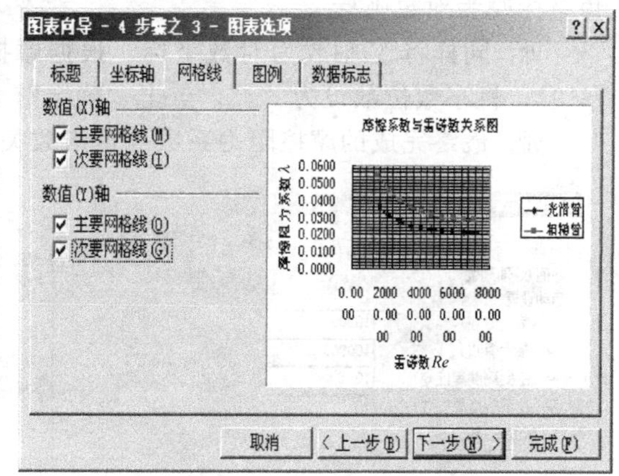

图 7-15 网格线的设置

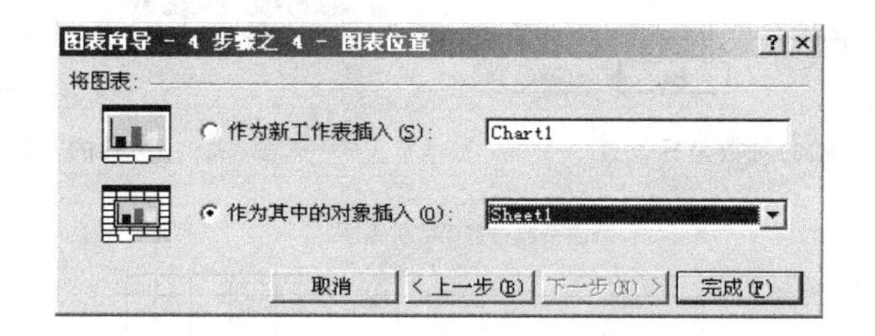

图 7-16 图表向导步骤 4

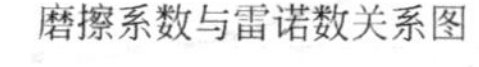

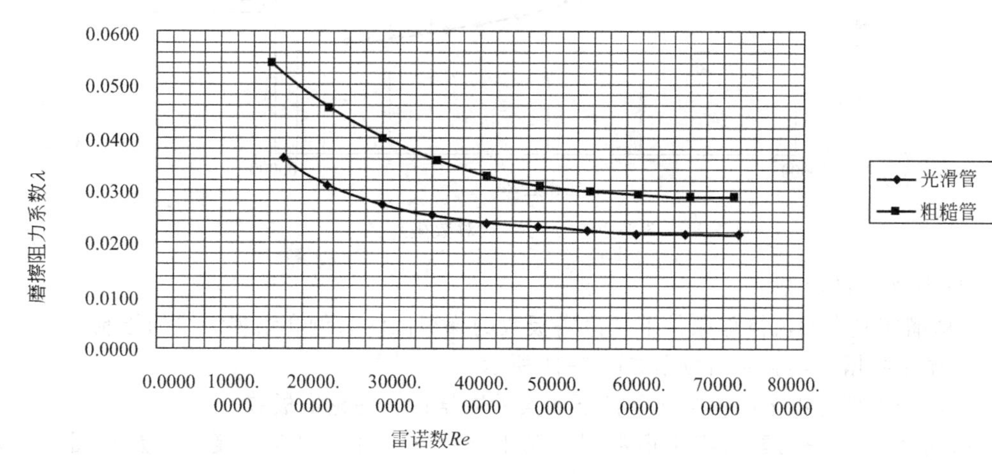

图 7-17 直角坐标下的 λ-Re 图

ⅴ. 点击“下一步”，进入“图表向导—4 步骤之 3—图表位置”对话框（图 7-16）。点击“完成”，得到直角坐标下的“λ-Re”图（图 7-17）。

ⅵ. 选中 X 轴，点击右键，选择“坐标轴格式”，打开“坐标轴格式”对话框。在“刻度”选项卡中勾选“对数刻度”，并根据雷诺数的变化范围设定“最小值”和“最大值”（图 7-18），在“数字”选项卡中将小数位数设为“0”，点击“确定”，即将 X 轴由直角坐标改为对数坐标。

ⅶ. 同样将 Y 轴改为对数坐标。根据摩擦阻力系数的范围设定最小值和最大值（图 7-19），将小数位数设为“2”，点击“确定”，即可得到对数坐标图。

ⅷ. 最终完成的摩擦阻力系数与雷诺数关系图如图 7-20 所示。

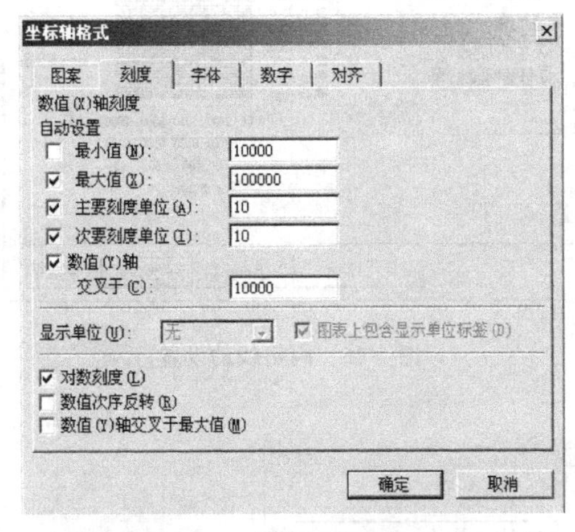

图 7-18　X 轴的对数坐标设置

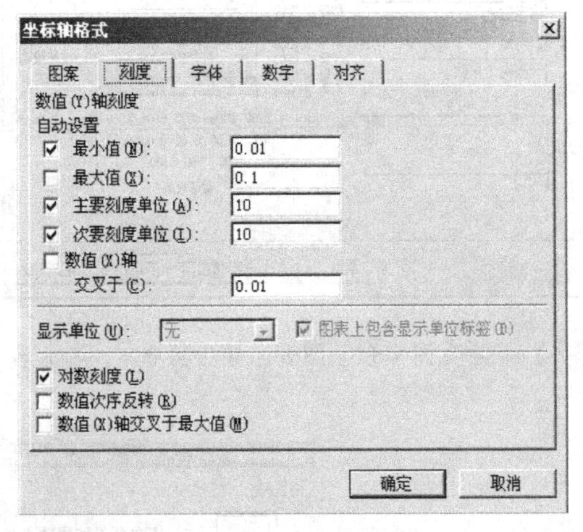

图 7-19　Y 轴的对数坐标设置

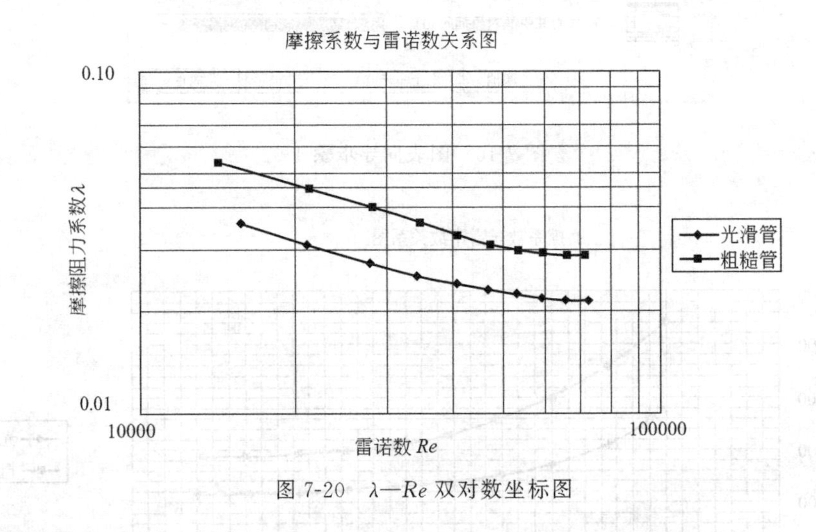

图 7-20　λ—Re 双对数坐标图

(2) 梯级线的绘制

以精馏实验全回流操作条件下理论塔板数的梯级图解为例介绍梯级线的绘制。

① 原始数据　实验原始数据如图 7-21 所示。

② 数据处理　以全回流操作条件下的实验数据计算理论塔板数。

ⅰ. 引用乙醇—丙醇汽液平衡数据绘制平衡线：选择菜单命令【插入】→【图表…】，或直接单击工具栏上的按钮，打开“图表向导—4 步骤之 1—图表类型”对话框，在“XY 散点图”的子图表类型中选择“无数据点折线散点图”（图 7-22）；点击下一步，进入“图表向导—4 步骤之 2—图表源数据”对话框，在“系列”选项卡中添加系列 1，名称填写“平衡线”，X 值选择 A8：A18 单元格，Y 值选择 B8：B18 单元格（图 7-23）；点击下一步，进入“图表向导—4 步骤之 3—图表选项”对话框，数值（X）轴名称为“X”，数值（Y）轴名称为“Y”，在“网格线”选项卡中把网格线前面的勾去掉，使之不显示网格线；依次点击“下一步”、“完成”，即得到平衡线，再在坐标轴格式里把 X 轴和 Y 轴的

	A	B	C	D
1	操作条件	自动控制	加热电压137V	
2	对象	折射率n_0	质量分数	摩尔分数
3	塔釜	1.3820	0.1465	0.1829
4	塔顶	1.3632	0.9383	0.9520
5				
6	乙醇-丙醇平衡数据			
7	液相组成	气相组成		
8	0	0		
9	0.126	0.240		
10	0.188	0.318		
11	0.210	0.339		
12	0.358	0.550		
13	0.461	0.650		
14	0.546	0.711		
15	0.600	0.760		
16	0.663	0.799		
17	0.844	0.914		
18	1	1		

图 7-21 实验原始数据

最大值改为 1 即可。所得平衡线如图 7-24 所示。

ⅱ.拟合平衡线方程：选中图中的平衡线，单击右键，在弹出的菜单中选择“添加趋势线…”命令，打开“添加趋势线”对话框（图 7-25）。在“类型”选项卡中选择“多项式”，并且“阶数”为 2，即拟合的是二次方程。在“选项”选项卡中勾选“显示公式”（图 7-26）。点击“确定”，则在图上显示方程为 $y=-0.7035x^2+1.6633x+0.0231$（图 7-27）。

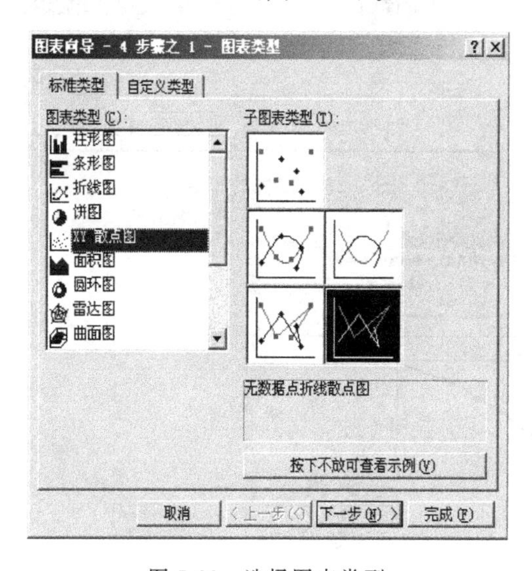

图 7-22 选择图表类型

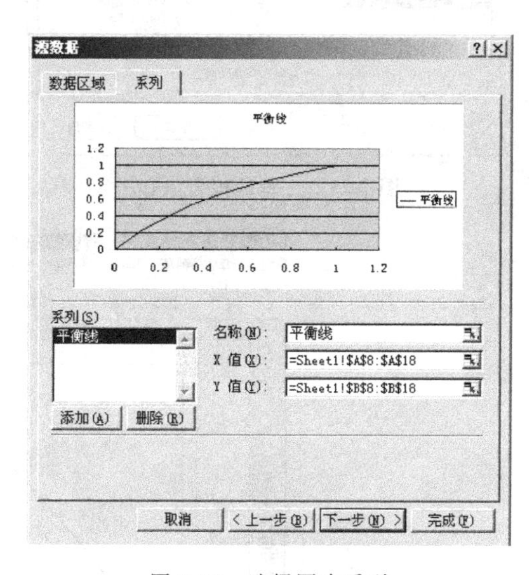

图 7-23 选择图表系列

ⅲ.根据所测得的塔釜、塔顶的组成和由上一步拟合的平衡线方程可求得理论板数和每块理论板的组成。如图 7-28，在 E13 单元格中输入塔顶的组成，由平衡线方程在 F13 单元格中输入公式“=-0.7035*E13*E13+1.6633*E13+0.0231”，可得到第一块理论板的液相组成。再由第一块理论板的组成依此方法逐级算出每块理论板的组成，直到第六块理论板的液相组成大于塔釜的组成为止。由此可知理论板数为 6。

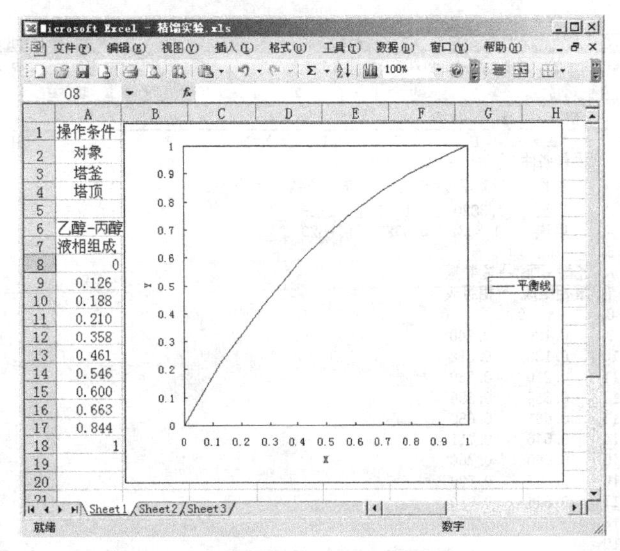

图 7-24 乙醇—丙醇汽液平衡

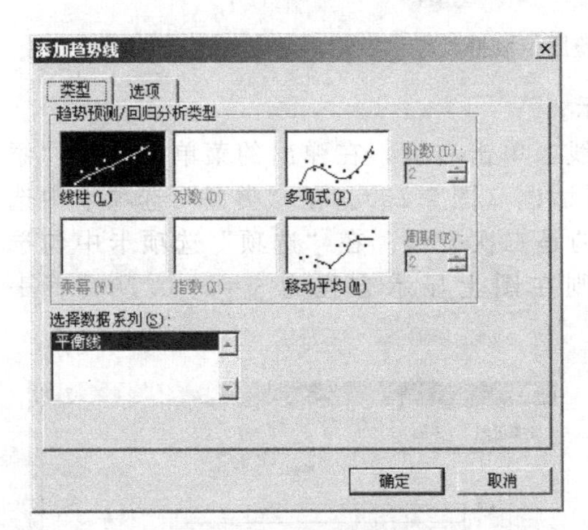

图 7-25 方程的拟合（1）

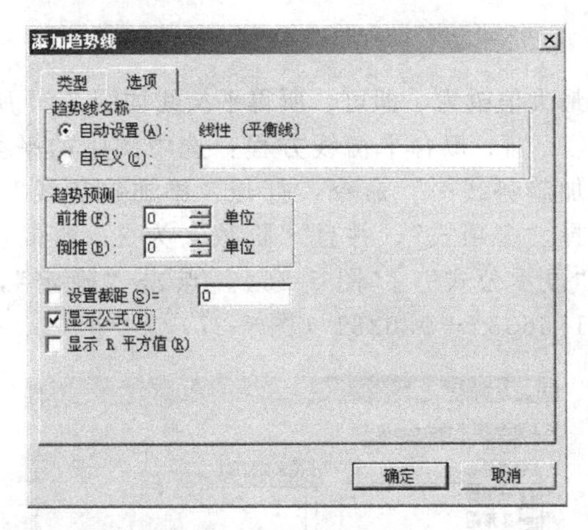

图 7-26 方程的拟合（2）

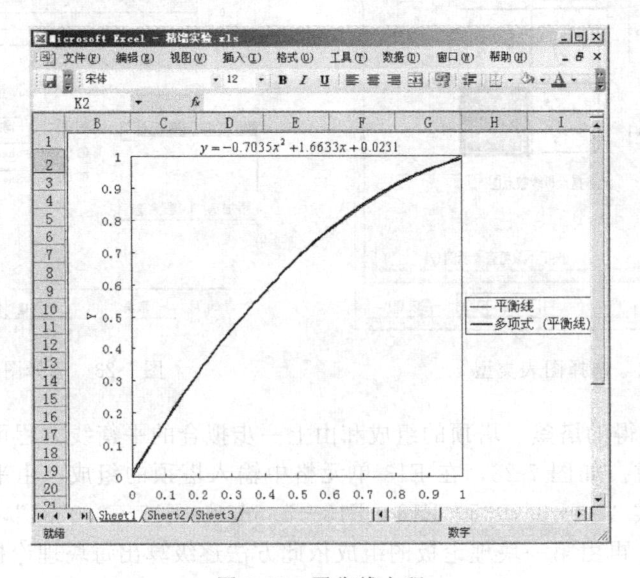

图 7-27 平衡线方程

	A	B	C	D	E	F
1	操作条件	自动控制	加热电压137V			
2	对象	折射率n_D	质量分数	摩尔分数		
3	塔釜	1.3820	0.1465	0.1829		
4	塔顶	1.3632	0.9364	0.9505		
5						
6	乙醇-丙醇平衡数据			理论塔板组成(摩尔分数)		
7	液相组成	气相组成		序号	X	Y
8	0	0		6	0.1829	0.3038
9	0.126	0.240		5	0.3038	0.4635
10	0.188	0.318		4	0.4635	0.6429
11	0.210	0.339		3	0.6429	0.8017
12	0.358	0.550		2	0.8017	0.9044
13	0.461	0.650		1	0.9044	0.9520
14	0.546	0.711				
15	0.600	0.760				
16	0.663	0.799				
17	0.844	0.914				
18	1	1				

图 7-28 理论板数的计算

	A	B	C	D	E	F	G	H	I
1	操作条件	自动控制	加热电压137V					x	y
2	对象	折射率n_D	质量分数	摩尔分数			对角线	0	0
3	塔釜	1.3820	0.1465	0.1829				1	1
4	塔顶	1.3632	0.9364	0.9505					
5							梯级线	0.1829	0.3038
6	乙醇-丙醇平衡数据			理论塔板组成(摩尔分数)				0.3038	0.3038
7	液相组成	气相组成		序号	X	Y		0.3038	0.4635
8	0	0		6	0.1829	0.3038		0.4635	0.4635
9	0.126	0.240		5	0.3038	0.4635		0.4635	0.6429
10	0.188	0.318		4	0.4635	0.6429		0.6429	0.6429
11	0.210	0.339		3	0.6429	0.8017		0.6429	0.8017
12	0.358	0.550		2	0.8017	0.9044		0.8017	0.8017
13	0.461	0.650		1	0.9044	0.9520		0.8017	0.9044
14	0.546	0.711						0.9044	0.9044
15	0.600	0.760						0.9044	0.9520
16	0.663	0.799						0.9520	0.9520
17	0.844	0.914							
18	1	1					$x=x_W$	0.1829	0
19								0.1829	0.3038
20									
21							$x=x_D$	0.9520	0
22								0.9520	0.9520
23									
24							进料板	0.5550	0
25								0.5550	0.7295
26								0	0.7295

图 7-29 梯级线的辅助计算

ⅳ. 全回流操作时，操作线与对角线重合，根据理论板的组成在操作线和平衡线之间作梯级线，则可在图形中表示出理论板逐级计算的结果。为便于作图，可根据计算结果写出所作线段的端点坐标，如图 7-29 所示。

ⅴ. 作梯级线：选中图表，单击右键，在弹出的菜单中选择“源数据…”命令，打开“源数据”对话框（图 7-30），添加系列 2，X 值选中单元格 H2∶H26，Y 值选中单元格 I2∶I26（图 7-31），点击“确定”，即完成理论板逐级计算的图表。

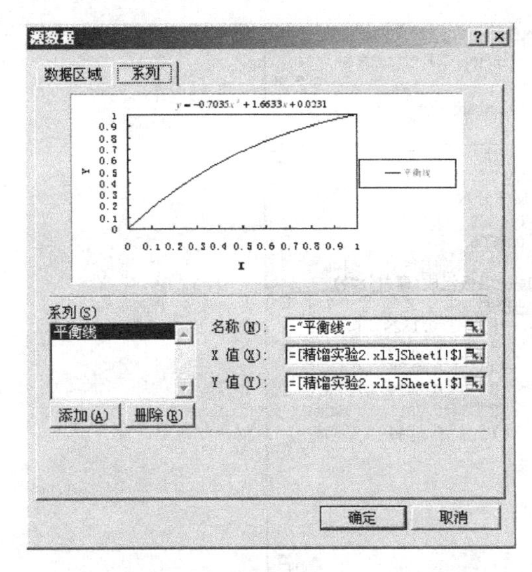

图 7-30 梯级线的绘制（1）

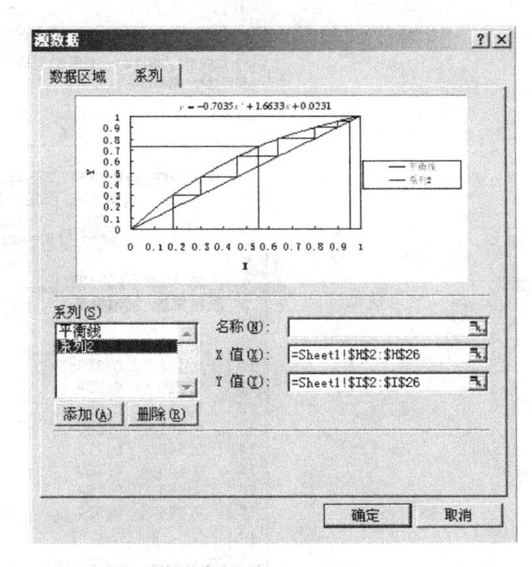

图 7-31 梯级线的绘制（2）

ⅵ. 完成的全回流时理论板数梯级图解如图 7-32 所示。

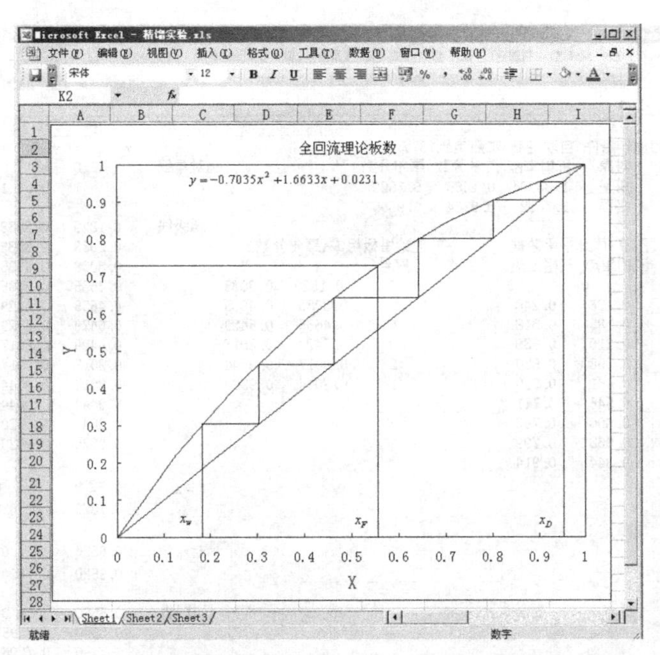

图 7-32 全回流理论板数的梯级图解

7.2 用 Origin 处理实验数据

Origin 是一款应用广泛的数据分析和科技绘图软件。它能对数据进行排序、调整、计算、统计、频谱变换、曲线拟合等各种完善的数学分析，能利用内置的几十种二维和三维绘图模板方便快捷地生成使用者所需要的图表类型。Origin 功能强大、操作灵活、简单易学，能导入 Excel 工作表，有类似于 Excel 的多文档界面。

本节将主要介绍用Origin处理化工原理实验数据时常用到的方法。经过上一节的学习，在掌握了用Excel处理实验数据的基本方法的基础上，学习本节用Origin处理实验数据的方法，会更易理解和掌握。

7.2.1　Origin基础知识

(1) 工作界面

双击桌面图标或从【开始】菜单启动Origin，程序将自动创建一个项目文件，程序启动界面如图7-33所示。选择菜单命令【File】→【New...】，打开新建对话框(图7-34)，在列表框中可选择不同的子窗口类型，单击“OK”完成创建。创建后可在菜单命令【Window】→【Rename...】中对子窗口进行重命名(图7-35)。工作完成后选择菜单命令【File】→【Save Project】进行保存，也可选择【Save Window As...】命令对子窗口进行单独保存。

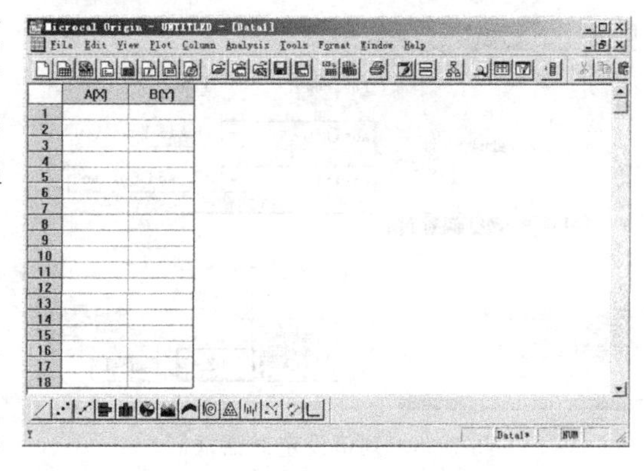

图7-33　Origin启动界面

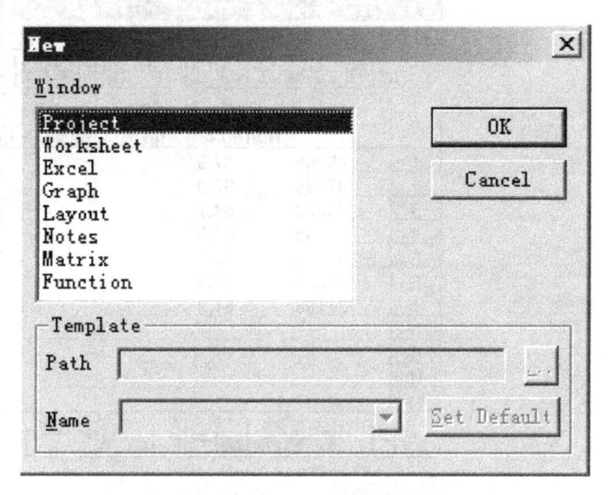

图7-34　新建对话框

(2) 子窗口操作

① 数据的输入　Origin中输入数据的方法比较灵活，除可与Excel类似直接在Origin工作表的单元格中进行数据添加、插入、删除、粘贴和移动外，还可与其它程序或数据文件进行数据交换。

② 数据的删除　选择菜单命令【Edit】→【Clear】清除单元格中的数据，【Delete】命令删除选中的单元格及其数据，【Clear Worksheet】命令则删除整个工作表中的数据。

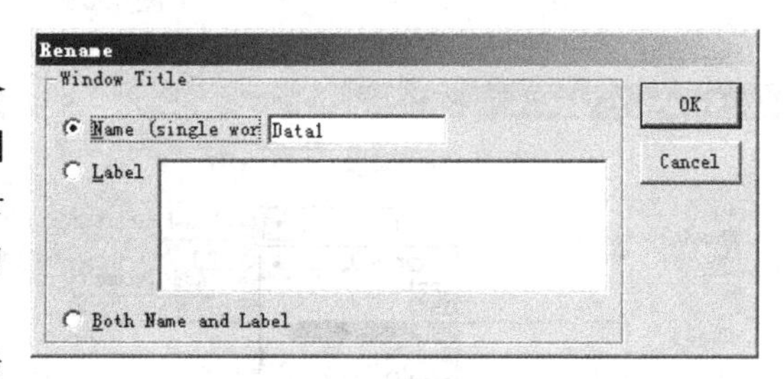

图7-35　重命名对话框

③ 行、列的操作　行和列的添加、插入、删除等操作的方法与Excel类似。在工作表被激活的状态下，选择菜单命令【Edit】→【Transpose】可实现行、列的转换。

(3) 数据的运算

Origin能利用函数或数学表达式对数据进行运算。选中工作表中的一列或一列中的单元格，选择菜单命令【Column】→【Set Column Values...】，打开“Set Column Values”对话框(图7-36)。可在其中的单元格范围框中选择行的范围，在“Add Function”下拉框中选择不同类型的函数表达式(图7-37)，在编辑框中输入数学表达式。通过该方法可完成数据的运算和输入。

7.2.2　Origin应用举例

7.2.2.1　回归方程及经验公式中常数的求取

以第2章例2-1空气在圆形直管内作强制湍流的实验数据为例，求取对流传热关联式$Nu/Pr^{0.4}=ARe^{b}$中的经验常数A和b。

(1) 数据的输入与计算

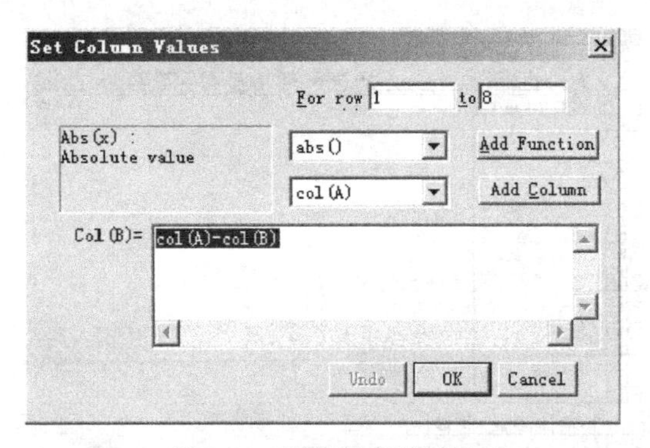

图 7-36　列值设定对话框

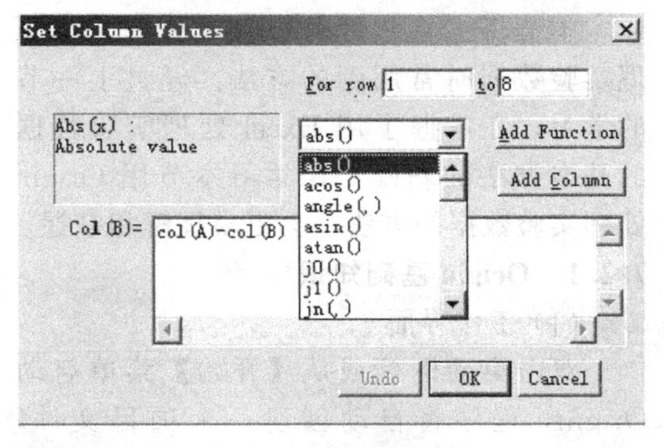

图 7-37　函数列表框

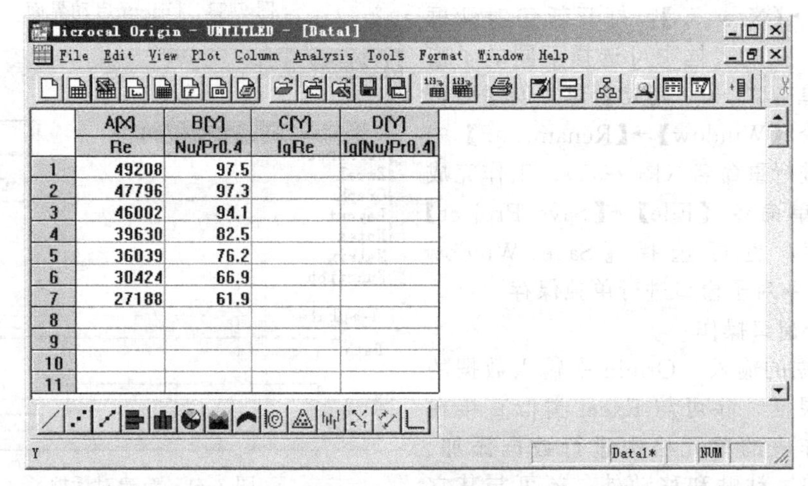

	A(X)	B(Y)	C(Y)	D(Y)
	Re	Nu/Pr0.4	lgRe	lg[Nu/Pr0.4]
1	49208	97.5		
2	47796	97.3		
3	46002	94.1		
4	39630	82.5		
5	36039	76.2		
6	30424	66.9		
7	27188	61.9		
8				
9				
10				
11				

图 7-38　原始数据

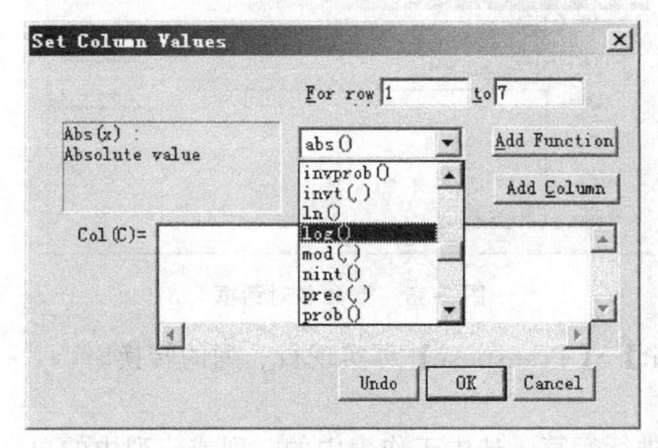

图 7-39　列值设定（1）

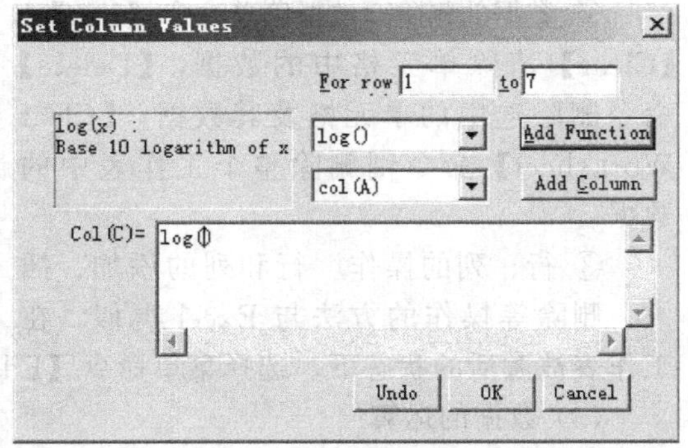

图 7-40　列值设定（2）

① 启动 Origin 程序，输入第 2 章表 2-4 中所列数据　选择菜单命令【Column】→【Add New Columns...】，添加两列分别计算 lgRe 和 lg($Nu/Pr^{0.4}$)，如图 7-38 所示。

② 计算列 C 数据　选中 C 列 C1：C10 单元格，选择菜单命令【Column】→【Set Column Values...】，打开“Set Column Values”对话框。在函数列表框中选择函数“log()”（以 10 底的对数）（图 7-39），点击“Add Function”，即把“log()”添加到了下面的列值编辑框中（图 7-40）。在列的列表框中选择列 A（图 7-41），点击“Add Column”把列 A 添加到列值编辑框中的运算公式中（图 7-42）。点击“OK”，得到列 C 的计算结果。如图 7-43 所示。注：熟练之后可以直接在编辑框中输入公式“log(col(A))”，结果相同。

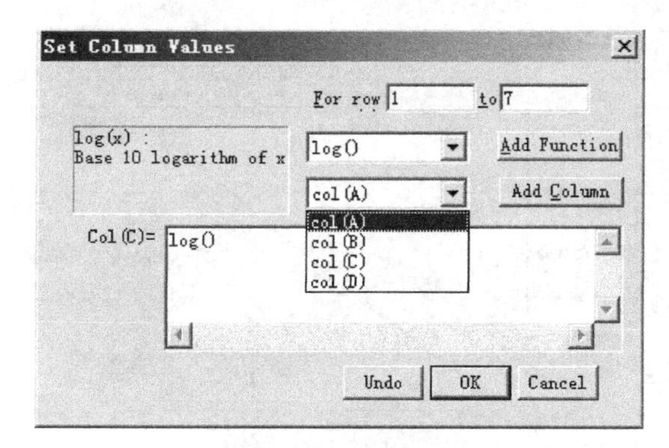

图 7-41　列值设定（3）

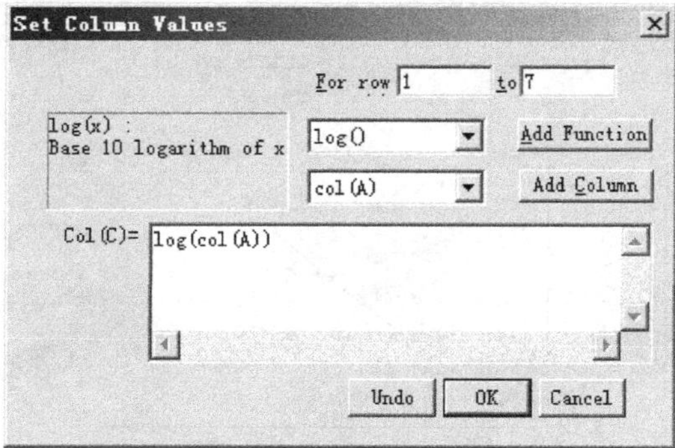

图 7-42　列值设定（4）

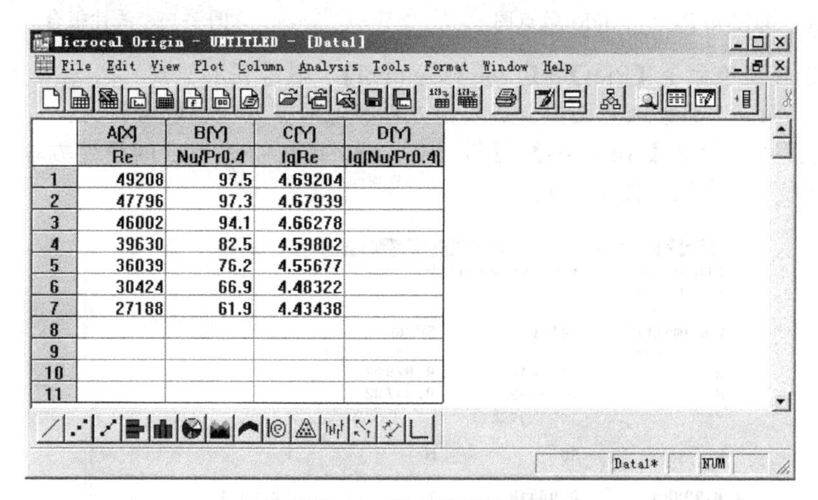

	A(X)	B(Y)	C(Y)	D(Y)
	Re	Nu/Pr0.4	lgRe	lg(Nu/Pr0.4)
1	49208	97.5	4.69204	
2	47796	97.3	4.67939	
3	46002	94.1	4.66278	
4	39630	82.5	4.59802	
5	36039	76.2	4.55677	
6	30424	66.9	4.48322	
7	27188	61.9	4.43438	
8				
9				
10				
11				

图 7-43　列 C 计算结果

③ 计算列 D 数据　选中 D 列 D1∶D7 单元格，选择菜单命令【Column】→【Set Column Values...】，打开“Set Column Values”对话框。在列值编辑框中输入公式“log(col(B))”，点击“OK”，得到列 D 的结算结果，如图 7-44 所示。

(2) 经验公式的线性拟合

ⅰ. 选中列C，选择菜单命令【Column】→【Set As X】，即把C列数据设为X轴。选

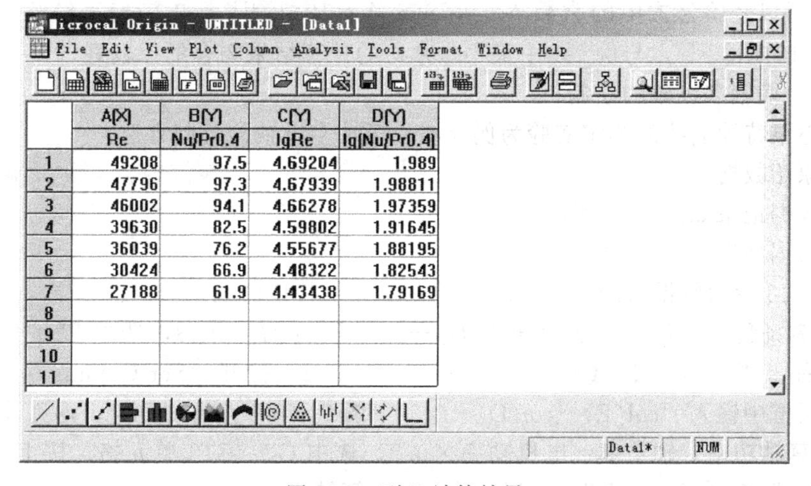

	A(X)	B(Y)	C(Y)	D(Y)
	Re	Nu/Pr0.4	lgRe	lg(Nu/Pr0.4)
1	49208	97.5	4.69204	1.989
2	47796	97.3	4.67939	1.98811
3	46002	94.1	4.66278	1.97359
4	39630	82.5	4.59802	1.91645
5	36039	76.2	4.55677	1.88195
6	30424	66.9	4.48322	1.82543
7	27188	61.9	4.43438	1.79169
8				
9				
10				
11				

图 7-44　列 D 计算结果

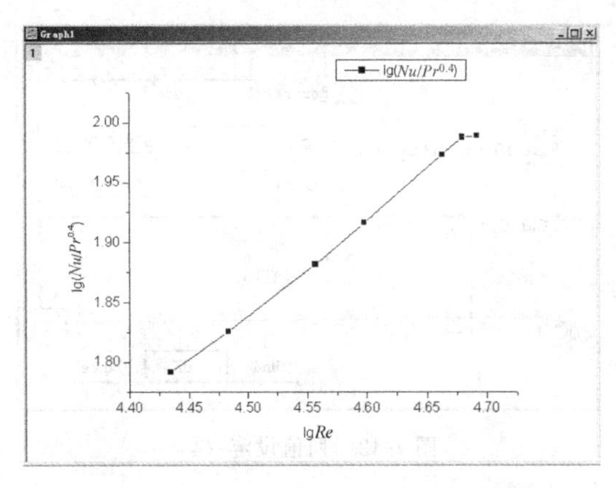

图 7-45　$\lg(Nu/Pr^{0.4})$—$\lg Re$ 散点图

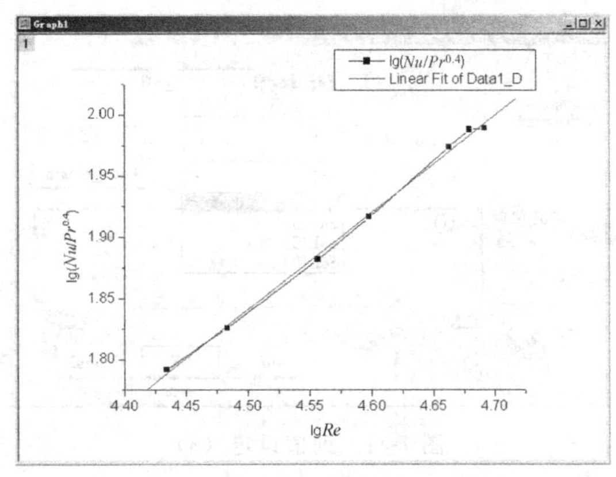

图 7-46　线性拟合

中 Y 列，选择菜单命令【Plot】→【Line＋Symbol】，则得到 lg（$Nu/Pr^{0.4}$）关于 lgRe 的散点图（图 7-45）。将该散点图拟合成线性方程即可根据方程求取常数 A、b。

ⅱ. 选择菜单命令【Analysis】→【Fit Linear】，即可得到拟合的线性方程的直线（图 7-46）和方程中的参数（图 7-47）。

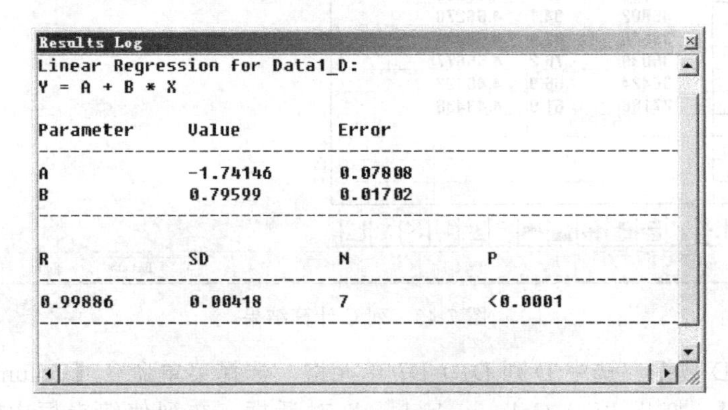

图 7-47　方程参数

ⅲ. 从图 7-47 中可以看出，所拟合的直线方程为 $Y=A+B*X$，其中 $A=-1.74146$，$B=0.79599$。即 $\lg(Nu/Pr^{0.4})=-1.74146+0.79599\lg Re$，相关系数 $R=0.99886$。所以经验公式中的常数 $b=0.7956$ $A=10^{-1.74146}=0.0181$。经验公式为 $Nu/Pr^{0.4}=0.0181Re^{0.7956}$，与例 2-1 中最小二乘法的计算结果吻合的比较好。

7.2.2.2　一横轴多纵轴的绘制

以离心泵特性曲线的测定实验为例介绍一横轴多纵轴的绘制方法。

（1）原始数据

原始数据记录如图 7-48 所示。

（2）数据处理

以图 7-48 所示数据为例，用 Origin 绘制离心泵特性曲线。

① 计算扬程　扬程 H＝出口压力 H_2－进口压力 H_1＋0.3，选中 F2：F13 单元格，选择菜单命令【Column】→【Set Column Values...】，打开“Set Column Values”对话框，在编辑框中输入“col(E)－col(D)＋0.3”（图 7-49），点击“OK”，得到计算结果。

② 计算轴功率　轴功率＝电机功率×0.9，选中 G2：G13 单元格，按上一步骤中的方法输入公式“col(B)＊0.9”，得到轴功率的计算结果。

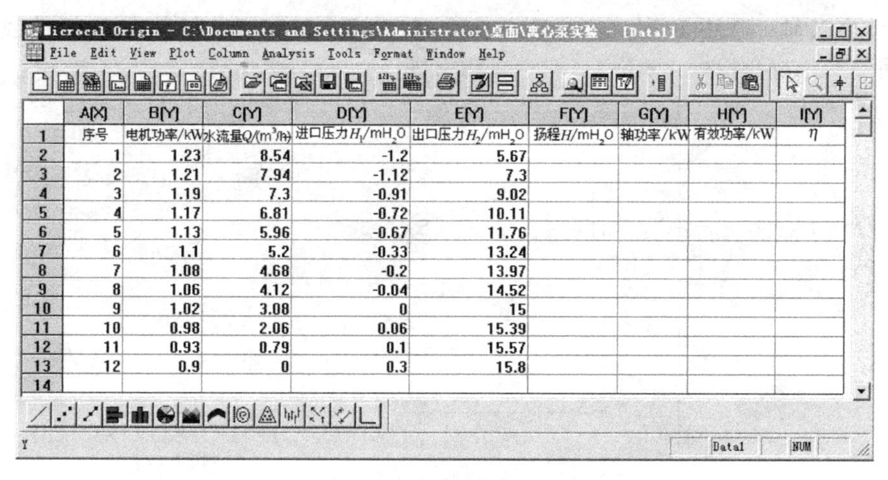

	A(X)	B(Y)	C(Y)	D(Y)	E(Y)	F(Y)	G(Y)	H(Y)	I(Y)
1	序号	电机功率/kW	水流量Q/(m^3/h)	进口压力H_1/mH_2O	出口压力H_2/mH_2O	扬程H/mH_2O	轴功率/kW	有效功率/kW	η
2	1	1.23	8.54	-1.2	5.67				
3	2	1.21	7.94	-1.12	7.3				
4	3	1.19	7.3	-0.91	9.02				
5	4	1.17	6.81	-0.72	10.11				
6	5	1.13	5.96	-0.67	11.76				
7	6	1.1	5.2	-0.33	13.24				
8	7	1.08	4.68	-0.2	13.97				
9	8	1.06	4.12	-0.04	14.52				
10	9	1.02	3.08	0	15				
11	10	0.98	2.06	0.06	15.39				
12	11	0.93	0.79	0.1	15.57				
13	12	0.9	0	0.3	15.8				
14									

图 7-48 实验原始数据

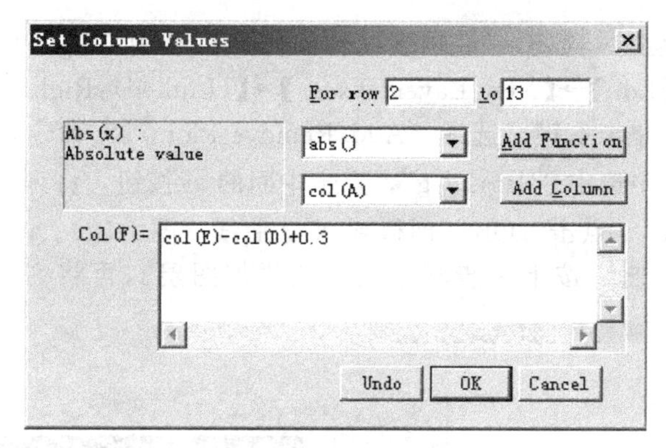

图 7-49 扬程计算公式

③ 计算有效功率　有效功率＝流量 $Q\times$扬程 $H\times g/3600$，选中 H2：H13 单元格，在列值设定中输入公式“col(C) * col(F) * 9.78/3600”。

④ 计算效率 η　效率 η＝有效功率/轴功率，选中 I2：I13 单元格，在列值设定中输入公式“col(H)/col(G)”。数据计算结果如图 7-50 所示。

⑤ H-Q 曲线的绘制　选中 C 列，选择菜单命令【Column】→【Set as X】，将流量 Q

	A(X)	B(Y)	C(Y)	D(Y)	E(Y)	F(Y)	G(Y)	H(Y)	I(Y)
1	序号	电机功率/kW	水流量Q/(m^3/h)	进口压力H_1/mH_2O	出口压力H_2/mH_2O	扬程H/mH_2O	轴功率/kW	有效功率/kW	η
2	1	1.23	8.54	-1.2	5.67	7.17	1.107	0.16635	0.15027
3	2	1.21	7.94	-1.12	7.3	8.72	1.089	0.18809	0.17272
4	3	1.19	7.3	-0.91	9.02	10.23	1.071	0.20288	0.18943
5	4	1.17	6.81	-0.72	10.11	11.13	1.053	0.20591	0.19555
6	5	1.13	5.96	-0.67	11.76	12.73	1.017	0.20612	0.20267
7	6	1.1	5.2	-0.33	13.24	13.87	0.99	0.19594	0.19792
8	7	1.08	4.68	-0.2	13.97	14.47	0.972	0.18397	0.18927
9	8	1.06	4.12	-0.04	14.52	14.86	0.954	0.16632	0.17434
10	9	1.02	3.08	0	15	15.3	0.918	0.12802	0.13946
11	10	0.98	2.06	0.06	15.39	15.63	0.882	0.08747	0.09917
12	11	0.93	0.79	0.1	15.57	15.77	0.837	0.03385	0.04044
13	12	0.9	0	0.3	15.8	15.8	0.81	0	0
14									

图 7-50 数据计算结果

的数据设为 X 轴。选中 F 列，选择菜单命令【Plot】→【Line】，则生成 *H*-*Q* 曲线，如图 7-51所示。

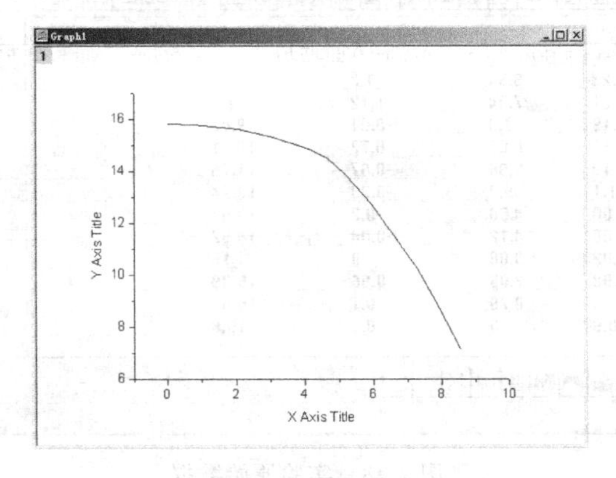

图 7-51 *H*-*Q* 曲线

⑥ *N*-*Q* 曲线的绘制　对于一横轴多纵轴的图形可利用 Origin 的多图层绘图功能实现。选择菜单命令【Edit】→【New Layer(Axes)】→【(Linked):Right Y】，创建图层 2（图 7-52）。选中图层 2，单击右键，选择“Add/Remove Plot...”命令，打开“Layer 2”对话框，在左侧列表框中选中“data1_g”，点击中间的 => 按钮，将列 G 的轴功率数据添加到图层 2 中（图 7-53），点击“OK”即得到 *N*-*Q* 曲线（图 7-54）。

⑦ η-*Q* 曲线的绘制　按上一步骤中的方法添加图层3，再将列I的效率η数据添加到

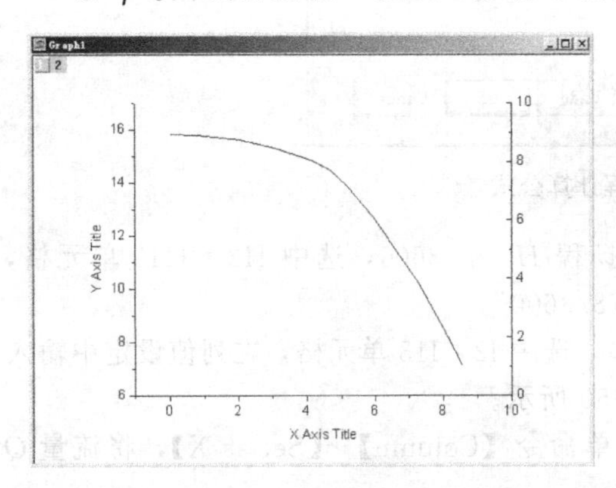

图 7-52 创建图层 2

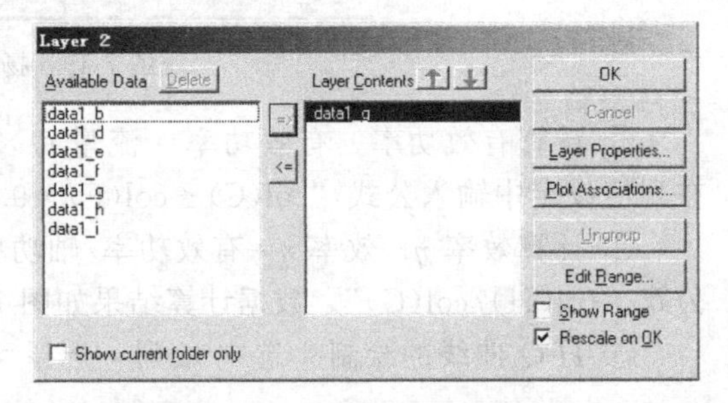

图 7-53 图层 2 数据的添加

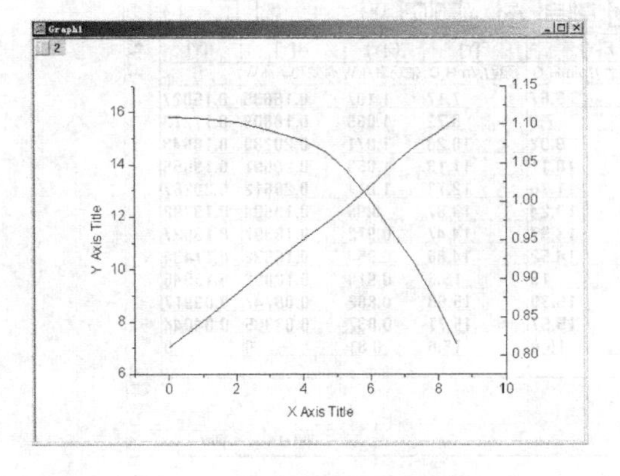

图 7-54 *N*-*Q* 曲线

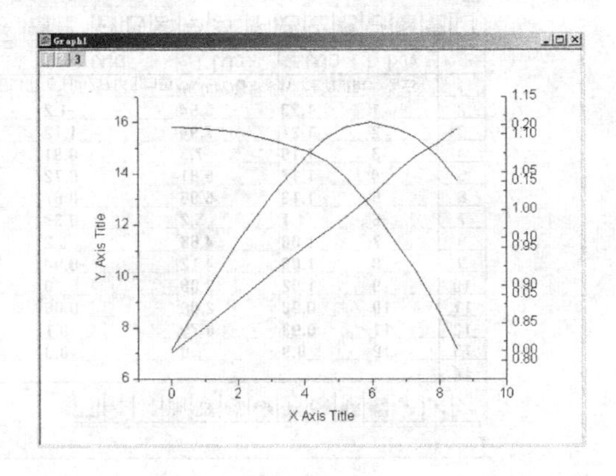

图 7-55 三个图层的特性曲线

图层 3 中，即可绘出 ηQ 曲线。三条特性曲线如图 7-55 所示。

（3）图形的修饰

图 7-55 绘制出了离心泵的三条特性曲线，但从图中可以看出，各轴的起点坐标不一致，且图层 2 和图层 3 的纵轴重合，不方便阅读。所以需要对上图作一些修饰，使之更能清晰明白地表达出实验结果。

ⅰ. 选中图层 1，选择菜单命令【Format】→【Axes】→【X Axis】，打开“X Axis—Layer 1”对话框（图 7-56）。在“Scale”选项卡中的“From”文本框中将 X 轴的起始刻度由“−1”改为“0”，在“Title & Format”选项卡中的“Title”文本框中将 X 轴标题改为“流量 Q”，点击“OK”，完成设置。选择菜单命令【Format】→【Axes】→【Y Axis】，按上述方法将图层 1 的 Y 轴起始刻度改为 0，Y 轴标题改为“扬程 H”。

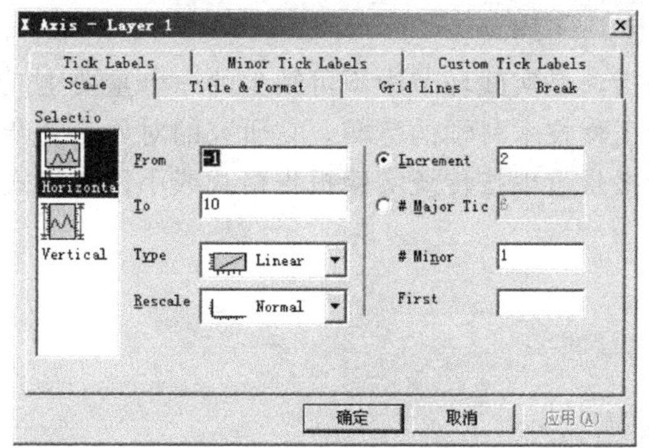

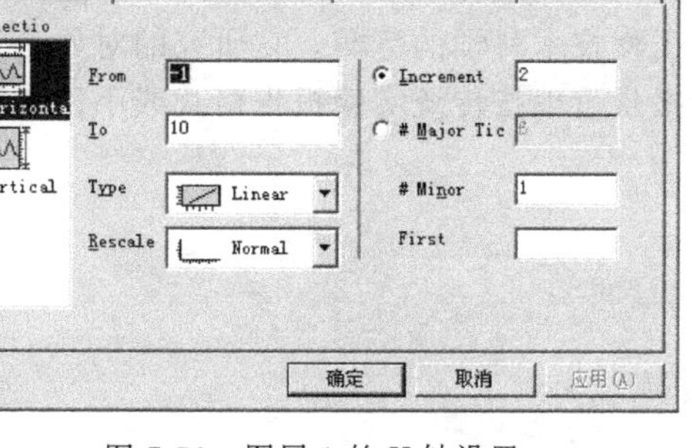

图 7-56 图层 1 的 X 轴设置

图 7-57 图层 3 的 Y 轴设置

ⅱ. 选中图层 2，选择菜单命令【Format】→【Axes】→【Y Axis】，将 Y 轴的刻度范围改为 0 到 1.2，Y 轴标题改为“轴功率 N”。需要注意的是，因为该图层的 Y 轴在右侧，所以在“Title & Format”选项卡左侧的“Selection”选项框中选择“Right”。

ⅲ. 选中图层 3，选择菜单命令【Format】→【Axes】→【Y Axis】，将 Y 轴刻度范围改为 0 到 0.2，点击“Title & Format”选项卡，在左侧“Selection”选项框中选择“Right”，在“Axis”选项的下拉列表中选择“At Position”，在“Percent/Value”文本框中填写 12（Y 轴与 X 轴的交点坐标）（图 7-57）。同时，将 Y 轴的标题改为“效率 η”。点击“OK”，完成设置。

ⅳ. 完成后的离心泵特性曲线如图 7-58 所示。

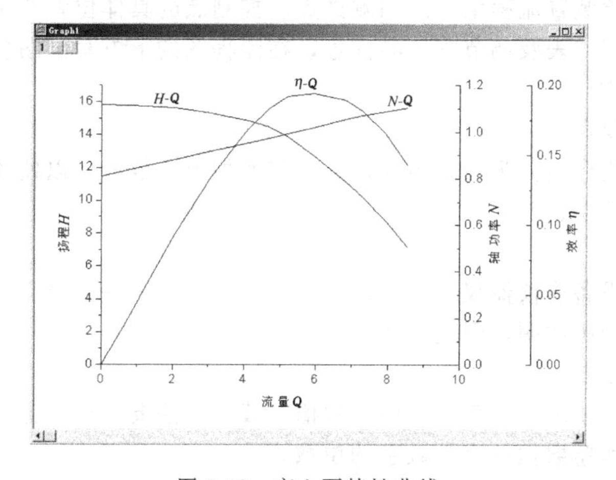

图 7-58 离心泵特性曲线

实验报告的编写

实验报告是实验工作的全面总结和系统概括，是实践环节中不可缺少的一个重要组成部分。化工原理实验具有显著的工程性，属于工程技术科学的范畴，它研究的对象是复杂的实际问题和工程问题，因此化工原理的实验报告可以按传统实验报告格式或小论文格式撰写。

8.1　传统实验报告格式

本课程实验报告的内容应包括以下几项。

(1) 基本项目

实验名称，报告人姓名、班级及同组实验人姓名，实验地点，指导教师，实验日期，上述内容作为实验报告的封面。

(2) 实验目的和内容

简明扼要地说明为什么要进行本实验，实验要解决什么问题。

(3) 实验的理论依据（实验原理）

简要说明实验所依据的基本原理，包括实验涉及的主要概念，实验依据的重要定律、公式及据此推算的重要结果，要求准确、充分。

(4) 实验装置流程示意图

简单地画出实验装置流程示意图和测试点、控制点的具体位置及主要设备、仪表的名称。标出设备、仪器仪表及调节阀等的标号，在流程图的下方写出图名及与标号相对应的设备、仪器等的名称。

(5) 实验操作要点

根据实际操作程序划分为几个步骤，并在前面加上序数词，以使条理更为清晰。对于操作过程的说明应简单、明了。

(6) 注意事项

对于容易引起设备或仪器仪表损坏、容易发生危险以及一些对实验结果影响比较大的操作，应在注意事项中注明，引起注意。

(7) 原始数据记录

记录实验过程中从测量仪表所读取的数值。读数方法要正确，记录数据要准确，要根据仪表的精度决定实验数据的有效数字的位数。

(8) 数据处理

数据处理是实验报告的重点内容之一，要求将实验原始数据经过整理、计算、加工成表格或图的形式。表格要易于显示数据的变化规律及各参数的相关性；图要能直观地表达变量间的相互关系。

(9) 数据处理计算过程举例

以某一组原始数据为例，把各项计算过程列出，以说明数据整理表中的结果是如何得到的。

(10) 实验结果的分析与讨论

实验结果的分析与讨论是作者理论水平的具体体现，也是对实验方法和结果进行的综合分析研究，是工程实验报告的重要内容之一，主要内容包括：

i. 从理论上对实验所得结果进行分析和解释，说明其必然性；

ii. 对实验中的异常现象进行分析讨论，说明影响实验的主要因素；

iii. 分析误差的大小和原因，指出提高实验结果的途径；

iv. 将实验结果与前人和他人的结果对比，说明结果的异同，并解释这种异同；

v. 本实验结果在生产实践中的价值和意义，推广和应用效果的预测等；

vi. 由实验结果提出进一步的研究方向或对实验方法及装置提出改进建议等。

(11) 实验结论

结论是根据实验结果所作出的最后判断，得出的结论要从实际出发，有理论依据。

(12) 参考文献

同以下小论文格式部分。

8.2 小论文格式

科学论文有其独特的写作格式，其构成常包括以下部分：标题、作者、单位、摘要、关键词、前言（或引言、序言）、正文、结论（或结果讨论）、致谢、参考文献等。

(1) 标题

标题又叫题目，它是论文的总纲，是文献检索的依据，是全篇文章的实质与精华，也是引导读者判断是否阅读该文的一个依据。因此要求标题能准确地反映论文的中心内容。

(2) 作者和单位

署名作者只限于那些选定研究课题和制定研究方案，直接参加全部或主要研究工作，做出主要贡献并了解论文报告的全部内容，能对全部内容负责解答的人。工作单位写在作者名下。

(3) 摘要（abstract）

撰写摘要的目的是让读者一目了然本文研究了什么问题，用什么方法，得到什么结果，这些结果有什么重要意义，是对论文内容不加注解和评论的概括性陈述，是全文的高度浓缩，一般是文章完成后，最后提炼出来的。摘要的长短一般以几十个字至300字为宜。

(4) 关键词（Key words）

关键词是将论文中起关键作用的、最说明问题的、代表论文内容特征的或最有意义的词选出来，便于检索的需要，可选3～8个关键词。

(5) 前言

前言，又叫引言、导言、序言等，是论文主体部分的开端。前言一般包括以下几项内容。

① 研究背景和目的　说明从事该项研究的理由，其目的与背景是密不可分的，便于读者去领会作者的思路，从而准确地领会文章的实质。

② 研究范围　指研究所涉及的范围或所取得成果的适用范围。

③ 相关领域里前人的工作和知识空白　实事求是地交代前人已做过的工作或是前人并未涉足的问题，前人工作中有什么不足并简述其原因。

④ 研究方法　指研究采用的实验方法或实验途径。前言中只提及方法的名称即可，无须展开细述。

⑤ 预想结果和意义　扼要提出本文将要解决什么问题以及解决这些问题有什么重要意义。

前言贵在言简意明，条理清晰，不与摘要雷同。比较短的论文只要一小段文字作简要说明，则不用“引言”或“前言”两字。

(6) 正文部分

这是论文的核心部分。这一部分的形式主要根据作者意图和文章内容决定，不可能也不应该规定一个统一的形式，下面只介绍以实验为研究手段的论文或技术报告，包括以下几部分。

ⅰ. 实验原材料及其制备方法。

ⅱ. 实验所用设备、装置和仪器等。

ⅲ. 实验方法和过程，说明实验所采用的是什么方法，实验过程是如何进行的，操作上应注意什么问题。要突出重点，只写关键性步骤。如果是采用前人或他人的方法，只写出方法的名称即可；如果是自己设计的新方法，则应写得详细些。在此详细说明本文的研究工作过程，包括理论分析和实验过程，可根据论文内容分成若干个标题来叙述其演变过程或分析结论的过程，每个标题的中心内容也是本文的主要结果之一。或者说整个文章有一个中心论点，每个标题是它的分论点，它是从不同角度、不同层次支持、证明中心论点的一些观点，他们又可以看作是中心论点的论据。

(7) 实验结果与分析讨论

这部分内容是论文的重点，是结论赖以产生的基础。需对数据处理的实验结果进一步加以整理，从中选出最能反映事物本质的数据或现象，并将其制成便于分析讨论的图或表。分析是指从理论（机理）上对实验所得的结果加以解释，阐明自己的新发现或新见解。写这部分时应注意以下几个问题。

ⅰ. 选取数据时，必须严肃认真，实事求是。选取数据要从必要性和充分性两方面去考虑，决不可随意取舍，更不能伪造数据。对于异常的数据，不要轻易删掉，要反复验证，查明是因工作差错造成的，还是事情本来就如此，还是意外现象。

ⅱ. 对图和表，要精心设计、制作，图要能直观地表达变量间的相互关系；表要易于显示数据的变化规律及各参数的相关性。

ⅲ. 分析问题时，必须以事实为基础，以理论为依据。

总之，在结果与分析中既要包含所取得的结果，还要说明结果的可信度、再现性、误差，以及与理论或分析结果的比较、经验公式的建立、尚存在的问题等等。

(8) 结论（结束语）

结论是论文在理论分析和计算结果（实验结果）中分析和归纳出的观点，它是以结果和讨论（或实验验证）为前提，经过严密的逻辑推理做出的最后判断，是整个研究过程的结晶，是全篇论文的精髓。据此可以看出研究成果的水平。

(9) 致谢

致谢的作用主要是为了表示尊重所有合作者的劳动。致谢对象包括除作者以外所有对研究工作和论文写作有贡献、有帮助的人，如：指导过论文的专家、教授；帮助搜集和整理过资料者；对研究工作和论文写作提过建议者等。

（10）参考文献

参考文献反映作者的科学态度和研究工作的依据，也反映作者对文献掌握的广度和深度，可提示读者查阅原始文献，同时也表示作者对他人成果的尊重。一般来说，前言部分所列的文献都应与主题有关；在方法部分，常需引用一定的文献与之比较；在讨论部分，要将自己的结果与同行的有关研究进行比较，这种比较都要以别人的原始出版物为基础。对引用的文献按其在论文中出现的顺序，用阿拉伯数字连续编码，并顺序排列。

被引用的文献为期刊论文的单篇文献时，著录格式为："顺序号 作者．题名［J］．刊名，出版年，卷号（期号），引文所在的起止页码"，例如［1］。

被引用的文献为图书、科技报告等整本文献时，著录格式为："顺序号 作者．文献书名［M］．版本（第一版本不标注）．出版地址：出版者，出版年"，例如［2］。

［1］ 刘晓华，李淞平．螺旋线圈强化管内单相流体传热的研究［J］．石油化工高等学校学报，2001，14（3），57-59.

［2］ 赵汝溥，管国锋．化工原理［M］．北京：化学工业出版社，1999.7，190-191.

（11）附录

附录是在论文末尾作为正文主体的补充项目，并不是必需的。对于某些数量较大的重要原始数据、篇幅过大不便于作正文的材料、对专业同行有参考价值的资料等可作为附录，放在论文的最后（参考文献之后）。

（12）英文摘要

对于正式发表的论文，有些刊物要求要有英文摘要。通常是将中文标题（Topic）、作者（Author）、摘要（Abstract）及关键词（Key Words）译为英文，排放位置因刊物而异。

用论文形式撰写《化工原理实验》的实验报告，可极大地提高学生写作能力、综合应用知识能力和科研能力，可为学生今后撰写毕业论文和工作后撰写学术论文打下坚实的基础，是一种综合素质和能力培养的重要手段，应提倡这种形式的实验报告。但无论何种形式的实验报告，均应体现出它的学术性、科学性、理论性、规范性、创造性和探索性。论文和参考文献的格式，具体可参考国家标准：GB7713—1987《科学技术报告、学位论文和学术论文的编写格式》和 GB 7714—2005《文后参考文献著录规则》。

附　录

附录 1　水的物理性质

温度/℃	外压/100kPa	密度/kg·m^{-3}	焓/kJ·kg^{-1}	比热容/kJ·kg^{-1}·K^{-1}	热导率/W·m^{-1}·K^{-1}	黏度/mPa·s	运动黏度/10^{-5}m^2·s^{-1}	体积膨胀系数/10^{-3}℃$^{-1}$	表面张力/mN·m^{-1}
0	1.013	999.9	0	4.212	0.551	1.789	0.1789	−0.063	75.6
10	1.013	999.7	42.04	4.191	0.575	1.305	0.1306	0.070	74.1
20	1.013	998.2	83.9	4.183	0.599	1.005	0.1006	0.182	72.7
30	1.013	995.7	125.8	4.174	0.618	0.801	0.0805	0.321	71.2
40	1.013	992.2	167.5	4.174	0.634	0.653	0.0659	0.387	69.6
50	1.013	988.1	209.3	4.174	0.648	0.549	0.0556	0.449	67.7
60	1.013	983.2	251.1	4.178	0.659	0.470	0.0478	0.511	66.2
70	1.013	977.8	293.0	4.187	0.668	0.406	0.0415	0.570	64.3
80	1.013	971.8	334.9	4.195	0.675	0.355	0.0365	0.632	62.6
90	1.013	965.3	377.0	4.208	0.680	0.315	0.0326	0.695	60.7
100	1.013	958.4	419.1	4.220	0.683	0.283	0.0295	0.752	58.8
110	1.433	951.0	461.3	4.233	0.685	0.259	0.0272	0.808	56.9
120	1.986	943.1	503.7	4.250	0.686	0.237	0.0252	0.864	54.8
130	2.702	934.8	546.4	4.266	0.686	0.218	0.0233	0.919	52.8
140	3.624	926.1	589.1	4.287	0.685	0.201	0.0217	0.972	50.7
150	4.761	917.0	632.2	4.312	0.684	0.186	0.0203	1.03	48.6
160	6.481	907.4	675.3	4.346	0.683	0.173	0.0191	1.07	46.6
170	7.924	897.3	719.3	4.386	0.679	0.163	0.0181	1.13	45.3
180	10.03	886.9	763.3	4.417	0.675	0.153	0.0173	1.19	42.3
190	12.55	876.0	807.6	4.459	0.670	0.144	0.0165	1.26	40.0
200	15.54	863.0	852.4	4.505	0.663	0.136	0.0158	1.33	37.7
210	19.07	852.8	897.6	4.555	0.655	0.130	0.0153	1.41	35.4
220	23.20	840.3	943.7	4.614	0.645	0.124	0.0148	1.48	33.1
230	27.98	827.3	990.2	4.681	0.637	0.120	0.0145	1.59	31.0
240	33.47	813.6	1038	4.756	0.628	0.115	0.0141	1.68	28.5
250	39.77	799.0	1086	4.844	0.618	0.110	0.0137	1.81	26.2
260	46.93	784.0	1135	4.949	0.604	0.106	0.0135	1.97	23.8
270	55.03	767.9	1185	5.070	0.590	0.102	0.0133	2.16	21.5
280	64.16	750.7	1237	5.229	0.575	0.098	0.0131	2.37	19.1
290	74.42	732.3	1290	5.485	0.558	0.094	0.0129	2.62	16.9
300	85.81	712.5	1345	5.730	0.540	0.091	0.0128	2.92	14.4
310	98.76	691.1	1402	6.071	0.523	0.088	0.0128	3.29	12.1
320	113.0	667.1	1462	6.573	0.506	0.085	0.0128	3.82	9.81
330	128.7	640.2	1526	7.24	0.484	0.081	0.0127	4.33	7.67
340	146.1	610.1	1595	8.16	0.47	0.077	0.0127	5.34	5.67
350	165.3	574.4	1671	9.50	0.43	0.073	0.0126	6.68	3.81
360	189.6	528.0	1761	13.98	0.40	0.067	0.0126	10.9	2.02
370	210.4	450.5	1892	40.32	0.34	0.057	0.0126	26.4	4.71

附录 2　干空气的物理性质（101.3kPa）

温度 t/℃	密度 ρ/kg·m^{-3}	定压比热容 c_p /kJ·kg^{-1}·℃$^{-1}$	热导率 λ /10^{-2}W·m^{-1}·℃$^{-1}$	黏度 μ /10^{-5}Pa·s	普朗特数 Pr
−50	1.584	1.013	2.035	1.46	0.728
−40	1.515	1.013	2.117	1.52	0.728
−30	1.453	1.013	2.198	1.57	0.723
−20	1.395	1.009	2.279	1.62	0.716
−10	1.342	1.009	2.360	1.67	0.712
0	1.293	1.009	2.442	1.72	0.707
10	1.247	1.009	2.512	1.77	0.705
20	1.205	1.013	2.593	1.81	0.703
30	1.165	1.013	2.675	1.86	0.701
40	1.128	1.013	2.765	1.91	0.699
50	1.093	0.017	2.826	1.96	0.698
60	1.060	1.017	2.896	2.01	0.696
70	1.029	1.017	2.966	2.06	0.694
80	1.000	1.022	3.047	2.11	0.692
90	0.972	1.022	3.128	2.15	0.690
100	0.946	1.022	3.210	2.19	0.688
120	0.898	1.026	3.338	2.29	0.686
140	0.854	1.026	3.489	2.37	0.684
160	0.815	1.026	3.640	2.45	0.682
180	0.779	1.034	3.780	2.53	0.681
200	0.746	1.034	3.931	2.60	0.680
250	0.674	1.043	4.268	2.74	0.677
300	0.615	1.047	4.605	2.97	0.674
350	0.566	1.055	4.908	3.14	0.676
400	0.524	1.068	5.210	3.31	0.678
500	0.456	1.072	5.745	3.62	0.687
600	0.404	1.089	6.222	3.91	0.699
700	0.362	1.102	6.711	4.18	0.706
800	0.329	1.114	7.176	4.43	0.713
900	0.301	1.127	7.630	4.67	0.717
1000	0.277	1.139	8.071	4.90	0.719
1100	0.257	1.152	8.502	5.12	0.722
1200	0.239	1.164	9.153	5.35	0.724

附录 3　饱和水蒸气表（按温度排列）

温度/℃	绝压 /kPa	蒸汽的比体积 /m^3·kg^{-1}	蒸汽的密度 /kg·m^{-3}	焓(液体) /kJ·kg^{-1}	焓(蒸汽) /kJ·kg^{-1}	汽化热 /kJ·kg^{-1}
0	0.6082	206.5	0.00484	0	2491.3	2491.3
5	0.8730	147.1	0.00680	20.94	2500.9	2480.0
10	1.2262	106.4	0.00940	41.87	2510.5	2468.6
15	1.7068	77.9	0.01283	62.81	2520.6	2457.8
20	2.3346	57.8	0.01719	83.74	2530.1	2446.3
25	3.1684	43.40	0.02304	104.68	2538.6	2433..9
30	4.2474	32.93	0.03036	125.60	2549.5	2423.7
35	5.6207	25.25	0.03960	146.55	2559.1	2412.6
40	7.3766	19.55	0.05114	167.47	2568.7	2401.1
45	9.5837	15.28	0.06543	188.42	2577.9	2389.5
50	12.340	12.054	0.0830	209.34	2587.6	2378.1

续表

温度/℃	绝压 /kPa	蒸汽的比体积 /m³·kg⁻¹	蒸汽的密度 /kg·m⁻³	焓(液体) /kJ·kg⁻¹	焓(蒸汽) /kJ·kg⁻¹	汽化热 /kJ·kg⁻¹
55	15.744	9.589	0.1043	230.29	2596.8	2366.5
60	19.923	7.687	0.1301	251.21	2606.3	2355.1
65	25.014	6.209	0.1611	272.16	2615.6	2343.2
70	31.164	5.052	0.1979	293.08	2624.4	2315.7
75	38.551	4.139	0.2416	314.03	2629.7	2315.7
80	47.379	3.414	0.2929	334.94	2642.4	2307.3
85	57.875	2.832	0.3531	355.90	2651.2	2295.3
90	70.136	2.365	0.4229	376.81	2660.0	2283.1
95	84.556	1.985	0.5039	397.77	2668.8	2271.0
100	101.3	1.675	0.5970	418.68	2677.2	2258.4
105	120.85	1.421	0.7036	439.64	2685.1	2245.5
110	143.31	1.212	0.8254	460.97	2693.5	2232.4
115	169.11	1.038	0.9635	481.51	2702.5	2221.0
120	198.64	0.893	1.1199	503.67	2708.9	2205.2
125	232.19	0.7715	1.296	523.38	2713.5	2193.1
130	270.25	0.6693	1.494	546.38	2723.9	2177.6
135	313.11	0.5831	1.715	565.25	2731.2	2166.0
140	361.47	0.5096	1.962	589.08	2737.8	2148.7
145	415.72	0.4469	2.238	607.12	2744.6	2137.5
150	476.24	0.3933	2.543	632.21	2750.7	2118.5
160	618.28	0.3075	3.252	675.75	2762.9	2087.1
170	792.59	0.2431	4.113	719.29	2773.3	2054.0
180	1003.5	0.1944	5.145	763.25	2782.6	2019.3
190	1255.6	0.1568	6.378	807.63	2790.1	1982.5
200	1554.8	0.1276	7.840	825.01	2795.5	1943.5
210	1917.7	0.1045	9.567	897.23	2799.3	1902.1
220	2320.9	0.0862	11.600	942.45	2801.0	1858.5
230	2798.6	0.07155	13.98	988.50	2800.1	1811.6
240	3347.9	0.05967	16.76	1034.56	2796.8	1762.2
250	3977.7	0.04998	20.01	1081.45	2790.1	1708.6

附录 4　t 检验系数 $K(n,\alpha)$ 值

n	显著水平 α		n	显著水平 α	
	0.05	0.01		0.05	0.01
	$K(n,\alpha)$			$K(n,\alpha)$	
4	4.97	11.46	18	2.18	3.01
5	3.56	6.53	19	2.17	3
6	3.04	5.04	20	2.16	2.95
7	2.78	4.36	21	2.15	2.93
8	2.62	3.96	22	2.14	2.91
9	2.51	3.71	23	2.13	2.9
10	2.43	3.54	24	2.12	2.88
11	2.37	3.41	25	2.11	2.86
12	2.33	3.31	26	2.1	2.85
13	2.29	3.23	27	2.1	2.84
14	2.26	3.17	28	2.09	2.83
15	2.24	3.12	29	2.09	2.82
16	2.22	3.08	30	2.08	2.81
17	2.2	3.04			

附录 5　格拉布斯（Grubbs）判据表

n	显著水平 α				n	显著水平 α			
	0.05	0.025	0.01	0.005		0.05	0.025	0.01	0.005
	$g_0(n,\alpha)$					$g_0(n,\alpha)$			
3	1.153	1.155	1.155	1.155	17	2.475	2.620	2.785	2.894
4	1.463	1.481	1.492	1.496	18	2.504	2.651	2.821	2.932
5	1.672	1.715	1.749	1.764	19	2.532	2.681	2.854	2.968
6	1.832	1.887	1.944	1.973	20	2.557	2.709	2.884	3.001
7	1.938	2.020	2.097	2.139	21	2.580	2.733	2.912	3.031
8	2.032	2.126	2.221	2.274	22	2.603	2.758	2.939	3.060
9	2.110	2.215	2.323	2.387	23	2.624	2.781	2.963	3.087
10	2.176	2.290	2.41	2.482	24	2.644	2.802	2.987	3.112
11	2.234	2.355	2.485	2.564	25	2.663	2.822	3.009	3.135
12	2.285	2.412	2.550	2.636	26	2.681	2.841	3.029	3.157
13	2.331	2.462	2.607	2.699	27	2.698	2.859	3.049	3.178
14	2.371	2.507	2.659	2.755	28	2.714	2.876	3.068	3.199
15	2.409	2.549	2.705	2.806	29	2.730	2.893	3.085	3.218
16	2.443	2.585	2.747	2.852	30	2.745	2.908	3.103	3.236

附录 6　相关系数检验表

n−2	5%	1%	n−2	5%	1%	n−2	5%	1%
1	0.997	1.000	16	0.468	0.590	35	0.325	0.418
2	0.950	0.990	17	0.456	0.575	40	0.304	0.393
3	0.878	0.959	18	0.444	0.561	45	0.288	0.372
4	0.811	0.917	19	0.433	0.549	50	0.273	0.354
5	0.754	0.874	20	0.423	0.537	60	0.250	0.325
6	0.707	0.834	21	0.413	0.526	70	0.232	0.302
7	0.666	0.798	22	0.404	0.515	80	0.217	0.283
8	0.632	0.765	23	0.396	0.505	90	0.205	0.267
9	0.602	0.735	24	0.388	0.496	100	0.195	0.254
10	0.576	0.708	25	0.381	0.487	125	0.174	0.228
11	0.553	0.684	26	0.374	0.478	150	0.159	0.208
12	0.532	0.661	27	0.367	0.470	200	0.138	0.181
13	0.514	0.641	28	0.361	0.463	300	0.113	0.148
14	0.497	0.623	29	0.355	0.456	400	0.098	0.128
15	0.482	0.606	30	0.349	0.449	1000	0.062	0.081

附录 7　F 分布数值表

(1) $\alpha=0.25$

f_2 \ f_1	1	2	3	4	5	6	7	8	9	10	12	15	20	60	∞
1	5.83	7.56	8.20	8.58	8.82	8.98	9.10	9.19	9.26	9.32	9.41	9.49	9.58	9.76	9.85
2	2.57	3.00	3.15	3.23	3.28	3.31	3.34	3.35	3.37	3.38	3.39	3.41	3.43	3.46	3.48
3	2.02	2.28	2.36	2.39	2.41	2.42	2.43	2.44	2.44	2.44	2.45	2.46	2.46	2.47	2.47
4	1.81	2.00	2.05	2.06	2.07	2.08	2.08	2.08	2.08	2.08	2.08	2.08	2.08	2.08	2.08
5	1.69	1.85	1.88	1.89	1.89	1.89	1.89	1.89	1.89	1.89	1.89	1.89	1.88	1.87	1.87
6	1.62	1.76	1.78	1.79	1.79	1.78	1.78	1.78	1.77	1.77	1.77	1.76	1.76	1.74	1.74
7	1.57	1.70	1.72	1.72	1.71	1.71	1.70	1.70	1.69	1.69	1.68	1.68	1.67	1.65	1.65
8	1.54	1.66	1.67	1.66	1.66	1.65	1.64	1.64	1.64	1.63	1.62	1.62	1.61	1.59	1.58
9	1.51	1.62	1.63	1.63	1.62	1.61	1.60	1.60	1.59	1.59	1.58	1.57	1.56	1.54	1.53
10	1.49	1.60	1.60	1.59	1.59	1.58	1.57	1.56	1.56	1.55	1.54	1.53	1.52	1.50	1.48
11	1.47	1.58	1.58	1.57	1.56	1.55	1.54	1.53	1.53	1.52	1.51	1.50	1.49	1.47	1.45
12	1.46	1.56	1.56	1.55	1.54	1.53	1.52	1.51	1.51	1.50	1.49	1.48	1.47	1.44	1.42
13	1.45	1.55	1.55	1.53	1.52	1.51	1.50	1.49	1.49	1.48	1.47	1.46	1.45	1.42	1.40
14	1.44	1.53	1.53	1.52	1.51	1.50	1.49	1.48	1.47	1.46	1.45	1.44	1.43	1.40	1.38
15	1.43	1.52	1.52	1.51	1.49	1.48	1.47	1.46	1.46	1.45	1.44	1.43	1.41	1.38	1.36
16	1.42	1.51	1.51	1.50	1.48	1.47	1.46	1.45	1.44	1.44	1.43	1.41	1.40	1.36	1.34
17	1.42	1.51	1.50	1.49	1.47	1.46	1.45	1.44	1.43	1.43	1.41	1.40	1.39	1.35	1.33
18	1.41	1.50	1.49	1.48	1.46	1.45	1.44	1.43	1.42	1.42	1.40	1.39	1.38	1.34	1.32
19	1.41	1.49	1.49	1.47	1.46	1.44	1.43	1.42	1.41	1.41	1.40	1.38	1.37	1.33	1.30
20	1.40	1.49	1.48	1.47	1.45	1.44	1.43	1.42	1.41	1.40	1.39	1.37	1.36	1.32	1.29
21	1.40	1.48	1.48	1.46	1.44	1.43	1.42	1.41	1.40	1.39	1.38	1.37	1.35	1.31	1.28
22	1.40	1.48	1.47	1.45	1.44	1.42	1.41	1.40	1.39	1.39	1.37	1.36	1.34	1.30	1.28
23	1.39	1.47	1.47	1.45	1.43	1.42	1.41	1.40	1.39	1.38	1.37	1.35	1.34	1.30	1.27
24	1.39	1.47	1.46	1.44	1.43	1.41	1.40	1.39	1.38	1.38	1.36	1.35	1.33	1.29	1.26
25	1.39	1.47	1.46	1.44	1.42	1.41	1.40	1.39	1.38	1.37	1.36	1.34	1.33	1.28	1.25
30	1.38	1.45	1.44	1.42	1.41	1.39	1.38	1.37	1.36	1.35	1.34	1.32	1.30	1.26	1.23
40	1.36	1.44	1.42	1.40	1.39	1.37	1.36	1.35	1.34	1.33	1.31	1.30	1.28	1.22	1.19
60	1.35	1.42	1.41	1.38	1.37	1.35	1.33	1.32	1.31	1.30	1.29	1.27	1.25	1.19	1.15
120	1.34	1.40	1.39	1.37	1.35	1.33	1.31	1.30	1.29	1.28	1.26	1.24	1.22	1.16	1.10
∞	1.32	1.39	1.37	1.35	1.33	1.31	1.29	1.28	1.27	1.25	1.24	1.22	1.19	1.12	1.00

(2) $\alpha=0.10$

f_2 \ f_1	1	2	3	4	5	6	7	8	9	10	12	15	20	60	∞
1	39.9	49.6	53.6	55.8	57.2	58.2	59.9	59.4	59.9	60.2	60.7	61.2	61.7	62.8	63.3
2	8.53	9.00	9.16	9.24	9.29	9.33	9.35	9.37	9.38	9.39	9.41	9.42	9.44	9.47	9.49
3	5.54	5.46	5.39	5.34	5.31	5.28	5.27	2.25	5.24	5.23	5.22	5.20	5.18	5.15	5.13
4	4.54	4.32	4.19	4.11	4.05	4.01	3.98	3.95	3.94	3.92	3.90	3.87	3.84	3.79	3.76
5	4.06	3.78	3.62	3.52	3.45	3.40	3.37	3.34	3.32	3.30	3.27	3.24	3.21	3.14	3.10
6	3.78	3.46	3.29	3.18	3.11	3.05	3.01	2.98	2.96	2.94	2.90	2.87	2.84	2.76	2.72
7	3.59	3.26	3.07	2.96	2.88	2.83	2.78	2.75	2.72	2.70	2.67	2.63	2.59	2.51	2.47
8	3.46	3.11	2.92	2.81	2.73	2.67	2.62	2.59	2.56	2.54	2.50	2.46	2.42	2.34	2.29
9	3.36	3.01	2.81	2.69	2.61	2.55	2.51	2.47	2.44	2.42	2.33	2.34	2.30	2.21	2.16
10	3.28	2.92	2.73	2.61	2.52	2.46	2.41	2.38	2.35	2.32	2.28	2.24	2.20	2.11	2.06
11	3.23	2.86	2.66	2.54	2.45	2.39	2.34	2.30	2.27	2.25	2.21	2.17	2.12	2.03	1.97
12	3.18	2.81	2.61	2.48	2.39	2.33	2.28	2.24	2.21	2.19	2.15	2.10	2.06	1.96	1.90
13	3.14	2.76	2.56	2.43	2.35	2.28	2.23	2.20	2.16	2.14	2.10	2.95	2.01	1.90	1.85
14	3.10	2.73	2.52	2.39	2.31	2.24	2.19	2.15	2.12	2.10	2.05	2.01	1.96	1.86	1.80
15	3.07	2.70	2.49	2.36	2.27	2.21	2.16	2.12	2.09	2.06	2.02	1.97	1.92	1.82	1.76
16	3.05	2.67	2.46	2.33	2.24	2.18	2.13	2.09	2.08	2.03	1.99	1.94	1.89	1.78	1.72
17	3.03	2.64	2.44	2.31	2.22	2.15	2.10	2.06	2.03	2.00	1.96	1.91	1.86	1.75	1.69
18	3.01	2.62	2.42	2.29	2.20	2.13	2.08	2.04	2.00	1.98	1.93	1.89	1.84	1.72	1.66
19	2.99	2.61	2.40	2.27	2.18	2.11	2.06	2.02	1.98	1.96	1.91	1.86	1.81	1.70	1.63
20	2.97	2.59	2.38	2.25	2.16	2.00	2.04	2.00	1.96	1.94	1.89	1.84	1.79	1.68	1.61
21	2.96	2.57	2.36	2.23	2.14	2.08	2.02	1.98	1.95	1.92	1.87	1.83	1.78	1.66	1.59
22	2.95	2.56	2.35	2.22	2.13	2.06	2.01	1.97	1.93	1.90	1.86	1.81	1.76	1.64	1.57
23	2.94	2.55	2.34	2.21	2.11	2.05	1.99	1.95	1.92	1.89	1.84	1.80	1.74	1.62	1.55
24	2.93	2.54	2.33	2.19	2.10	2.04	1.98	1.94	1.91	1.88	1.83	1.78	1.73	1.61	1.53
25	2.92	2.53	2.32	2.18	2.09	2.02	1.97	1.93	1.89	1.87	1.82	1.77	1.72	1.59	1.52
30	2.88	2.49	2.28	2.14	2.05	1.98	1.93	1.88	1.85	1.82	1.77	1.72	1.67	1.54	1.46
40	2.84	2.44	2.23	2.09	2.00	1.93	1.87	1.83	1.79	1.76	1.71	1.66	1.61	1.47	1.38
60	2.79	2.39	2.18	2.04	1.95	1.87	1.82	1.77	1.74	1.71	1.66	1.60	1.54	1.40	1.29
120	2.75	2.35	2.13	1.99	1.90	1.82	1.77	1.72	1.68	1.65	1.60	1.55	1.48	1.32	1.19
∞	2.71	2.30	2.08	1.94	1.85	1.77	1.72	1.67	1.63	1.60	1.55	1.49	1.42	1.24	1.00

(3) $\alpha=0.05$

f_2 \ f_1	1	2	3	4	5	6	7	8	9	10	12	15	20	60	∞
1	161.4	199.5	215.7	224.6	230.2	234.0	236.9	238.9	240.5	241.9	243.9	245.9	248.0	252.2	254.3
2	18.51	19.00	19.16	19.25	19.30	19.33	19.35	19.37	19.38	19.40	19.41	19.43	19.45	19.48	19.50
3	10.13	9.55	9.28	9.12	9.01	8.94	8.89	8.85	8.81	8.79	8.74	8.70	8.66	8.57	8.53
4	7.71	6.94	6.59	6.39	6.26	6.16	6.09	6.04	6.00	5.96	5.91	5.86	5.80	5.69	5.65
5	6.61	5.79	5.41	5.19	5.05	4.95	4.88	4.82	4.77	4.74	4.68	4.62	4.56	4.43	4.36
6	5.99	5.14	4.76	4.53	4.39	4.28	4.21	4.15	4.10	4.06	4.00	3.94	3.87	3.74	3.67
7	5.59	4.74	4.35	4.12	3.97	3.87	3.79	3.73	3.68	3.64	3.57	3.51	3.44	3.30	3.23
8	5.32	4.46	4.07	3.84	3.69	3.58	3.50	3.44	3.39	3.35	3.28	3.22	3.15	3.01	2.93
9	5.12	4.26	3.86	3.63	3.48	3.37	3.29	3.23	3.18	3.14	3.07	3.01	2.94	2.79	2.71
10	4.96	4.10	3.71	3.48	3.33	3.22	3.14	3.07	3.02	2.98	2.91	2.85	2.77	2.62	2.54
11	4.84	3.98	3.59	3.36	3.20	3.09	3.01	2.95	2.90	2.85	2.79	2.72	2.65	2.49	2.40
12	4.75	3.89	3.49	3.26	3.11	3.00	2.91	2.85	2.80	2.75	2.69	2.62	2.54	2.38	2.30
13	4.67	3.81	3.41	3.18	3.03	2.92	2.83	2.77	2.71	2.67	2.60	2.53	2.46	2.30	2.21
14	4.60	3.74	3.34	3.11	2.96	2.85	2.76	2.70	2.65	2.60	2.53	2.46	2.39	2.22	2.13
15	4.54	3.68	3.29	3.06	2.90	2.79	2.71	2.64	2.59	2.54	2.48	2.40	2.33	2.16	2.07
16	4.49	3.63	3.24	3.01	2.85	2.74	2.66	2.59	5.54	2.49	2.42	2.35	2.28	2.11	2.01
17	4.45	3.59	3.20	2.96	2.81	2.70	2.61	2.55	2.49	2.45	2.38	2.31	2.23	2.06	1.96
18	4.41	3.55	3.16	2.93	2.77	2.66	2.58	2.51	2.46	2.41	2.34	2.27	2.19	2.02	1.92
19	4.38	3.52	3.13	2.90	2.74	2.63	2.54	2.48	2.42	2.38	2.31	2.23	2.16	1.98	1.88
20	4.35	3.49	3.10	2.87	2.71	2.60	2.51	2.45	2.39	2.35	2.28	2.20	2.12	1.95	1.84
21	4.32	3.47	3.07	2.84	2.68	2.57	2.49	2.42	2.37	2.32	2.25	2.18	2.10	1.92	1.81
22	4.30	3.44	3.05	2.82	2.66	2.55	2.46	2.40	2.34	2.30	2.23	2.15	2.07	1.89	1.78
23	4.28	3.42	3.03	2.80	2.64	2.53	2.44	2.37	2.32	2.27	2.20	2.13	2.05	1.86	1.76
24	4.26	3.40	3.01	2.78	2.62	2.51	2.42	2.36	2.30	2.25	2.18	2.11	2.03	1.84	1.73
25	4.24	3.39	2.99	2.76	2.60	2.49	2.40	2.34	2.28	2.24	2.16	2.09	2.01	1.82	1.71
30	4.17	3.32	2.92	2.69	2.53	2.42	2.33	2.27	2.21	2.16	2.09	2.01	1.93	1.74	1.62
40	1.08	3.23	2.84	2.61	2.45	2.34	2.25	2.18	2.12	2.08	2.00	1.92	1.84	1.64	1.51
60	4.00	3.15	2.76	2.53	2.37	2.25	2.17	2.10	2.04	1.99	1.92	1.84	1.75	1.53	1.39
120	3.92	3.07	2.68	2.45	2.29	2.17	2.09	2.02	1.96	1.91	1.83	1.75	1.66	1.43	1.25
∞	3.84	3.00	2.60	2.37	2.21	2.10	2.01	1.94	1.88	1.83	1.75	1.67	1.57	1.32	1.00

(4) $\alpha=0.01$

f_2 \ f_1	1	2	3	4	5	6	7	8	9	10	12	15	20	60	∞
1	4052	4999.5	5403	5625	5764	5859	5928	5982	6022	6056	6106	6157	6209	6313	6366
2	98.50	99.00	99.17	99.25	99.30	99.33	99.36	99.37	99.39	99.40	99.42	99.43	99.45	99.48	99.50
3	34.12	30.82	29.46	28.71	28.24	27.91	27.67	27.49	27.35	27.23	27.05	26.87	26.69	26.32	26.13
4	21.20	18.00	16.99	15.98	15.52	15.21	14.98	14.80	14.66	14.55	14.37	14.20	14.02	13.65	13.46
5	16.26	13.27	12.06	11.39	10.97	10.67	10.46	10.29	10.16	10.05	9.89	9.72	9.55	9.20	9.02
6	13.75	10.92	9.78	9.15	8.75	8.47	8.26	8.10	7.98	7.87	7.72	7.56	7.40	7.06	6.88
7	12.25	9.55	8.45	7.85	7.46	7.19	6.99	6.84	6.72	6.62	6.47	6.31	6.16	5.82	5.65
8	11.26	8.65	7.59	7.01	6.63	6.37	6.18	6.03	5.91	5.81	5.67	5.52	5.36	5.03	4.86
9	10.56	8.02	6.99	6.42	6.06	5.80	5.61	5.47	5.35	5.26	5.11	4.96	4.81	4.48	4.31
10	10.04	7.56	6.55	5.99	5.64	5.39	5.20	5.06	4.94	4.85	4.71	4.56	4.41	4.08	3.91
11	9.65	7.21	6.22	5.67	5.32	5.07	4.89	4.74	4.63	4.54	4.40	4.25	4.10	3.78	3.60
12	9.33	6.93	5.95	5.41	5.06	4.82	4.64	4.50	4.39	4.30	4.16	4.01	3.86	3.54	3.36
13	9.07	6.70	5.74	5.21	4.86	4.62	4.44	4.30	4.19	4.10	3.96	3.82	3.66	3.34	3.17
14	8.86	6.51	5.56	5.04	4.69	4.46	4.28	4.14	4.03	3.94	3.80	3.66	3.51	3.18	3.00
15	8.68	6.36	5.42	4.89	4.56	4.32	4.14	4.00	3.89	3.80	3.67	3.52	3.37	3.05	2.87
16	8.53	6.23	5.29	4.77	4.44	4.20	4.03	3.89	3.78	3.69	3.55	3.41	3.26	2.93	2.75
17	8.40	6.11	5.18	4.67	4.34	4.10	3.93	3.79	3.68	3.59	3.46	3.31	3.16	2.83	2.65
18	8.29	6.01	5.09	4.58	4.25	4.01	3.84	3.71	3.60	3.51	3.37	3.23	3.08	2.75	2.57
19	8.18	5.93	5.01	4.50	4.17	3.94	3.77	3.63	3.52	3.43	3.30	3.15	3.00	2.67	2.49
20	8.10	5.85	4.94	4.43	4.10	3.87	3.70	3.56	3.46	3.37	3.23	3.09	2.94	2.61	2.42
21	8.02	5.78	4.87	4.37	4.04	3.81	3.64	3.51	3.40	3.31	3.17	3.03	2.88	2.55	2.36
22	7.95	5.72	4.82	4.31	3.99	3.76	3.59	3.45	3.35	3.26	3.12	2.98	2.83	2.50	2.31
23	7.88	5.66	4.76	4.26	3.94	3.71	3.54	3.41	3.30	3.21	3.07	2.93	2.78	2.45	2.26
24	7.82	5.61	4.72	4.22	3.90	3.67	3.50	3.36	3.26	3.17	3.03	2.89	2.74	2.40	2.21
25	7.77	5.57	4.68	4.18	3.85	3.63	3.46	3.32	3.22	3.13	2.99	2.85	2.70	2.36	2.17
30	7.56	5.39	4.51	4.02	3.70	3.47	3.30	3.17	3.07	2.98	2.84	2.70	2.55	2.21	2.01
40	7.31	5.18	4.31	3.83	3.51	3.29	3.12	2.99	2.89	2.80	2.66	2.52	2.37	2.02	1.80
60	7.08	4.98	4.13	3.65	3.34	3.12	2.95	2.82	2.72	2.63	2.50	2.35	2.20	1.84	1.80
120	6.85	4.76	3.95	3.48	3.17	2.96	2.79	2.66	2.56	2.47	2.34	2.91	2.03	1.66	1.38
∞	6.63	4.61	3.78	3.32	3.02	2.80	2.64	2.51	2.41	2.32	2.18	2.04	1.88	1.47	1.00

附录 8　常用正交表

(1) $L_4(2^3)$

试验号＼列号	1	2	3
1	1	1	1
2	1	2	2
3	2	1	2
4	2	2	1

(2) $L_8(2^7)$

试验号＼列号	1	2	3	4	5	6	7
1	1	1	1	1	1	1	1
2	1	1	1	2	2	2	2
3	1	2	2	1	1	2	2
4	1	2	2	2	2	1	1
5	2	1	2	1	2	1	2
6	2	1	2	2	1	2	1
7	2	2	1	1	2	2	1
8	2	2	1	2	1	1	2

$L_8(2^7)$ 表头设计

因素号＼列号	1	2	3	4	5	6	7
3	A	B	A×B	C	A×C	B×C	
4	A	B	A×B C×D	C	A×C B×D	B×C A×D	D
4	A	B C×D	A×B	C B×D	A×C	D B×C	A×D
5	A D×E	B C×D	A×B C×E	C B×D	A×C B×E	D A×E B×C	E A×D

$L_8(2^7)$ 二列间的交互作用

列号＼列号	1	2	3	4	5	6	7
(1)	(1)	3	2	5	4	7	6
(2)		(2)	1	6	7	4	5
(3)			(3)	7	6	5	4
(4)				(4)	1	2	3
(5)					(5)	3	2
(6)						(6)	1
(7)							(7)

(3) $L_8(4\times2^4)$

列号＼列号	1	2	3	4	5
1	1	1	1	1	1
2	1	2	2	2	2
3	2	1	1	2	2
4	2	2	2	1	1
5	3	1	2	1	2
6	3	2	1	2	1
7	4	1	2	2	1
8	4	2	1	1	2

$L_8(4\times2^4)$ 表头设计

因素数＼列号	1	2	3	4	5
2	A	B	$(A\times B)_1$	$(A\times B)_2$	$(A\times B)_3$
3	A	B	C		
4	A	B	C	D	
5	A	B	C	D	E

(4) $L_9(3^4)$

试验号＼列号	1	2	3	4
1	1	1	1	1
2	1	2	2	2
3	1	3	3	3
4	2	1	2	3
5	2	2	1	1
6	2	3	3	2
7	3	1	3	2
8	3	2	1	3
9	3	3	2	1

(5) $L_{12}(2^{11})$

试验号 \ 列号	1	2	3	4	5	6	7	8	9	10	11
1	1	1	1	1	1	1	1	1	1	1	1
2	1	1	1	1	1	2	2	2	2	2	2
3	1	1	2	2	2	1	1	1	2	2	2
4	1	2	1	2	2	1	2	2	1	1	2
5	1	2	2	1	2	2	1	2	1	2	1
6	1	2	2	2	1	2	2	1	2	1	1
7	2	1	2	2	1	1	2	2	1	2	1
8	2	1	2	1	2	2	2	1	1	1	2
9	2	1	1	2	2	2	1	2	2	1	1
10	2	2	2	1	1	1	1	2	2	1	2
11	2	2	1	2	1	2	1	1	1	2	2
12	2	2	1	1	2	1	2	1	2	2	1

(6) $L_{16}(2^{15})$

试验号 \ 列号	1	2	3	4	5	6	7	8	9	10	11	12	13	14	15
1	1	1	1	1	1	1	1	1	1	1	1	1	1	1	1
2	1	1	1	1	1	1	1	2	2	2	2	2	2	2	2
3	1	1	1	2	2	2	2	1	1	1	1	2	2	2	2
4	1	1	1	2	2	2	2	2	2	2	2	1	1	1	1
5	1	2	2	1	1	2	2	1	1	2	2	1	1	2	2
6	1	2	2	1	1	2	2	2	2	1	1	2	2	1	1
7	1	2	2	2	2	1	1	1	1	2	2	2	2	1	1
8	1	2	2	2	2	1	1	2	2	1	1	1	1	2	2
9	2	1	2	1	2	1	2	1	2	1	2	1	2	1	2
10	2	1	2	1	2	1	2	2	1	2	1	2	1	2	1
11	2	1	2	2	1	2	1	1	2	1	2	2	1	2	1
12	2	1	2	2	1	2	1	2	1	2	1	1	2	1	2
13	2	2	1	1	2	2	1	1	2	2	1	1	2	2	1
14	2	2	1	1	2	2	1	2	1	1	2	2	1	1	2
15	2	2	1	2	1	1	2	1	2	2	1	2	1	1	2
16	2	2	1	2	1	1	2	2	1	1	2	1	2	2	1

$L_{16}(2^{15})$ 二列间的交互作用

列号 \ 列号	1	2	3	4	5	6	7	8	9	10	11	12	13	14	15
(1)	(1)	3	2	5	4	7	6	9	8	11	10	13	12	15	14
(2)		(2)	1	6	7	4	5	10	11	8	9	14	15	12	13
(3)			(3)	7	6	5	4	11	10	9	8	15	14	13	12
(4)				(4)	1	2	3	12	13	14	15	8	9	10	11
(5)					(5)	8	2	13	12	15	14	9	8	11	10
(6)						(6)	1	14	15	12	13	10	11	8	9
(7)							(7)	15	14	13	12	11	10	9	8
(8)								(8)	1	2	8	4	5	6	7
(9)									(9)	8	2	5	4	7	6
(10)										(10)	1	6	7	4	5
(11)											(11)	7	6	5	4
(12)												(12)	1	2	3
(13)													(13)	3	2
(14)														(14)	1

$L_{16}(2^{15})$ 表头设计

因素数 \ 列号	1	2	3	4	5	6	7	8	9	10	11	12	13	14
4	A	B	A×B	C	A×C	B×C		D	A×D	B×D		C×D		
5	A	B	A×B	C	A×C	B×C	D×E	D	A×D	B×D	C×E	C×D	B×E	A×E
6	A	B	A×B D×E	C	A×C D×F	B×C E×F		D	A×D B×E C×F	B×D A×E	E	C×D A×F	F	
7	A	B	A×B D×E F×G	C	A×C D×F E×G	B×C E×F D×G		D	A×D B×E C×F	B×D A×E C×G	E	C×D A×F B×G	F	G
8	A	B	A×B D×E F×G C×H	C	A×C D×F E×G B×H	B×C E×F D×G A×H	H	D	A×D B×E C×F G×H	B×D A×E C×G F×H	E	C×D A×F B×G E×H	F	G

(7) $L_{16}(4\times 2^{12})$

试验号 \ 列号	1	2	3	4	5	6	7	8	9	10	11	12	13
1	1	1	1	1	1	1	1	1	1	1	1	1	1
2	1	1	1	1	1	2	2	2	2	2	2	2	2
3	1	2	2	2	2	1	1	1	1	2	2	2	2
4	1	2	2	2	2	2	2	2	2	1	1	1	1
5	2	1	1	2	2	1	1	2	2	1	1	2	2
6	2	1	1	2	2	2	2	1	1	2	2	1	1
7	2	2	2	1	1	1	1	2	2	2	2	1	1
8	2	2	2	1	1	2	2	1	1	1	1	2	2
9	3	1	2	1	2	1	2	1	2	1	2	1	2
10	3	1	2	1	2	2	1	2	1	2	1	2	1
11	3	2	1	2	1	1	2	1	2	2	1	2	1
12	3	2	1	2	1	2	1	2	1	1	2	1	2
13	4	1	2	2	1	1	2	2	1	1	2	2	1
14	4	1	2	2	1	2	1	1	2	2	1	1	2
15	4	2	1	1	2	1	2	2	1	2	1	1	2
16	4	2	1	1	2	2	1	1	2	1	2	2	1

$L_{16}(4\times 2^{12})$ 表头设计

因素数 \ 列号	1	2	3	4	5	6	7	8	9	10	11	12	13
3	A	B	$(A\times B)_1$	$(A\times B)_2$	$(A\times B)_3$	C	$(A\times C)_1$	$(A\times C)_2$	$(A\times C)_3$	B×C			
4	A	B	$(A\times B)_1$ C×D	$(A\times B)_2$	$(A\times B)_3$	C	$(A\times C)_1$ B×D	$(A\times C)_2$	$(A\times C)_3$	B×C $(A\times D)_1$	D	$(A\times D)_3$	$(A\times D)_2$
5	A	B	$(A\times B)_1$ C×D	$(A\times B)_2$ C×E	$(A\times B)_3$	C	$(A\times C)_1$ B×D	$(A\times C)_2$ B×E	$(A\times C)_3$	B×C $(A\times D)_1$ $(A\times E)_2$	D $(A\times E)_3$	E $(A\times D)_3$	$(A\times E)_1$ $(A\times D)_2$

(8) $L_{16}(4^2\times2^9)$

试验号＼列号	1	2	3	4	5	6	7	8	9	10
1	1	1	1	1	1	1	1	1	1	1
2	1	2	1	1	1	2	2	2	2	2
3	1	3	2	2	2	1	1	1	2	2
4	1	4	2	2	2	2	2	2	1	1
5	2	1	1	2	2	1	2	2	1	2
6	2	2	1	2	2	2	1	1	2	1
7	2	3	2	1	1	1	2	2	2	1
8	2	4	2	1	1	2	1	1	1	2
9	3	1	2	1	2	2	1	2	2	1
10	3	2	2	1	2	1	2	1	1	2
11	3	3	1	2	1	2	1	2	1	2
12	3	4	1	2	1	1	2	1	2	1
13	4	1	2	2	1	2	2	1	2	2
14	4	2	2	2	1	1	1	2	1	1
15	4	3	1	1	2	2	2	1	1	1
16	4	4	1	1	2	1	1	2	2	2

(9) $L_{16}(4^3\times2^6)$

试验号＼列号	1	2	3	4	5	6	7	8	9
1	1	1	1	1	1	1	1	1	1
2	1	2	2	1	1	2	2	2	2
3	1	3	3	2	2	1	1	2	2
4	1	4	4	2	2	2	2	1	1
5	2	1	2	2	2	1	2	1	2
6	2	2	1	2	2	2	1	2	1
7	2	3	4	1	1	1	2	2	1
8	2	4	3	1	1	2	1	1	2
9	3	1	3	1	2	2	2	2	1
10	3	2	4	1	2	1	1	1	2
11	3	3	1	2	1	2	2	1	2
12	3	4	2	2	1	1	1	2	1
13	4	1	4	2	1	2	1	2	2
14	4	2	3	2	1	1	2	1	1
15	4	3	2	1	2	2	1	1	1
16	4	4	1	1	2	1	2	2	2

(10) $L_{16}(4^4\times2^3)$

试验号＼列号	1	2	3	4	5	6	7
1	1	1	1	1	1	1	1
2	1	2	2	2	1	2	2
3	1	3	3	3	2	1	2
4	1	4	4	4	2	2	1
5	2	1	2	3	2	2	1
6	2	2	1	4	2	1	2
7	2	3	4	1	1	2	2
8	2	4	3	2	1	1	1
9	3	1	3	4	1	2	2
10	3	2	4	3	1	1	1
11	3	3	1	2	2	2	1
12	3	4	2	1	2	1	2
13	4	1	4	2	2	1	2
14	4	2	3	1	2	2	1
15	4	3	2	4	1	1	1
16	4	4	1	3	1	2	2

(11) $L_{16}(4^5)$

试验号＼列号	1	2	3	4	5
1	1	1	1	1	1
2	1	2	2	2	2
3	1	3	3	3	3
4	1	4	4	4	4
5	2	1	2	3	4
6	2	2	1	4	3
7	2	3	4	1	2
8	2	4	3	2	1
9	3	1	3	4	2
10	3	2	4	3	1
11	3	3	1	2	4
12	3	4	2	1	3
13	4	1	4	2	3
14	4	2	3	1	4
15	4	3	2	4	1
16	4	4	1	3	2

(12) $L_{18}(2\times3^7)$

试验号 \ 列号	1	2	3	4	5	6	7	8
1	1	1	1	1	1	1	1	1
2	1	1	2	2	2	2	2	2
3	1	1	3	3	3	3	3	3
4	1	2	1	1	2	2	3	3
5	1	2	2	2	3	3	1	1
6	1	2	3	3	1	1	2	2
7	1	3	1	2	1	3	2	3
8	1	3	2	3	2	1	3	1
9	1	3	3	1	3	2	1	2
10	2	1	1	3	3	2	2	1
11	2	1	2	1	1	3	3	2
12	2	1	3	2	2	1	1	3
13	2	2	1	2	3	1	3	2
14	2	2	2	3	1	2	1	3
15	2	2	3	1	2	3	2	1
16	2	3	1	3	2	3	1	2
17	2	3	2	1	3	1	2	1
18	2	3	3	2	1	2	3	1

(13) $L_{27}(3^{13})$

试验号 \ 列号	1	2	3	4	5	6	7	8	9	10	11	12	13
1	1	1	1	1	1	1	1	1	1	1	1	1	1
2	1	1	1	1	2	2	2	2	2	2	2	2	2
3	1	1	1	1	3	3	3	3	3	3	3	3	3
4	1	2	2	2	1	1	1	2	2	2	3	3	3
5	1	2	2	2	2	2	2	3	3	3	1	1	1
6	1	2	2	2	3	3	3	1	1	1	2	2	2
7	1	3	3	3	1	1	1	3	3	3	2	2	2
8	1	3	3	3	2	2	2	1	1	1	3	3	3
9	1	3	3	3	3	3	3	2	2	2	1	1	1
10	2	1	2	3	1	2	3	1	2	3	1	2	3
11	2	1	2	3	2	3	1	2	3	1	2	3	1
12	2	1	2	3	3	1	2	3	1	2	3	1	2
13	2	2	3	1	1	2	3	2	3	1	3	1	2
14	2	2	3	1	2	3	1	3	1	2	1	2	3
15	2	2	3	1	3	1	2	1	2	3	2	3	1
16	2	3	1	2	1	2	3	3	1	2	2	3	1
17	2	3	1	2	2	3	1	1	2	3	3	1	2
18	2	3	1	2	3	1	2	2	3	1	1	2	3
19	3	1	3	2	1	3	2	1	3	2	1	3	2
20	3	1	3	2	2	1	3	2	1	3	2	1	3
21	3	1	3	2	3	2	1	3	2	1	3	2	1
22	3	2	1	3	1	3	2	2	1	3	3	2	1
23	3	2	1	3	2	1	3	3	2	1	1	3	2
24	3	2	1	3	3	2	1	1	3	2	2	1	3
25	3	3	2	1	1	3	2	3	2	1	2	1	3
26	3	3	2	1	2	1	3	1	3	2	3	2	1
27	3	3	2	1	3	2	1	2	1	3	1	3	2

$L_{27}(3^{13})$ 表头设计

因素数 \ 列号	1	2	3	4	5	6	7	8	9	10	11	12	13
3	A	B	$(A\times B)_1$	$(A\times B)_2$	C	$(A\times C)_1$	$(A\times C)_2$	$(B\times C)_1$			$(B\times C)_2$		
4	A	B	$(A\times B)_1$ $(C\times D)_2$	$(A\times B)_2$	C	$(A\times C)_1$ $(B\times D)_2$	$(A\times C)_2$	$(B\times C)_1$ $(A\times D)_2$	D	$(A\times D)_1$	$(B\times C)_2$	$(B\times D)_1$	$(C\times D)_1$

$L_{27}(3^{13})$ 二列间的交互作用

列号 \ 列号	1	2	3	4	5	6	7	8	9	10	11	12	13
(1)	(1)	3	2	2	6	5	5	9	8	8	12	11	11
		4	4	3	7	7	6	10	10	9	13	13	12
			1	1	8	9	10	5	6	7	5	6	7
(2)		(2)	4	3	11	12	13	11	12	13	8	9	10
				1	9	10	8	7	5	6	6	7	5
(3)			(3)	2	13	11	12	12	13	11	10	8	9
					10	8	9	6	7	5	7	5	6
(4)				(4)	12	13	11	13	11	12	9	10	8
						1	1	2	3	4	2	4	3
(5)					(5)	7	6	11	13	12	8	10	9
							1	4	2	3	3	2	4
(6)						(6)	5	13	12	11	10	9	8
								8	4	2	4	3	2
(7)							(7)	12	11	13	9	8	10
									1	1	2	3	4
(8)								(8)	10	9	5	7	6
										1	4	2	3
(9)									(9)	8	7	6	5
											3	4	2
(10)										(10)	6	5	7
												1	1
(11)											(11)	13	12
													1
(12)												(12)	11

(14) $L_{25}(5^6)$

试验号 \ 列号	1	2	3	4	5	6
1	1	1	1	1	1	1
2	1	2	2	2	2	2
3	1	3	3	3	3	3
4	1	4	4	4	4	4
5	1	5	5	5	5	5
6	2	1	2	3	4	5
7	2	2	3	4	5	1
8	2	3	4	5	1	2
9	2	4	5	1	2	3
10	2	5	1	2	3	4
11	3	1	3	5	2	4
12	3	2	4	1	3	5
13	3	3	5	2	4	1
14	3	4	1	3	5	2
15	3	5	2	4	1	3
16	4	1	4	2	5	3
17	4	2	5	3	1	4
18	4	3	1	4	2	1
19	4	4	2	5	3	5
20	4	5	3	1	4	2
21	5	1	5	4	3	2
22	5	2	1	5	4	3
23	5	3	2	1	1	4
24	5	4	3	2	5	5
25	5	5	4	3	2	1

参考文献

[1] 汪荣鑫．数理统计．西安：西安交通大学出版社，2000.
[2] 丁振良．误差理论与数据处理．哈尔滨：哈尔滨工业大学出版社，2002.
[3] 费业泰．误差理论与数据处理（第四版)．北京：机械工业出版社，2004.
[4] 王洪艳．计算机与化学化工数据处理．北京：科学出版社，2007.
[5] 曹贵平，朱中南，戴迎春．化工实验设计与数据处理．上海：华东理工大学出版社，2009.
[6] 杨祖荣．化工原理实验．北京：化学工业出版社，2004.
[7] 郭庆丰，彭勇．化工基础实验．北京：清华大学出版社，2004.
[8] 房鼎业，乐清华，李福清．化学工程与工艺专业实验．北京：化学工业出版社，2000.
[9] 魏崇光，郑晓梅．化工制图．北京：化学工业出版社，2001.
[10] 厉玉鸣．化工仪表及自动化（第四版)．北京：化学工业出版社，2006.
[11] 谭天恩，窦梅，周明华．化工原理（第三版）．北京：化学工业出版社，2006.